全国高等职业教育规划教材

可编程逻辑器件设计项目教程

高 锐　高 芳　主编

王雪丽　林卓彬　朱子男　参编

机 械 工 业 出 版 社

本书定位于高职高专教育电子信息类专业的"可编程逻辑器件设计"课程或"EDA 技术及应用"课程的教学用教材。全书打破传统学科式教材模式，采用基于工作过程的项目导向、任务驱动的编写模式，将可编程逻辑器件技术简介、Quartus Ⅱ 7.2 软件操作、VHDL 硬件描述语言、EDA 实验操作有机地融为一体，理念先进，内容丰富。从实际应用角度出发，在企业工程实例和典型电子产品中精选出 6 个具有代表性的教学项目载体，即八位全加器设计、3-8 译码器设计、八位数字频率计设计、数字钟系统综合设计、交通灯控制器设计、正弦信号发生器设计。每个项目由若干个任务和项目练习组成，强调及突出了学生的实际操作技能和相关职业能力的培养。

本书可作为高职高专应用电子技术专业、微电子技术专业、电气自动化专业、机电一体化专业及相近专业的教材，也可供相关技术人员参考使用。

本书配套授课电子教案，需要的教师可登录 www.cmpedu.com 免费注册、审核通过后下载，或联系编辑索取（QQ：1239258369，电话：010-88379739）。

图书在版编目（CIP）数据

可编程逻辑器件设计项目教程/高锐，高芳主编. —北京：机械工业出版社，2012.1

全国高等职业教育规划教材

ISBN 978-7-111-36347-7

Ⅰ. ①可… Ⅱ. ①高…②高… Ⅲ. ①可编程序控制器—高等职业教育—教材 Ⅳ. ①TM571.6

中国版本图书馆 CIP 数据核字（2011）第 227061 号

机械工业出版社（北京市百万庄大街 22 号 邮政编码 100037）

责任编辑：王 颖 版式设计：张世琴

责任校对：陈立辉 责任印制：杨 曦

保定市中画美凯印刷有限公司印刷

2012 年 2 月第 1 版第 1 次印刷

184mm×260mm · 19.25 印张 · 476 千字

0001—3000 册

标准书号：ISBN 978-7-111-36347-7

定价：37.00 元

全国高等职业教育规划教材
电子类专业编委会成员名单

出 版 说 明

根据《教育部关于以就业为导向深化高等职业教育改革的若干意见》中提出的高等职业院校必须把培养学生动手能力、实践能力和可持续发展能力放在突出的地位，促进学生技能的培养，以及教材内容要紧密结合生产实际，并注意及时跟踪先进技术的发展等指导精神，机械工业出版社组织全国近60所高等职业院校的骨干教师对在2001年出版的"面向21世纪高职高专系列教材"进行了全面的修订和增补，并更名为"全国高等职业教育规划教材"。

本系列教材是由高职高专计算机专业、电子技术专业和机电专业教材编委会分别会同各高职高专院校的一线骨干教师，针对相关专业的课程设置，融合教学中的实践经验，同时吸收高等职业教育改革的成果而编写完成的，具有"定位准确、注重能力、内容创新、结构合理和叙述通俗"的编写特色。在几年的教学实践中，本系列教材获得了较高的评价，并有多个品种被评为普通高等教育"十一五"国家级规划教材。在修订和增补过程中，除了保持原有特色外，针对课程的不同性质采取了不同的优化措施。其中，核心基础课的教材在保持扎实的理论基础的同时，增加实训和习题；实践性较强的课程强调理论与实训紧密结合；涉及实用技术的课程则在教材中引入了最新的知识、技术、工艺和方法。同时，根据实际教学的需要对部分课程进行了整合。

归纳起来，本系列教材具有以下特点：

1）围绕培养学生的职业技能这条主线来设计教材的结构、内容和形式。

2）合理安排基础知识和实践知识的比例。基础知识以"必需、够用"为度，强调专业技术应用能力的训练，适当增加实训环节。

3）符合高职学生的学习特点和认知规律。对基本理论和方法的论述要容易理解、清晰简洁，多用图表来表达信息；增加相关技术在生产中的应用实例，引导学生主动学习。

4）教材内容紧随技术和经济的发展而更新，及时将新知识、新技术、新工艺和新案例等引入教材。同时注重吸收最新的教学理念，并积极支持新专业的教材建设。

5）注重立体化教材建设。通过主教材、电子教案、配套素材光盘、实训指导和习题及解答等教学资源的有机结合，提高教学服务水平，为高素质技能型人才的培养创造良好的条件。

由于我国高等职业教育改革和发展的速度很快，加之我们的水平和经验有限，因此在教材的编写和出版过程中难免出现问题和错误。我们恳请使用这套教材的师生及时向我们反馈质量信息，以利于我们今后不断提高教材的出版质量，为广大师生提供更多、更适用的教材。

机械工业出版社

前　言

电子设计自动化（EDA）是在计算机软件平台上实现电子产品的电路设计、仿真分析及电路板设计的全过程，其中，可编程逻辑器件（PLD）设计技术是电子设计领域中最具活力和发展前途的一项技术，它的影响丝毫不亚于20世纪70年代单片机的发明和使用。用户既可以使用传统的原理图输入法，也可以使用硬件描述语言来使用PLD设计一个数字系统，几乎能完成任何数字器件的功能。高性能CPU也可以用PLD来实现，同时可以大大缩短设计时间，减少PCB面积，提高系统的可靠性。对于高职高专的电子信息类专业而言，可编程逻辑器件设计的教学是培养高素质电子设计人才的重要课程，是学生将来从事电子行业所必备的生存和工作技能。

本书打破了传统学科式教材模式，采用基于工作过程的项目导向、任务驱动的编写模式。即以学生就业为导向，以培养学生从事本专业职业岗位中的电子产品辅助设计工作所必需的专业核心能力为目标，以企业实际研发项目、典型产品案例或学生创新作品作为本书项目，有针对性和实用性地组织了基于工作过程的可编程逻辑器件设计的内容。将Quartus Ⅱ软件操作方法、VHDL语言、EDA实验箱操作等内容有机地融为一体，突出培养人才的专业能力、实际解决问题能力和职业素养。

本书内容具体由6个来自于实践的项目组成，主要介绍Quartus Ⅱ软件操作方法和VHDL语言的简单项目与硬件实验和综合的EDA技术应用项目的设计方法与硬件实验。书中的项目都由项目描述、项目分析、项目实施、项目评价和项目练习5个阶段完成，而且在每个项目实施阶段都根据实际工作过程划分为几个相对独立又前后紧密衔接的工作任务，在每个任务中又由任务描述、任务目标与分析、任务实施过程、任务学习指导、任务评价5部分组成，每个任务中的任务学习指导是本书介绍主要知识点的地方。这样从简单到复杂、由设计到修改和验证的内容组织形式，符合学生的认知规律，使学生可以在任务的引领下、在完成项目的过程中逐步培养专业技能和职业素质。

项目1是八位全加器设计，使用户掌握Quartus Ⅱ软件的图形输入方法和可编程逻辑器件结构，能够进行器件的编程与配置操作；项目2是3-8译码器设计，使用户掌握VHDL语言基本结构与语句，能够在Quartus Ⅱ软件中使用文本输入方法设计可编程逻辑器件功能；项目3是八位数字频率计设计，使用户掌握Quartus Ⅱ软件的混合设计输入方法；项目4是数字钟系统综合设计，使用户能够根据实际要求，采用混合设计输入方法进行可编程逻辑器件的综合设计；项目5是交通灯控制器设计，使用户掌握使用VHDL语言的状态机设计方法来设计可编程逻辑器件功能；项目6是正弦信号发生器设计，使用户掌握Quartus Ⅱ软件中常用的参数化模块的应用方法。本书中的图形符号使用的都是国际标准符号，但Quartus Ⅱ软件提供的都是国外流行符号，请参考附录。

本书由长春职业技术学院的高锐、高芳任主编，并由高锐统稿和定稿。本书编写分工如下：高锐（项目1；项目2的2.3.2、2.4、2.5；项目3；项目5；附录）、高芳（项目4）、长春职业技术学院王雪丽（项目2的2.1、2.2、2.3.1）、长春职业技术学院林卓彬（项目6的6.3）、长春职业技术学院朱子男(项目6的6.1、6.2、6.4、6.5)。

由于本书编者的水平有限和可编程逻辑器件设计技术发展速度很快，书中难免有不足之处，敬请各位读者批评指正。

编　者

目　录

出版说明
前言
项目1　八位全加器设计 ……… 1
1.1　项目描述 ……… 1
1.1.1　项目要求 ……… 1
1.1.2　项目能力目标 ……… 1
1.2　项目分析 ……… 2
1.2.1　项目设计分析 ……… 2
1.2.2　项目实施分析 ……… 2
1.3　项目实施 ……… 3
1.3.1　任务1　原理图设计输入 ……… 3
1.3.2　任务2　项目编译与仿真 ……… 48
1.3.3　任务3　器件的编程与配置 ……… 88
1.4　项目评价 ……… 98
1.5　项目练习 ……… 99
1.5.1　填空题 ……… 99
1.5.2　单项选择题 ……… 100
1.5.3　简答题 ……… 100
1.5.4　操作题 ……… 100
项目2　3-8译码器设计 ……… 101
2.1　项目描述 ……… 101
2.1.1　项目要求 ……… 101
2.1.2　项目能力目标 ……… 101
2.2　项目分析 ……… 101
2.2.1　3-8译码器电路工作原理分析 ……… 101
2.2.2　项目实施分析 ……… 102
2.3　项目实施 ……… 102
2.3.1　任务1　VHDL语言程序输入与编译 ……… 102
2.3.2　任务2　电路仿真及功能下载 ……… 144
2.4　项目评价 ……… 169
2.5　项目练习 ……… 170
2.5.1　填空题 ……… 170

2.5.2　简答题 ……… 171
2.5.3　综合题 ……… 172
项目3　八位数字频率计设计 ……… 173
3.1　项目描述 ……… 173
3.1.1　项目要求 ……… 173
3.1.2　项目能力目标 ……… 173
3.2　项目分析 ……… 174
3.2.1　项目设计分析 ……… 174
3.2.2　项目实施分析 ……… 174
3.3　项目实施 ……… 174
3.3.1　任务1　混合设计输入 ……… 174
3.3.2　任务2　项目编译与器件的编程配置 ……… 196
3.4　项目评价 ……… 200
3.5　项目练习 ……… 200
3.5.1　简答题 ……… 200
3.5.2　操作题 ……… 200
项目4　数字钟系统综合设计 ……… 202
4.1　项目描述 ……… 202
4.1.1　项目要求 ……… 202
4.1.2　项目能力目标 ……… 202
4.2　项目分析 ……… 202
4.2.1　项目设计分析 ……… 202
4.2.2　项目实施分析 ……… 204
4.3　项目实施 ……… 204
4.3.1　任务1　混合设计输入 ……… 204
4.3.2　任务2　项目编译与器件的编程配置 ……… 250
4.4　项目评价 ……… 252
4.5　项目练习 ……… 253
4.5.1　简答题 ……… 253
4.5.2　操作题 ……… 253
项目5　交通灯控制器设计 ……… 254
5.1　项目描述 ……… 254

5.1.1　项目要求　……………… 254
5.1.2　项目能力目标……………… 254
5.2　项目分析　……………… 254
5.2.1　项目设计分析……………… 254
5.2.2　项目实施分析……………… 255
5.3　项目实施　……………… 255
5.3.1　任务1　文本设计输入　…… 255
5.3.2　任务2　项目编译与器件的
　　　　编程配置　……………… 270
5.4　项目评价　……………… 274
5.5　项目练习　……………… 274
5.5.1　简答题　……………… 274
5.5.2　操作题　……………… 274
项目6　正弦信号发生器设计　………… 275
6.1　项目描述　……………… 275

6.1.1　项目要求　……………… 275
6.1.2　项目能力目标……………… 275
6.2　项目分析　……………… 276
6.2.1　项目设计分析……………… 276
6.2.2　项目实施分析……………… 276
6.3　项目实施　……………… 276
6.3.1　任务1　混合设计输入　…… 276
6.3.2　任务2　项目编译与器件的
　　　　编程配置　……………… 294
6.4　项目评价　……………… 296
6.5　项目练习　……………… 297
6.5.1　简答题　……………… 297
6.5.2　操作题　……………… 297
附录　常用逻辑符号对照表　………… 298
参考文献　………………………… 299

项目1　八位全加器设计

　　本项目以任务引领的方式，通过实现基于可编程逻辑器件设计的实际工作过程的八位全加器的设计、编程与配置操作，对本项目实现过程中涉及的可编程逻辑器件概述、FPGA/CPLD 结构与应用、Quartus Ⅱ 7.2 软件（以下简称 Quartus Ⅱ）特点及工作环境、Quartus Ⅱ 原理图设计输入方法等相关知识和技能加以介绍。通过本项目的学习，用户可掌握可编程逻辑器件的设计流程与相关理论知识，可以根据实际设计要求并使用 Quartus Ⅱ 软件的原理图设计输入方法进行可编程逻辑器件的设计、编程与配置操作，培养用户进行可编程逻辑器件设计的实际操作技能与相关职业能力。

1.1　项目描述

1.1.1　项目要求

　　要求使用 Quartus Ⅱ 软件创建项目工程 qjq8 和原理图文件 qjq8，使用图形设计输入方法按如图 1-1 所示来设计一个八位全加器，并对文件进行编译及修改；选择"Cyclone Ⅱ"系列的 EP2C8Q208C8 器件，进行引脚分配、项目编译、仿真、生成目标文件，并用 EDA 实验箱进行器件的编程和配置。

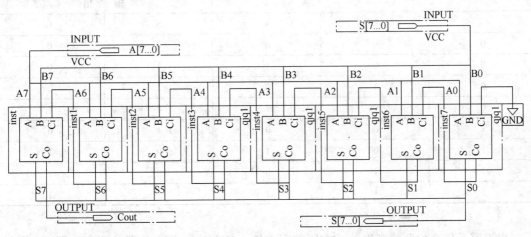

图 1-1　八位全加器原理图

1.1.2　项目能力目标

1）熟悉 FPGA/CPLD 内部结构特点和可编程逻辑器件的设计流程。

2）能使用 Quartus Ⅱ 软件创建项目工程、原理图文件并设置其环境参数。

3）能正确的在原理图文件中设计可编程逻辑器件功能和文件编译操作。

4）能正确进行可编程逻辑器件设计文件的引脚分配、仿真、项目校验、参数设置、目标文件编程与配置等操作。

5）能按 EDA 实验箱和配套硬件的基本操作规则正确使用 EDA 实验箱。

1.2　项目分析

1.2.1　项目设计分析

加法器是数字系统中的基本逻辑器件，如果为了节省资源，减法器和硬件乘法器都可由加法器来构成。但位数较宽的加法器设计是很耗费资源的，因此在实际的设计和相关系统的开发中需要注意资源的利用率和进位速度等两方面的问题。多位加法器的构成通常有两种方式：并行进位方式和串行进位方式。并行进位加法器设有并行进位产生逻辑，运算速度快；串行进位加法器是将全加器级联构成多位加法器。通常，并行加法器比串行级联加法器占用更多的资源，并且随着位数的增加，相同位数的并行加法器与串行加法器的资源占用相比，其差距也会越来越大。因此本项目的八位加法器采用八个一位二进制串行加法器级联而成。

全加器是实际的加法运算，必须同时考虑由低位来的进位，这种由被加数、加数和一个来自低位的进位数三者的运算称为全加运算。一位全加器真值表如表 1-1 所示，其逻辑表达式是：$S = C_0 \oplus (A \oplus B)$、$C = C_0(A \oplus B) + AB$。A、B 是求和的两个输入端；$C_0$ 是进位输入端；S 是求和输出端；C 是进位输出端。

表 1-1　一位全加器真值表

输　入			输　出	
C_0	B	A	S	C
0	0	0	0	0
0	0	1	1	0
0	1	0	1	0
0	1	1	0	1
1	0	0	1	0
1	0	1	0	1
1	1	0	0	1
1	1	1	1	1

先根据一位全加器的逻辑关系在原理图文件中绘制出一位全加器功能，如图 1-2 所示。再将其转换成为电路符号。在此基础上，由 8 个一位全加器串联成一个八位全加器。

1.2.2　项目实施分析

根据项目要求，将此项目分为 3 个任务来实施。任务 1 是原理图设计输入，实现由 8 个一位全加器串联成一个八位全加器的原理图设计输入过程；任务 2 是项目编译，实现原理图的约束输入、逻辑综合、布局布线、仿真等操作；任务 3 是器件编程与配置操作。这 3 个任

2

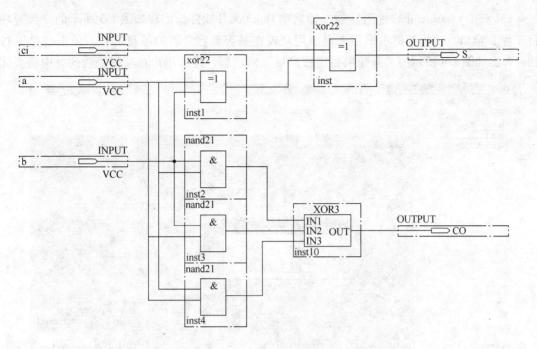

图 1-2 一位全加器原理图

务组合在一起，构成可编程逻辑器件设计、编程与配置的完整操作流程。

1.3 项目实施

1.3.1 任务1 原理图设计输入

1. 任务描述

使用 Quartus Ⅱ 软件创建项目工程 qjq8 和原理图文件 qjq8，使用图形设计输入方法按图 1-2 所示来设计一个全加器文件 qjq1，将其转化为一个元件符号 qjq1；并在原理图文件 qjq8 中，按图 1-1 所示，将 8 个 qjq1 元件符号级联成一个八位全加器；保存项目工程并确保原理图文件正确无误。

2. 任务目标与分析

通过本任务操作，使用户能够熟悉 FPGA/CPLD 内部结构特点和可编程逻辑器件的设计流程；能使用 Quartus Ⅱ 软件创建项目工程、原理图文件并设置其环境参数；能正确的在原理图文件中设计可编程逻辑器件的功能。

原理图设计输入方法是实现可编程逻辑器件设计的一个最基本和最常用的设计方法，它具有形象直观的特点。先创建项目工程和原理图文件并设计一位全加器再生成其相应的电路符号，因为要在原理图文件中采用 8 个一位全加器串联的方法设计这个八位全加器功能。最后，以这个电路符号为一个单元，在原理图中连接成一个实现八位全加器的图形。

3. 任务实施过程

（1）创建项目工程

具体操作过程如下所示。

1）双击 Quartus Ⅱ软件图标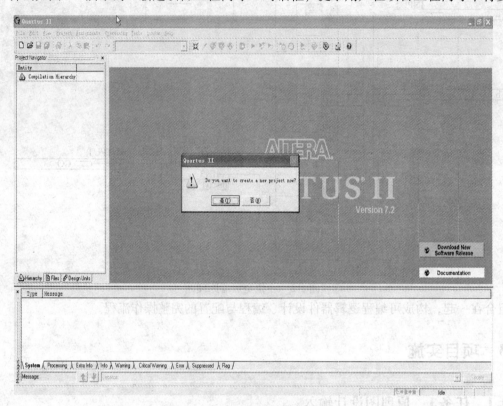，即启动 Quartus Ⅱ软件，出现如图 1-3 所示的"新建项目工程"窗口。中间的提示框用来提示用户现在是否要建立新的项目工程，单击"是"按钮，弹出如图 1-4 所示的"新建项目工程向导"对话框，提示用户在项目工程向导中将要完

图 1-3　Quartus Ⅱ新建项目工程窗口

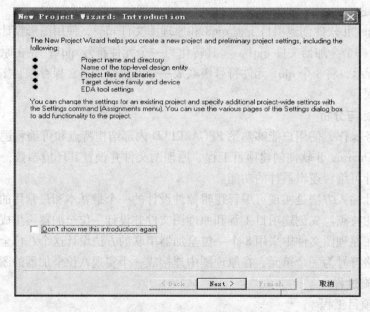

图 1-4　"新建项目工程向导"对话框 1

成的一些操作，包括项目工程和顶层文件名称和路径、指定目标器件名称和 EDA 工具参数设置等内容。

2）单击"Next"按钮，出现如图 1-5 所示的对话框，在其中输入项目存放路径"e：\eda"、项目工程名称"qjq8"和顶层实体文件名称"qjq8"。

注意：在此处输入的新项目工程和顶层实体文件名称必须相同，且文件名称不能用中文、VHDL 关键字和软件中模块名称。单击此对话框中的"Use Existing Project Settings"按钮，可以在弹出的对话框中选择已存在的项目工程。

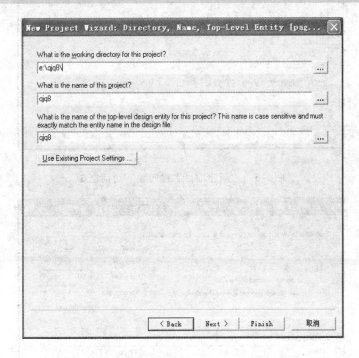

图 1-5　"新建项目工程向导"对话框 2

3）单击"Next"按钮，出现如图 1-6 所示的对话框，在此可以将已经编辑好的文件加入到当前项目工程中。单击"…"按钮，打开"浏览文件"对话框，在其中选择想要的文件即可。本项目在此不选择任何文件，直接单击"Next"按钮。

注意：单击"Add All"按钮，可以加入当前对话框所列目录中的所有文件。单击"User Libraries"按钮，可以添加需要的文件和库。

4）单击"Next"按钮，出现如图 1-7 所示的对话框，在此选择实现项目工程功能的可编程逻辑器件系列、型号、引脚数量和速度级等选项。本项目中选择 Cyclone Ⅱ 系列器件中的 EP2C5Q208C8 作为可编程逻辑器件。

注意：选择"Target device"选项卡中的"Auto device selected by the Fitter"选项，可以由系统给所设计文件自动分配一个目标器件；选择"Specific device selected in 'Available devices' list"选项，则需要用户来自己指定目标器件。

5）单击"Next"按钮，出现如图 1-8 所示的对话框，可在此对话框中添加第 3 方的

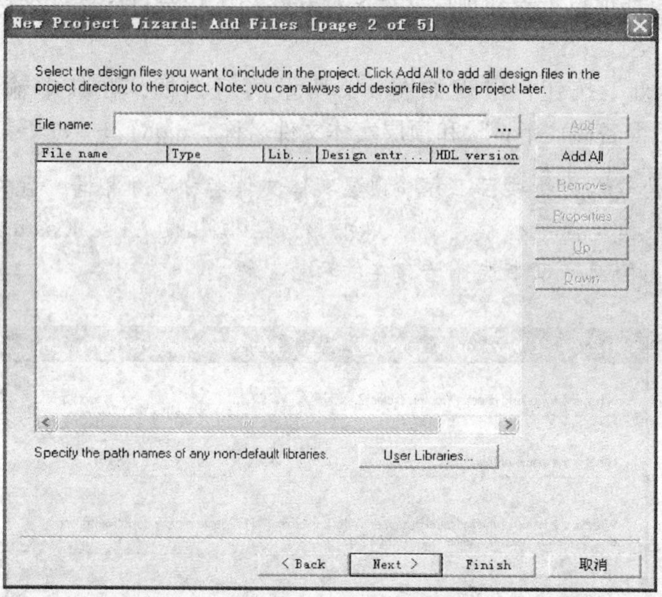

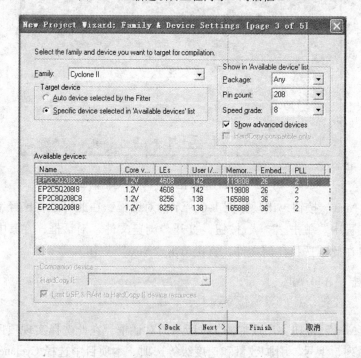

图 1-6 "新建项目工程向导" 对话框 3

图 1-7 "新建项目工程向导" 对话框 4

EDA 工具。在本项目中不需要添加额外的 EDA 工具，因此跳过此步而直接单击 "Next" 按钮来进入下一个对话框，如图 1-9 所示。此对话框中显示刚才创建项目工程中重要的文件和器件信息，单击 "Finish" 按钮，完成当前项目工程的创建。

（2）新建一个原理图/图表模块文件

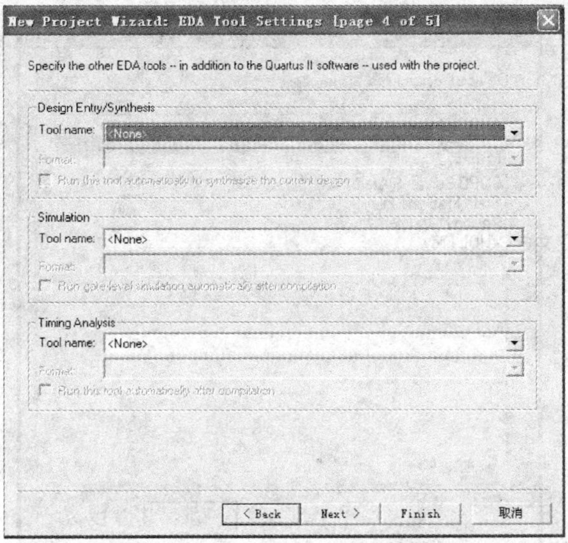

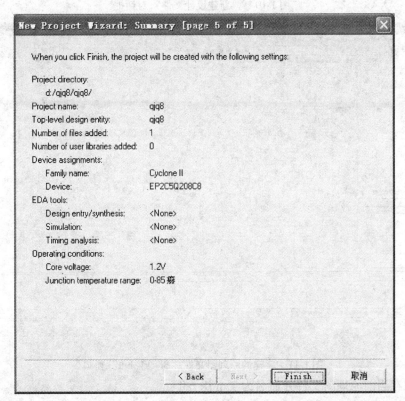

图 1-8 "新建项目工程向导"对话框 5

图 1-9 "新建项目工程向导"对话框 6

　　选择菜单"File"→"New"，弹出如图 1-10 所示的"新建设计文件"对话框。从中选择"Block Diagram/Schematic File"选项，单击"OK"按钮，即新建了一个如图 1-11 所示的原理图文件"Block1. bdf"。

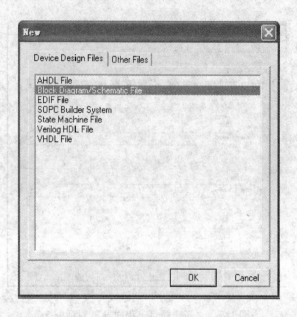

图1-10　"新建设计文件"对话框

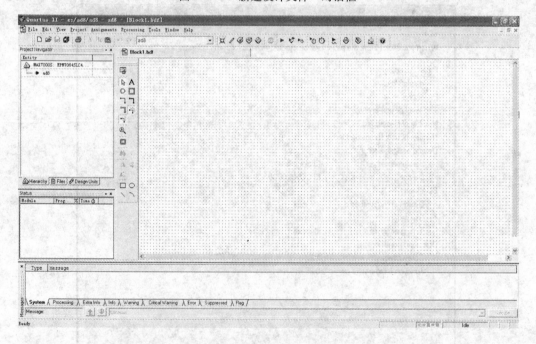

图1-11　新建的原理图文件"Block1. bdf"窗口

（3）保存当前原理图文件并命名为"qjq1.bdf"

选择菜单"File"→"Save As"，弹出如图1-12所示的"另存为"对话框。在此对话框中输入当前原理图文件名"qjq1"，系统默认其文件扩展名为".bdf"。

（4）放置元件符号"and2"

1）选择元件符号"and2"。在图1-11中的图形编辑窗口的空白处双击，也可以单击编辑窗口左侧的编辑工具栏中的 ⅅ 按钮，都会弹出如图1-13所示的"Symbol"对话框。如

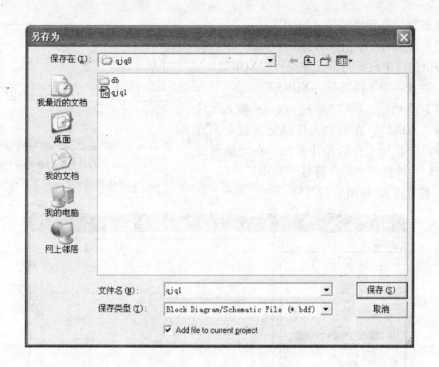

图1-12 "另存为"对话框

图1-13所示，在当前对话框中的Libraries选项区中选择元件符号"and2"，单击"OK"按钮。

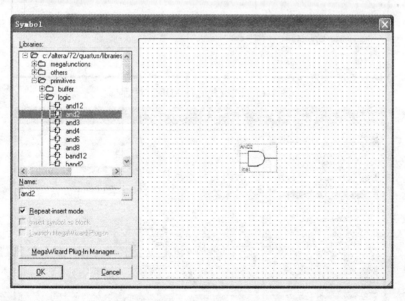

图1-13 "Symbol"对话框

2）放置当前元件符号。此时十字光标下方出现and2元件符号，如图1-14a所示；在原理图编辑窗口适当位置处单击，即可放置一个元件符号"and2"，如图1-14b所示；连续单击3次，放置3个符号。如果要结束当前元件符号的放置，单击鼠标右键，在弹出快捷菜单中选择"Cancel"，即取消了当前元件符号的放置操作。

（5）放置两个元件符号"XOR"

如图 1-15 所示，用上步的操作方法，在当前原理图编辑窗口中放置两个元件符号"XOR"。

（6）放置一个元件符号"XOR3"

如图 1-16 所示，在"Name"选项中输入元件符号名称"XOR3"，在右侧元件预览区就会出现当前元件形状。用上步的操作方法，在当前原理图编辑窗口中放置两个元件符号"XOR3"。

（7）放置输入/输出引脚符号

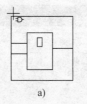
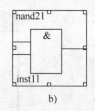

图 1-14　放置 and2 元件符号的操作过程

a) and2 元件符号浮动在光标下方

b) 单击放置一个 and2 元件符号

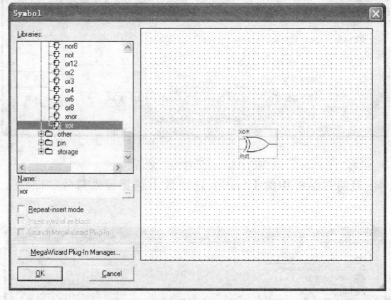

图 1-15　"查找元件 XOR"对话框

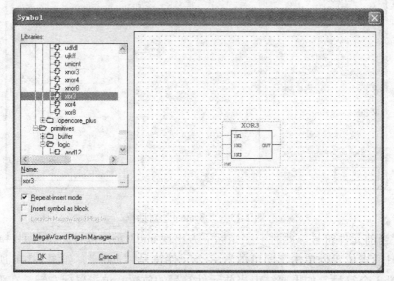

图 1-16　"查找元件 XOR3"对话框

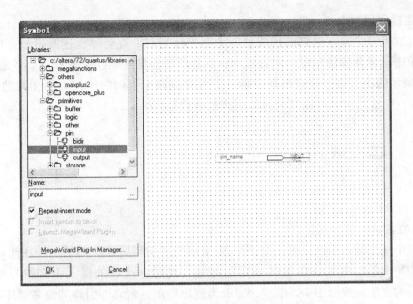

图 1-17 "查找输入引脚符号 input" 对话框

如图 1-17 所示，在"Name"选项中输入元件符号名称"input"，在右侧元件预览区就会出现当前元件形状。用上步的操作方法，在当前原理图编辑窗口中放置 3 个输入引脚符号"input"和两个输出引脚符号"output"。

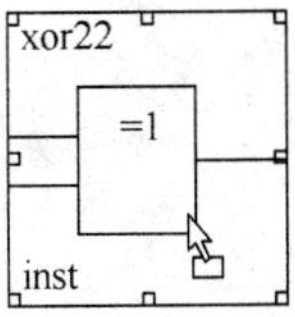

（8）排列原理图编辑窗口中各元件位置

光标指向原理图中一个元件符号并按住左键并拖动，如图 1-18 所示，到达合适位置后松开左键，即可实现一个元件的移动。其余元件符号也使用相同的拖动方法，将当前原理图中所有元件符号按如图 1-19 所示位置摆放。

图 1-18 拖动一个元件符号

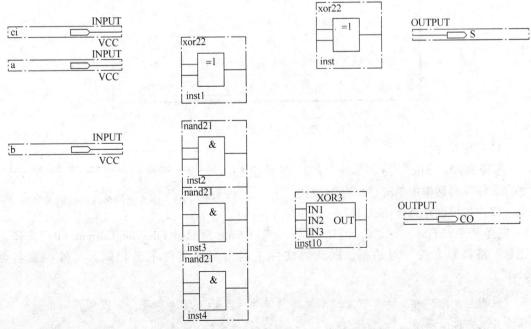

图 1-19 原理图文件"qjq1. bdf"元件摆放图

（9）连接原理图中各元件

将光标靠近一个输入引脚的接线处，十字光标的右下方会浮现连线符号，如图 1-20 所示。此时单击鼠标并按住左键，向右拖动；到达所需连接的元件引脚时，十字光标下方出现如图 1-21 所示的小方块，此时松开左键，即可完成两个引脚的连接。用相同的方法，按照图 1-2 指示，完成当前原理图其余元件引脚的连接操作。

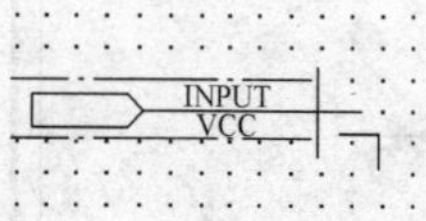

图 1-20　确定连线起点

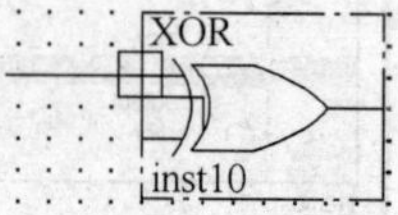

图 1-21　确定连线终点

（10）命名输入/输出引脚

双击其中一个输入引脚，弹出如图 1-22 所示的"引脚属性"对话框。在此对话框的 Pin name(s)选项中输入"Ci"，单击"确定"按钮，此时修改后的输入引脚符号如图 1-23 所示。用相同的方法，按照图 1-2 指示，完成当前原理图其余元件引脚的命名操作。

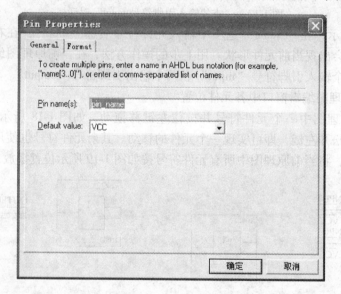

图 1-22　"引脚属性"对话框

（11）保存文件

选择菜单"File"→"Save As"，在弹出的"保存文件"对话框中单击"保存"按钮。

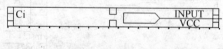

图 1-23　修改元件名称后的输入引脚

（12）生成电路符号 qjq1. bsf

选择菜单"File"→"Creat/Update"→"Create Symbol Files for Current File"，弹出"创建电路符号文件"对话框，默认的文件主名与当前文件主名相同，文件扩展名为". bsf"。

> **说明：**电路符号是将当前原理图文件转换为一个功能模块符号，可以作为一个元件符号被其他文件所调用。

（13）新建项目工程的顶层原理图文件"qjq8.bdf"

选择菜单"File"→"New"，从弹出的"新建设计文件"对话框中选择"Block Diagram/Schematic File"选项，单击"OK"按钮，即新建了原理图文件"qjq8.bdf"。在左侧"Project Navigator"窗口中，将光标指向 qjq8.bdf 文件并单击鼠标右键，弹出如图 1-24 所示的快捷菜单，从中选择"Set as Top-Level Entity"选项，即将当前文件设置为当前项目工程顶层实体文件。

（14）放置 qjq1.bsf 电路符号

在当前原理图文件"qjq8.bdf"工作区的空白处用鼠标双击，弹出如图 1-25 所示的"添加电路符号"对话框。单击此对话框中 Libraries 选项区中

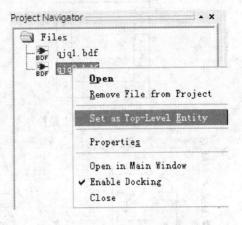

图 1-24 文件快捷菜单

的 Project 文件夹，此时前面生成的 qjq1.bsf 电路符号显示在此文件夹下，同时右侧预览区中出现其模块电路符号的外形。单击"OK"按钮，当前光标下方出现如图 1-26 所示的电路符号浮现，再单击，此时原理图中已放置了如图 1-27 所示的 qjq1.bsf 电路符号。

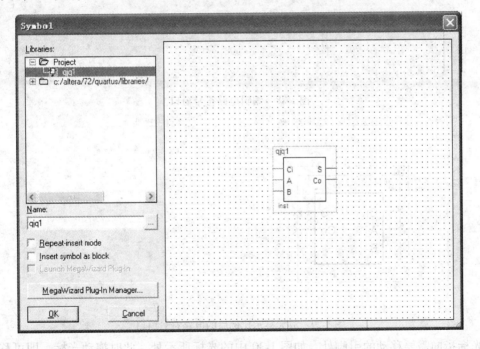

图 1-25 "添加电路符号"对话框

（15）打开编辑 qjq1.bsf 电路符号窗口

用鼠标右键单击此电路符号，从弹出的快捷菜单中选择"Edit Selected Symbol"，此时当前窗口如图 1-28 所示。单击当前窗口左侧工具栏中的 🔍 图标，此时光标变为此图标形状，在当前电路符号上方单击几次，将当前电路符号放大到如图 1-29 所示的比例。

（16）编辑 qjq1.bsf 电路符号

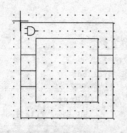

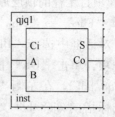

图 1-26　光标下方浮现电路符号　　　　　　图 1-27　放置好的 qjq1. bsf 电路符号

图 1-28　编辑电路符号窗口

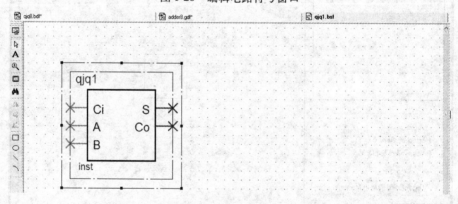

图 1-29　放大显示比例后的电路符号窗口

　　光标指向需要移动的引脚处，如图 1-30 中的光标所示处，此时拖动光标，即可移动当前电路符号引脚位置。按照如图 1-31 所示的电路符号形状来修改当前电路符号的引脚位置和电路符号左下角名称，保存当前电路符号文件。

　　（17）按照如图 1-1 所示放置 8 个 qjq1. bsf 电路符号

　　回到原理图文件"qjq8. bdf"，用鼠标右键单击此电路符号，从弹出的快捷菜单中选择"Rotate by Degrees"选项中的"90"。选中这个电路符号，双击其上的"inst"字符，将其改为"11"。将当前电路符号复制成 8 个 qjq1. bsf 电路符号，如图 1-31 所示。

（18）放置输入/输出引脚和接地符号

用前面的方法放置两个输入引脚 A[7..0] 和 B[7..0]，再放置两个输出引脚 Count 和 S[7..0]。在当前原理图空白处双击，在弹出的对话框中的"Libraries"选项中按如图 1-32 所示，选中"gnd"符号，单击"OK"按钮，完成放置电路符号操作后的当前原理图文件如图 1-33 所示。

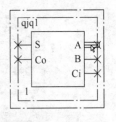

图 1-30　修改后的 qjq1.bsf 电路符号

（19）连接各元件

光标指向图 1-33 中 A 引脚左侧，按照图 1-1 中所示电路连线指示，

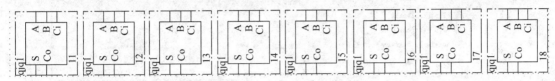

图 1-31　8 个 qjq1.bsf 电路符号

连接当前原理图文件"qjq8.bdf"中各元件的引脚。

（20）绘制总线并命名

图 1-1 中粗的连线是总线，光标指向输入引脚 A[7..0]，单击鼠标右键，弹出如图 1-34 所示的连线快捷菜单。从中选择"Bus Line"选项，即将当前选中的连线转化为总线。用相同的方法，将图 1-1 中所示的总线部分绘制出来。单击当前原理图文件"qjq8.bdf"中左侧工具栏中的 **A** 图标，此时光标变为插入点形状，按照图 1-1 所示，在相应总线上单击，输入相应的总线输入/输出节点名称即可。

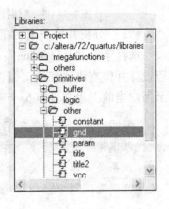

图 1-32　选择"gnd"符号

（21）保存文件

选择菜单"File"→"Save As"，在弹出的对话框中保存

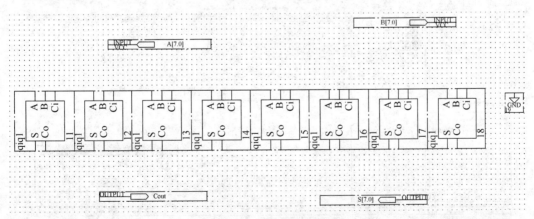

图 1-33　放置好电路符号的原理图文件"qjq8.bdf"

当前项目工程中的所有文件，其项目导航窗口如图 1-35 所示。

说明：项目工程 qjq8 的项目导航窗口中，显示的是当前项目工程包括的所有文件。

15

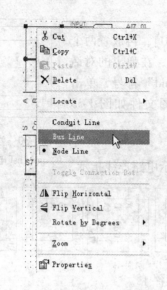

图1-34　连线快捷菜单　　　　　　图1-35　项目工程 qjq8 的项目导航窗口

（22）分析并检查项目工程

选择菜单"Processing"→"Start"→"Start Analysis & elaboration"，分析当前项目工程设计并检查语法和语义错误，当前窗口如图1-36所示。在窗口上方的提示对话框中，提示用户当前工程文件有5个警告信息，单击"确定"按钮，完成当前操作。

> **说明：** 此处进行的项目工程的分析与检查操作，主要是为了检查项目工程中是否有错误，以便用户进行修改。在任务2中将详细介绍编译操作的完整流程。
>
> 如果此处出现的提示信息只是警告信息的话，可以忽略，但如果出现错误信息，则必须要回到原理图中修改至无误，才可以继续向下执行。

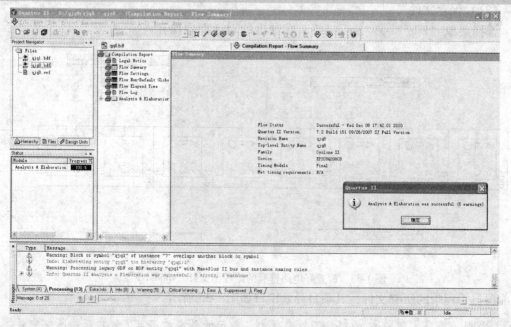

图1-36　完成编译操作后的窗口

4. 任务学习指导

EDA 是英文 "Electronics Design Automation"（电子设计自动化）的缩写，EDA 技术是 20 世纪 90 年代迅速发展起来的，是现代电子设计的最新技术潮流，是综合现代电子技术和计算机技术的最新研究成果。这种由软件进行验证的设计方法克服了传统方法的缺点，更由于这种方式可以事先排除大部分设计上的缺陷，使得设计项目工程师可以将大量的精力用于设计而不是用于调试，因此极大地提高了电路设计的效率和可移植性，减轻了设计者的劳动强度，使得新产品可以更快地推出，为企业带来更高的经济效益。将 EDA 技术按其主要功能或主要应用场合可分为电路设计与仿真工具、PCB 设计软件、IC 设计软件、可编程逻辑器件设计工具及其他 EDA 软件，而本书介绍的是 EDA 技术在可编程逻辑器件（PLD）设计方面的应用。它的基本设计方法是设计者在 EDA 软件平台上使用原理图、状态机、布尔表达式、硬件描述语言等方法，以计算机为工具，用硬件描述语言完成设计文件，然后由计算机自动地完成逻辑编译、化简、分割、综合、优化、布局、布线和仿真，直至对于特定目标芯片的适配编译、逻辑映射和编程编程与配置等工作，最后由可编程逻辑目标器件实现。

（1）EDA 技术概述

1) EDA 技术的基本特征。现代 EDA 技术代表了当今电子设计技术的最新发展方向，它的基本特征是采用硬件描述语言进行电路与系统的设计，具有系统级仿真和综合能力。EDA 系统在设计初期对整个系统进行方案设计和功能划分，考虑了产品生产周期的诸多因素，包括产品质量、设计成本、开发时间等。用户按照"自顶向下"的设计方法，利用开放式的设计环境，从系统级设计入手，通过对顶层功能框图的划分和结构设计双重并进的模式进行设计，框图一级主要实现设计的仿真和纠错功能，并用硬件语言描述对高层次的系统行为进行描述；功能一级主要实现设计的验证功能，将设计自动翻译成门级逻辑的电路描述，做到了设计与工艺的相互独立。应用综合优化工具生成具体设计电路的网络表，实现印制电路板、专用集成电路、关键电路用一片或几片专用集成电路（ASIC）实现，最后通过综合器和适配器生成最终的目标器件。整个设计中的仿真和调试过程是在系统的最顶层（即高层次）上完成的，有利于早期发现结构设计上的错误，避免工作的浪费，减少了逻辑功能仿真的工作量，提高了设计质量和产品的合格率。EDA 技术中最为瞩目的功能，是日益强大的逻辑设计仿真测试技术。EDA 仿真测试技术只需通过计算机，就能对所设计的电子系统从各种不同层次上系统的性能特点，完成一系列准确的测试与仿真操作，在完成实际系统的安装后，还能对系统上的目标器件进行边界扫描测试，极大提高了大规模系统电子设计的自动化程度。同时 EDA 技术可以模拟各种极限情况，如超低频、大功率、高温、低温等，节约原材料和仪器、仪表的使用率，大大降低了设计成本。系统可在线升级，现场编程系统设计可集成在一个芯片上，体积小、功耗低、可靠性高。

2) EDA 技术系统的构成。EDA 软件系统的构成是指电子系统 EDA 集成开发环境，即电子系统 EDA 的开发设计流程中的软硬件环境。电子系统的实现方式通常有通用集成电路、可编程序器件和定制集成电路 3 种方式，据目前的 EDA 工具或套件的结构以及电子系统的设计开发需要，把电子系统 EDA 集成开发环境分为 3 种类型：板级电子系统 EDA 集成开发环境、芯片电子系统 EDA 集成开发环境和综合型电子系统 EDA 集成开发环境。

① 板级电子系统 EDA 集成开发环境。其通常由硬件系统集成设计环境（即 PCB 集成设计环境）和软件系统集成设计环境两个部分构成的。低端的微控制器应用系统，由硬件仿真

器及其配套仿真软件组成；高端 32 位嵌入式处理器应用系统，采用的是一种基于嵌入式的实时操作系统 RTOS 平台。

② 芯片级电子系统 EDA 集成开发环境。这是一种集成电路（IC）EDA 集成开发环境。根据设计对象的不同，芯片级电子系统 EDA 集成开发环境可分为专用集成电路（ASIC）集成设计环境和片上系统（SoC）集成设计环境。

➢ ASIC 集成设计环境。ASIC 是一种具有某种特定功能的大规模集成电路芯片，如 VGA 图像处理芯片、PCI 接口芯片、视频放大芯片等。在 ASIC 集成设计环境的设计流程中，可以生成 5 种不同类型的产品：即经过功能验证后的软 IP 核、经逻辑综合验证后的固 IP 核、可编程的专用集成电路（ASIC）器件、由 ASIC 版图生成的硬 IP 核、由代工厂生产的 ASIC 芯片。

➢ SoC 集成设计环境。SoC 是一种集成了微处理器、存储器、外围电路和软件系统程序的自成系统的超大规模集成电路芯片。SoC 集成环境是一种典型的软硬协同设计集成环境（或平台），和 ASIC 集成设计环境一样也可以生成 5 种不同类型的产品：即经过功能验证后的软 IP 核、经逻辑综合验证后的固 IP 核、可编程的片上系统（SoPC）器件、由 SoC 版图生成的硬 IP 核和由代工厂生产的 SoC 芯片。其中 ASIC 集成设计环境和 SoC 集成设计环境在芯片设计有较大区别，在 SoC 设计中一般都含有微处理器核，所设计的系统级芯片都必须具有设备驱动程序与操作系统或嵌入式实时操作系统接口，并且具有应用程序完成数字计算、信号处理变换、控制决策等功能。

③ 综合型电子系统 EDA 集成开发环境。也称为整机型或混合型电子系统 EDA 集成开发环境，这种类型集成开发环境综合集成了板级和芯片级电子系统设计的 EDA 工具，可以完成如下 4 方面的工作：印制电路板（PCB）设计、专用集成电路（ASIC）芯片设计、片上系统（SoC）芯片设计和可编程序逻辑器件（PLD）设计。

3）常用的 EDA 工具。EDA 技术利用计算机强大的高速度的数据处理能力来完成电子系统的设计，完成专用集成电路（ASIC）的设计与实现。在整个设计与实现过程中，EDA 工具在 EDA 技术中具有非常重要的作用。EDA 工具的发展主要经历了两大阶段：物理工具和逻辑工具。近些年，许多生产可编程逻辑器件的公司都相继推出适于开发自己公司器件的EDA 工具，使其在不同设计环节中具有不同的专长，因此 EDA 工具也有不同的特色。现在系统设计和 EDA 工具正逐步被理解成一个整体的概念，即电子系统设计自动化。选择优秀的 EDA 工具，构成超级的电子系统 EDA 集成开发环境是项目开发工程师首要的任务之一。选择优秀的 EDA 工具有以下所示的几个约束条件：

➢ 设计项目的实际需要。不同的设计对象，其 EDA 集成开发环境的架构有很大差别。
➢ EDA 工具的使用授权。
➢ 设计语言、设计数据、设计格式的兼容性。由于 EDA 得整个流程涉及不同的技术环节，每一个环节中必须有对应的工具包或专用 EDA 工具独立处理，因此单个 EDA 工具往往只涉 EDA 流程中的某一步骤。
➢ EDA 工具与计算机及其操作系统的兼容性。

根据 EDA 技术的功能要求，EDA 工具应包括如下 5 个模块：

➢ 设计输入编辑器。设计输入编辑器是 EDA 软件通常必须具备的基本功能，在各个 PLD 厂商提供的 EDA 开发工具中一般都含有这类输入编辑器，通常专业的 EDA 工具供应商也提供相应的设计输入工具，这些工具一般与该公司的其他电路设计软件整合，这一点尤其体现在原理图输入环境上。设计输入编辑器可以接受不同的设计输入表达式，包括硬件描述语言、原理图输入等多种形式的设计输入以及设计输入表达方式、状态图输入方式、波形输入方式以及 HDL 的文本输入方式。设计输入编辑器在多样性、方便性、可选性和通用性方面的功能不断提升，标志着 EDA 技术中自动化设计程序的不断提高。

➢ HDL 综合器。HDL 综合器主要是针对 EDA 软件通用语言 VHDL 和 Verilog HDL 来实现电路的设计。HDL 综合器的使用也有两种模式：图形模式和命令行模式（shell 模式）。常用的性能良好的 FPGA/CPLD 设计的 HDL 综合器主要有以下 3 种类型：即"Synopsys"公司的"FPGA compoter"、"FPGA express"综合器；"Synplicity"公司的"Synplify pro"综合器；"Montor"子公司的"Exemplar Logic"的"Leonardo spectrum"综合器。HDL 综合器把可综合的 VHDL/Verilog HDL 转化成硬件电路时，一般要经过两个步骤：首先，对 VHDL/Verilog HDL 进行分析处理，并将其转化成相应的电路结构或模块，这个过程是一个通用电路原理图形成的过程，完全与硬件无关。其次，实现目标器件的结构进行优化以满足各种约束条件和优化关键路径等。由于 HDL 综合器只能够完成 EDA 设计流程中的一个独立设计步骤，所以它往往被其他 EDA 环境调用，以完成全部流程。它的调用方式一般有两种，即前台模式（被调用时，显示的是最常见的窗口界面）；后台模式（或控制台模式，被调用时不出现图形界面，仅在后台运行）。HDL 综合器的输出文件一般是网表文件，如 EDIF 格式，其文件扩展名".edf"是一种用于设计数据交换和交流的工业标准文件格式文件，或是直接用 VHDL/Verilog HDL 表达的标准格式网表文件，或是对应 FPGA 器件厂商的网表文件。

➢ 仿真器。电子系统设计的仿真过程分为两个阶段，即验证系统功能设计前期的系统级仿真和验证系统性能设计过程的电路级仿真。EDA 设计的大部分时间在做仿真，如验证设计的有效性、测试设计的精度、处理和保证设计要求等。因此对于 HDL 仿真器的仿真速度、仿真的准确性和易用性成为衡量仿真器的重要指标。HDL 仿真器按仿真时是否考虑硬件延时分类，仿真可分为功能仿真和时序仿真。功能仿真是直接对 VHDL、原理图描述或其他描述形式的逻辑功能进行测试模拟，了解其实现的功能是否满足原设计要求的过程，在设计项目编辑编译后即可进入门级仿真器进行模拟测试，仿真过程不涉及任何具体器件的硬件特性。直接进行功能仿真的好处是设计耗时短，对硬件库、综合器等没有任何要求。时序仿真是接近真实器件运行特性的仿真，仿真文件中包含了器件硬件特性参数（如硬件延迟信息），因此仿真精度高。通常，在 PLD 设计中首先进行功能仿真，待确认设计文件所表达的功能满足设计者原有意图时，即逻辑功能满足要求后，再进行综合、适配和时序仿真，以便把握设计项目硬件条件下的运行情况。针对 EDA 软件的通用语言 VHDL 和 Verilog HDL，多数 EDA 厂商都提供基于这两种基本语言的仿真器。常用的 HDL 仿真器如 Model Technology 公司的 ModelSim，Aldec 公司的 Active HDL、Synopsys 公司的 VCS，Cadence 公司的 Verilog-XL 等。

➢ 适配器。适配即结构综合，通常由可编程逻辑器件生产厂商提供的专门针对器件开发的软件来完成。适配器的任务是完成目标系统在器件上的布局布线，将由综合器产生的网表文件配置于指定的目标器件中，包括底层器件配置、逻辑分割、逻辑优化、布局布线产生最终的下载文件。EDA 软件可以单独运行或嵌入到厂商提供的适配器中，例如，Altera 公司的 EDA 集成开发环境 Quartus Ⅱ，其中都含有嵌入厂商的适配器，同时提供性能良好、使用方便的专用适配器。适配器最后输出的是各厂商自己定义的下载文件，用于下载到芯片中以实现设计。适配器输出时产生多项如下的设计结果：适配技术报告文件，包括芯片内部资源利用情况，设计的布尔方程描述情况等；时序仿真文件，根据适配后的仿真模型，可以进行适配后的时序仿真，因为已经得到器件的实际硬件特性，所以仿真结果能比较精确的预期未来芯片的实际性能，如果仿真结果达不到设计要求，就需要修改 VHDL 源代码或选择不同速度品质的器件，直至满足设计要求；面向第三方 EDA 工具的输出文件，例如，EDIF、VHDL 或 Verilog HDL 格式的文件；FPGA/CPLD 编程下载文件。

➢ 下载器。下载是在功能仿真与时序仿真正确的前提下，将综合后形成的位流文件下载到具体的 FPGA 或 CPLD 等可编程逻辑器中，使其成为一个具有设计功能的专用集成芯片，因此也叫芯片配置。通常 FPGA 设计有两种配置形式，即直接由计算机经过专用下载电缆进行配置和由外围配置芯片进行上电时自动配置。

4）EDA 技术实现的目标。利用 EDA 技术进行电子系统设计，实现的目标主要是完成专用集成电路(ASIC)的设计与实现。一般的 ASIC 从设计到制造，需要经过若干步骤，如图 1-37 所示。EDA 技术最终实现目标的 ASIC，设计方法可以通过下面 3 种途径来完成。

➢ 超大规模可编程逻辑器件。超大规模可编程逻辑器件是 EDA 得以实现的硬件基础，通过编程，可灵活方便地构建和修改数字电子系统。其特点是直接面向用户、具有极大的灵活性和通用性、硬件测试和实现快捷、开发效率高、成本低、技术维护简单、工作可靠性好等。超大规模可编程逻辑器件主要分为两大类：复杂可编程逻辑器件（CPLD）和现场可编程门阵列（FPGA）。由于 FPGA 和 CPLD 的开发工具、开发流程和使用方法与 ASIC 有相通之处，因此这类器件通常也被称为可编程专用 IC 或可编程 ASIC。

➢ 全定制 ASIC。全定制 ASIC 是利用集成电路的最基本设计方法，对集成电路中所有的元器件进行精工细作的设计方法。全定制设计需要用户完成所有电路的设计，因此需要大量人力物力，灵活性好但开发效率低下。该方法尤其适宜于模拟电路，数模混合电路以及对速度、功耗、管芯面积、其他器件特性(如线性度、对称性、电流容量、耐压等)有特殊要求的场合，或者在没有现成元器件库的场合。全定制设计特点是：精工细作，设计要求高、周期长，设计成本昂贵。如果设计较为理想，全定制能够比半定制的 ASIC 芯片运行速度更快。但由于全定制设计方法对设计人员的操作技能要求较高，因此全定制设计的方法渐渐被半定制方法所取代，整个电路均采用全定制设计的现象越来越少。

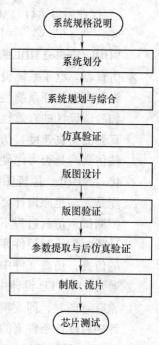

图 1-37　ASIC 设计流程

➢ 半定制 ASIC。半定制 ASIC 是使用库里的标准逻辑单元(Standard Cell),设计时可以从标准逻辑单元库中选择 SSI(门电路)、MSI(如加法器、比较器等)、数据通路(如 ALU、存储器、总线等)、存储器甚至系统级模块(如乘法器、微控制器等)和 IP 核等。这些逻辑单元已经布局完毕,而且设计得较为可靠,设计者可以较方便地完成系统设计。现代 ASIC 常包含整个 32bit 处理器,类似 ROM、RAM、E^2PROM、Flash 的存储单元和其他模块,这样的 ASIC 常被称为片上系统(SoC)。半定制设计方法又分成基于标准单元的设计方法和基于门阵列的设计方法。门阵列 ASIC 的特点是:基于门阵列的设计方法是将晶体管作为最小单元重复排列组成基本阵列,做成半导体门阵列母片或基片,然后根据电路功能和要求使用掩膜版将所需的逻辑单元连接成所需的专用集成电路。其主要适合于开发周期短,开发成本低、投资、风险小的小批量数字电路设计。标准单元 ASIC 的特点是:基于标准单元的设计方法是将预先设计好的称为标准单元的逻辑单元,如与门、或门、多路开关、触发器等,按照某种特定的规则排列,做成半导体门阵列母片或基片,与预先设计好的大型单元一起组成 ASIC。主要优点是:用预先设计、预先测试、预定特性的标准单元库,省时、省钱、小风险地完成 ASIC 设计任务。所有掩膜层是定制的,可内嵌定制的功能单元,制造周期较短,开发成本不是太高。其缺点是需要花钱购买或自己设计标准单元库,要花较多的时间进行掩膜层的互连设计。

5)EDA 工程设计流程。用户通常按"自顶向下"的设计方法进行 EDA 工程设计的具体设计阶段如图 1-38 所示。

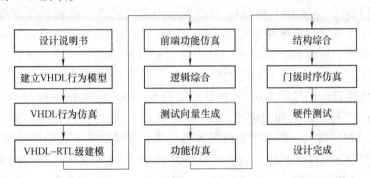

图 1-38 EDA 自顶向下设计流程

具体过程说明如下:

首先,用自然语言表达系统项目的功能特点和技术参数等项目设计内容,提出设计说明书;其次,建立 VHDL 行为模型,将设计说明书转化为 VHDL 行为模型,目标是通过 VHDL 仿真器对整个系统进行系统行为仿真和性能评估;接着,进行 HDL 行为仿真,可以利用 VHDL 仿真器对顶层系统的行为模型进行仿真测试,检查模拟结果,继而进行修改和完善;接着,进行 VHDL-RTL 级建模,必须将 VHDL 的行为模型表达为 VHDL 行为代码(或称 VHDL-RTL 级模型),VHDL 行为代码可以通过 VHDL 中可综合子集中的语句完成的,即可以最终实现目标器件的描述;接着,进行前端功能仿真设计也称为功能仿真,在这一阶段对 VHDL-RTL 级模型进行仿真;接着,进行逻辑综合,是使用逻辑综合工具将 VHDL 行为级描述转化为结构化的门级电路;接着,同时进行测试相量生成,这一阶段主要是针对 ASIC 设计的，FPGA 设计的时序测试文件主要产生于适配器，对 ASIC 的测试相量文件是综合器结合含有版图硬件特性的工艺库后产生的，用于对 ASIC 的功能测试；接着，进行功能仿真，是利用获得的测试相量对 ASIC 的设计系统和子系统的功能进行仿真；接着，实现结构综合，是将综合产生的表达逻辑连接关系的网表文件，结合具体的目标硬件环境进行标准单元调用、布局、布线和满足约束条件的结构优化配置；接着，进行门级时序仿真，是在这一级中将使用门级仿真器或仍然使用 VHDL 仿真器(因为结构综合后能同步生成 VHDL 格式的时序仿真文件)进行门级时序仿真，在计算机上了解更接近硬件目标器件工作的功能时序；最后，对完成的硬件系统进行检查和测试。

6) EDA 技术的发展趋势。目前的 EDA 技术在仿真、时序分析、集成电路自动测试、高速印制电路板设计及操作平台的扩展等方面都面临着新的巨大的挑战，其发展趋势是政府重视、使用普及、应用广泛、工具多样、软件功能强大简单易学。未来的 EDA 技术将向广度和深度两个方向发展，EDA 将会超越电子设计的范畴进入其他领域，随着基于 EDA 的SoC(单片系统)设计技术的发展，软、硬核功能库的建立，以及基于 VHDL 所谓自顶向下设计理念的确立，未来的电子系统的设计与规划将不再是电子工程师们的专利。有专家认为，21 世纪将是 EDA 技术快速发展的时期，并且 EDA 技术将是对 21 世纪产生重大影响的十大技术之一。

(2) FPGA/CPLD 结构与应用

1) FPGA/CPLD 概述。其具体结构与应用如下：

➤ 复杂可编程逻辑器件(CPLD)。复杂可编程逻辑器件(Complex Programmable Logic Devices,CPLD)，是从 PAL 和 GAL 器件发展出来的器件，是相对而言规模大、结构复杂，属于大规模集成电路的范围。CPLD 是一种用户能根据各自需要而自行构造逻辑功能的数字集成电路，其基本设计方法是：借助集成开发软件平台，用原理图、硬件描述语言等方法，生成相应的目标文件，通过在线系统编程将代码传送到目标芯片中，实现设计的数字系统。CPLD 的结构与 PLA、GAL 的结构基本相同，即采用了可编程的"与"阵列和固定的"或"阵列结构。此外，它还加上了一个全局共享的可编程"与"阵列，把多个宏单元连接起来，并增加了 I/O 控制模块的数量和功能。因此，可以把 CPLD 的基本结构看成是由逻辑阵列宏单元和 I/O 控制模块两部分组成的。由于 CPLD 内部采用固定长度的金属线进行各逻辑块的互连，所以设计的逻辑电路具有时间可预测性，避免了分段式互连结构不能完全预测时序的缺点。CPLD 器件的主要供应商有 Altera、Lattice 和 Xilinx 等公司，Altera 公司为了突出特性，曾将自己的 CPLD 器件称为 EPLD (Enhanced Programmable Logic Device)，即增强型可编程逻辑器件。其实 EPLD 和 CPLD 属于同等性质的逻辑器件，目前 Altera 公司为了遵循称呼习惯，已经将其 EPLD 统称为 CPLD。

➤ 现场可编程门阵列(FPGA)。现场可编程门阵列(Field Programmable Gate Array,FPGA)，它是在 PAL、GAL、CPLD 等可编程器件的基础上进一步发展的产物。它是作为专用集成电路(ASIC)领域中的一种半定制电路而出现的，既解决了定制电路的不足，又克服了原有可编程器件门电路数有限的缺点。用户可以根据不同的配置模式，采用不同的编程方式，其基本设计方法是：通过对 RAM 进行编程来设置其工作状态，加电时，FPGA 芯片将 EPROM 中的数据读入片内编程 RAM 中，配置完成后，

FPGA 进入工作状态。掉电后，FPGA 回复成白片，内部逻辑关系消失，因此，FPGA 能够反复使用。FPGA 的编程无须专用的 FPGA 编程器，只需用通用的 EPROM、PROM 编程器即可。当需要修改 FPGA 功能时，只需换一片 EPROM 即可。同一片 FP-GA，不同的编程数据，可以产生不同的电路功能。因此，FPGA 的使用非常灵活，FPGA 器件及其开发系统是开发大规模数字集成电路的新技术。FPGA 的基本组成部分是可编程输入/输出单元、基本可编程逻辑单元、嵌入式块 RAM、丰富的布线资源、底层嵌入功能单元、内嵌专用硬核等。FPGA 采用了逻辑单元阵列(Logic Cell Array,LCA)，内部包括可配置逻辑模块(Configurable Logic Block,CLB)、输入/输出模块(Input/Output Block,IOB)和内部连线(interconnect)3 个部分。FPGA 的编程单元是基于静态存储器(SRAM)结构形成的，可具有无限次重复编程的能力。FPGA 采用 SRAM 进行功能配置，可重复编程，但系统掉电后，SRAM 中的数据会丢失。因此，需在 FPGA 上外加 EPROM，将配置数据写入其中，系统每次上电后自动特数据引入 SRAM 中。FPGA 的主要器件供应商有 Xilinx、Altera、Lattice、Actel 和 Atmel 等公司。

2）FPGA/CPLD 的基本逻辑单元。通常由如下 4 部分构成：

➢ 与或阵列。在实际工程操作中任何组合逻辑函数均可化为与或表达式，从而用"与门—或门"二级电路实现，而任何时序电路又都是由组合电路加上存储元器件(触发器)构成的，因而与或阵列结构对实现数字电路具有普遍的现实意义。与或阵列的结构可以通过改变与或阵列的连接实现不同的逻辑功能，无论改变与阵列的连接，还是改变或阵列的连接都可以使所实现的逻辑函数发生变化。通常可编程逻辑器件主要采用如表 1-2 所示的与或阵列形式类型。

表 1-2 可编程逻辑器件采用的与或阵列形式

与或阵列形式	PAL	GAL	CPLD	PROM	PLA
与阵列固定/或阵列可编程				√	
与阵列可编程/或阵列固定	√	√	√		
与阵列和或阵列均可编程					√

为了适应各种输入情况，"与"阵列的每个输入端(包括内部反馈信号输入端)都有输入缓冲电路，从而使输入信号具有足够的驱动能力，并产生原变量和反变量两个互补的信号。相对的与阵列可编程/或阵列和固定的与或阵列形式在实际应用中具备一定的技术优势，因此是可编程逻辑器件 PLD 目前发展的主流。与阵列可编程、或阵列固定的结构如图 1-39 所示，此图中，左边部分为与阵列，右边部分为或阵列，与门采用"线与"门形式，在交叉点上的×表示可编程连接，实心点表示固定连接。

从技术实现上，输入到 PLD 的信号必须首先通过一个"与"门阵列在这里形成输入信号的组合，每组相"与"的组合被称为布尔表达值的子项或 PLD 术语中的"乘积项"。

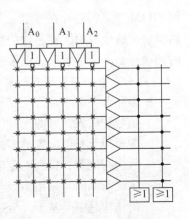

图 1-39　与阵列可编程/或阵列固定的结构图

与阵列可以产生多个乘积项，乘积项输出通过固定连接加到或阵列的输入线上，在第二个"或"门阵列中被相加，从而完成函数的或运算。以全加器为例说明与或阵列实现逻辑函数的原理。

例如，全加器的输入变量为加数 A_n，被加数 B_n 和进位输入 C_n，输出变量为和数 S_n 及进位输出 C_{n+1}。全加器经过化简的最简与或表达式的逻辑方程如下，即这个函数可以用一个 3 输入/2 输出的与或阵列实现，如图 1-40 所示。

$$S_n = \overline{A_n}B_nC_n + A_n\overline{B_n}C_n + A_nB_n\overline{C_n}$$

$$C_{n+1} = B_nC_n + A_nC_n + A_nB_n$$

> 查找表（LUT）。查找表（Look-Up-Table）简称为 LUT，其本质上就是一个 RAM。某些 FPGA 的可编程逻辑单元是查找表，由查找表构成函数发生器，通过查找表来实现逻辑函数。查找表的物理结构是静态存储器（SRAM），M 个输入项的逻辑函数可以由一个 2M 位容量的 SRAM 实现，函数值存放在 SRAM 中，SRAM 的地址线起到输入线的作用，地址即输入变量值，SRAM 的输出为逻辑函数值，由连线开关实现与其他功能块的连接。采用这种结构的 PLD 芯片我们也可以称之为 FPGA，如 altera 的 ACEX、APEX 系列、xilinx 的 Spartan、Virtex 系列等。

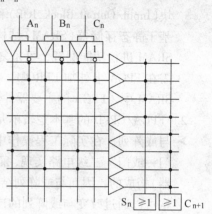

图 1-40　与或阵列实现全加器

查找表结构的函数功能非常强。M 个输入的查找表可以实现任意一个 M 个输入项的组合逻辑函数，这样的函数有 2^M 个。用查找表来实现逻辑函数时，把对应函数的真值表预先存放在 SRAM 中，即可实现相应的函数运算。理论上讲，只要能够增加输入信号线和扩大存储器容量，查找表就可以实现任意多输入逻辑函数。但事实上，查找表的规模受到技术和经济因素的限制。目前，FPGA 中多使用 4 输入的 LUT。

由于查找表主要适合 SRAM 工艺生产，所以目前大部分 FPGA 都是基于 SRAM 工艺的，而 SRAM 工艺的芯片在掉电后信息就会丢失，一定需要外加一片专用配置芯片，在上电的时候，由这个专用配置芯片把数据加载到 FPGA 中，然后 FPGA 就可以正常工作，由于配置时间很短，不会影响系统正常工作。也有少数 FPGA 采用反熔丝或 Flash 工艺，对这种 FP-GA，就不需要外加专用的配置芯片。

> 多路开关。多路开关结构中，同一函数可以用不同的形式来实现，取决于选择控制信号和输入信号的配置，这是多路开关结构的特点。在多路开关型 FPGA 中，可编程逻辑单元是可配置的多路开关，利用多路开关的特性，对多路开关的输入和选择信号进行配置，接到固定电平或输入信号上，实现不同的逻辑功能。

> 多级与非门。采用多级与非门结构的器件是 Altera 公司的 FPGA。Altera 公司的与非门结构是一个基于"与-或-异或"的逻辑块，如图 1-41 所示。这个基本电路可以用一个触发器和一个多路开关来扩充，构成多路开关选择组合逻辑输出、寄存器输出或锁存器输出。异或门用于增强逻辑块的功能，当异或门输入端分离时，它的作用相当于或门，可以形成更大的或函数，用来实现其他算术功能。

Altera 公司的 FPGA 的多级与非门结构同 PLD 的与或阵列很类似，它是以线与形式实现与逻辑的。在多级与非门结构中，线与门可编程，同时起逻辑连接和布线作用，而其他 FPGA 结构中，逻辑和布线是分开的。

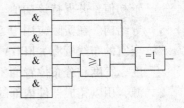

图 1-41　与-或-异或逻辑块

3）FPGA 基本结构。主流的 FPGA 仍是基于查找表技术的，它已经远远超出了先前版本的基本性能，并且整合了常用功能（如 RAM、时钟管理和 DSP）的硬核（ASIC 型）模块。简化的 FPGA 基本由 6 部分组成，分别为可编程输入/输出逻辑单元、基本可编程逻辑单元、嵌入式块 RAM、丰富的布线资源、底层嵌入功能单元和内嵌专用硬核等，如图 1-42 所示。

➢ 可编程输入/输出单元。简称 I/O 单元，是芯片与外界电路的接口部分，完成不同电气特性下对输入/输出信号的驱动与匹配需求。FPGA 内的 I/O 按组分类，每组都能够独立地支持不同的 I/O 标准，为了使 FPGA 有更灵活的应用，目前大多数 FPGA 的 I/O 单元被设计为可编程模式，即通过软件的灵活配置，可以适配不同的电气标准与 I/O 物理特性，通过可编程输入/输出单元可以调整匹配阻抗特性，上下拉电阻；还可以调整输出驱动电流的大小等。

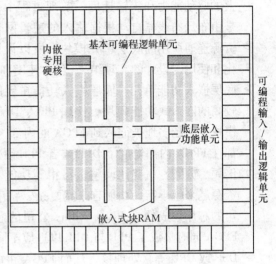

图 1-42　FPGA 的结构原理

➢ 基本可编程逻辑单元（CLB）。CLB 是 FPGA 内的基本逻辑单元，是可编程逻辑的主体，可以根据设计灵活地改变其内部连接与配置，完成不同的逻辑功能。FPGA 一般是基于 SRAM 工艺的，其基本可编程逻辑单元几乎都是由查找表和寄存器组成的。FPGA 内部查找表一般为 4 输入，查找表一般完成纯组合逻辑功能。CLB 的实际数量和特性会依器件的不同而不同，但是每个 CLB 都包含一个可配置开关矩阵，此矩阵由 4 或 6 个输入、一些选型电路（多路复用器等）和触发器组成。开关矩阵是高度灵活的，可以对其进行配置以便处理组合逻辑、移位寄存器或 RAM。每个 CLB 模块不仅可以用于实现组合逻辑、时序逻辑，还可以配置为分布式 RAM 和分布式 ROM。FPGA 内部寄存器结构相当灵活，可以配置为带异步复位或置位、时钟使能的触发器，也可以配置成为锁存器。一般来说，比较经典的基本可编程单元的配置是一个寄存器加一个查找表，但是不同厂商的寄存器和查找表的内部结构有一定的差异，而且寄存器和查找表的组合模式也不相同。

➢ 嵌入式块 RAM（BRAM）。目前大多数 FPGA 内部都嵌入可编程嵌入块 RAM，从而大大地拓展了 FPGA 的应用范围和使用灵活性。FPGA 内嵌的块 RAM 一般可以灵活配置为单端口 RAM、双端口 RAM、伪双端口 RAM、内容地址存储器 CAM、FIFO 等常用存储结构。FPGA 中并没有专用的 ROM 硬件资源，实现 ROM 的思路是对 RAM 赋予初值，并保持该初值。还可以将 FPGA 中的 LUT 灵活地配置成 RAM、ROM 和 FIFO 等结构。在实际应用中，芯片内部 RAM 块的数量也是选择芯片的一个重要因素。

➤ 丰富的布线资源。FPGA 内部有着非常丰富的布线资源，这些布线资源根据工艺、长度、宽度和分布位置的不同而被划分为不同的等级，有一些是全局性的专用布线资源，用以完成器件内部的全局时钟和全局复位/置位的布线；一些叫做长线资源，用以完成器件分区间的一些高速信号和一些第二全局时钟信号(有时也被称为 Low Skew 信号)的布线；还有一些叫做短线资源，用以完成基本逻辑单元之间的逻辑互联与布线；另外，在基本逻辑单元内部还有着各式各样的布线资源和专用时钟、复位等控制信号线。布线资源连通 FPGA 内部所有单元，连线的长度和工艺决定着信号在连线上的驱动能力和传输速度。实现过程中，设计者一般不需要直接选择布线资源，而是由布局布线器自动根据输入的逻辑网表的拓扑结构和约束条件来选择可用的布线资源连通所用的底层单元模块，所以设计者常常忽略布线资源。其实布线资源的优化和使用与设计的实现结果(包含速度和面积两个方面)有直接关系。

➤ 底层嵌入功能单元。底层嵌入功能单元的概念比较笼统，这里指的是那些通用程度较高的嵌入式功能模块，比如 PLL、DLL、DSP、CPU 等。随着 FPGA 的发展，这些模块越来越多地被嵌入到 FPGA 的内部，以满足不同场合的需求。大多数 FPGA 厂商都在 FPGA 内部集成了 DLL 或者 PLL 硬件电路，用以完成时钟的高精度、低抖动的倍频、分频、占空比调整、移相等功能。目前，高端 FPGA 产品集成的 DLL 和 PLL 资源越来越丰富，功能越来越复杂，精度越来越高(一般在 ps 的数量级)。Altera 公司的芯片集成的是 PLL，Xilinx 公司的芯片主要集成的是 DLL，Lattice 公司的新型 FPGA 同时集成了 PLL 与 DLL 以适应不同的需求。越来越多的高端 FPGA 产品将包含 DSP 或 CPU 等软处理核，从而 FPGA 将由传统的硬件设计手段逐步过渡为系统级设计平台。例如，Altera 公司的 Stratix、Stratix GX、Stratix II 等器件族内部集成了 DSP 核，配合通用逻辑资源，还可以实现 ARM、MIPS、NIOS 等嵌入式处理器系统；Xilinx 公司的 Virtex II、Virtex II Pro 系列 FPGA 内部集成了 Power PC 450 的 CPU 核和 MicroBlaze RISC 处理器核；Lattice 公司的 ECP 系列 FPGA 内部集成了系统 DSP 核模块。因此，FPGA 内部嵌入 CPU 或 DSP 等处理器，使 FPGA 在一定程度上具备了实现软硬件联合系统的能力，FPGA 正逐步成为 SPOC 的高效设计平台。Altera 公司的系统级开发工具是 SOPC Builder 和 DSP Builder，通过这些平台(如 ARM、NIOS 等)用户可以方便地设计标准的 DSP 处理器，专用硬件结构与软硬件协同处理模块等。Xilinx 公司的系统级设计工具是 EDK 和 Platform Studio，Lattice 公司的嵌入式 DSP 开发工具是 Matlab 的 Simulink。

➤ 内嵌专用硬核。内嵌专用硬核是相对底层嵌入的软核而言的，指 FPGA 处理能力强大的硬核(Hard Core)，等效于 ASIC 电路。为了提高 FPGA 性能，芯片生产商在芯片内部集成了一些专用的硬核。例如：为了提高 FPGA 的乘法速度，主流的 FPGA 中都集成了专用乘法器；为了适用通信总线与接口标准，很多高端的 FPGA 内部都集成了串并收发器，可以达到数十 Gbit/s 的收发速度，但并不是所有 FPGA 器件都包含硬核。一般称 FPGA 和 CPLD 为通用逻辑器件，是区分于专用集成电路而言的。其实 FPGA 器件生产商也有两个阵营：一方面是通用性较强，目标市场范围很广，价格适中的

FPGA；另一方面是针对性较强，目标市场明确，价格较高的 FPGA。前者主要指低成本 FPGA，后者主要指某些高端通信市场的可编程逻辑器件。

4）CPLD 的基本结构。CPLD 在工艺和结构上与 FPGA 有一定的区别，CPLD 一般都是基于乘积项结构的，如 Altera 公司的 MAX7000、MAX3000 系列器件，Lattice 公司的 ispM-ACH4000，ispMACH5000 系列器件，Xilinx 公司的 XC9500，CoolRunner II 系列器件等都是基于乘积项的 CPLD。而 FPGA 一般都是 SRAM 工艺的，如 Xilinx 公司、Altera 公司、Lattice 公司的系列 FPGA 器件，其基本结构都是基于查找表加寄存器结构的。CPLD 的结构相对比较简单，主要由可编程 I/O 单元、基本逻辑单元、布线池和其他辅助功能模块构成，如图 1-43 所示。

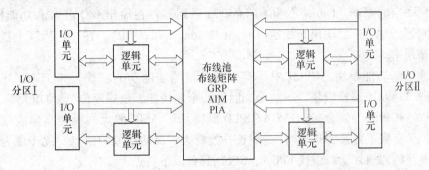

图 1-43 CPLD 的结构原理

➢ 可编程 I/O 单元。CPLD 的可编程 I/O 单元和 FPGA 的可编程 I/O 单元的功能一致，完成不同电气特性下对输入/输出信号的驱动与匹配。由于 CPLD 的应用范围局限性较大，所以其可编程 I/O 的性能和复杂度与 FPGA 相比有一定的差距，相对来说支持的 I/O 标准较少，频率也相对较低。

➢ 基本逻辑单元。CPLD 的基本逻辑单元是一种被称为宏单元（Macro Cell,MC）的结构。所谓宏单元，其本质是由一些与阵列、或阵列加上触发器构成的，其中"与-或"阵列完成组合逻辑功能，触发器用以完成时序逻辑。与 FPGA 相似，基本逻辑单元是 CPLD 的主体，通过不同的配置，CPLD 的基本逻辑单元可以完成不同类型的逻辑功能。需要强调的是，CPLD 的基本逻辑单元的结构与 FPGA 相差较大。FPGA 的基本逻辑单元通常是由查找表和寄存器按照 1:1 的比例组成的，而 CPLD 中没有查找表这种概念。CPLD 器件规模一般用 MC 的数目表示，器件标称中的数字一般都包含有该器件的 MC 数量。MC 中与阵列的输出即乘积项的数量标志了 CPLD 容量，对 CPLD 的性能也有一定的影响，不同厂商的 CPLD 定制的乘积项数目不同。CPLD 厂商通过将若干个 MC 连接起来完成相对复杂一些的逻辑功能，不同厂商的这种 MC 集合的名称不同，Altera 公司的 MAX7000、MAX3000 系列 EPLD 将之称为逻辑阵列模块（Logic Array Block，LAB）；Lattice 公司的 LC4000、ispLS15000、ispLS12000 系列 CPLD 将之称为通用逻辑模块（Generic Logic Block,GLB）；Xilinx 公司的 XC 9500 和 CoolRunner II 将之称为功能模块（FB），其功能一致，但结构略有不同。与 CPLD 基本逻辑单元相关的另外一个重要概念是乘积项。所谓乘积项就是宏单元中与阵列的输出，其数量标志了 CPLD 容量。乘积项阵列实际上就是一个"与-或"阵列，每一个交叉点都是一个可编程熔丝，如果导通就是实现"与"逻辑，在"与"阵列后一般还有一个"或"阵列，用以完成最小逻辑表达式中的"或"关系。

➢ 布线池、布线矩阵。CPLD 中的布线资源比 FPGA 的结构要简单得多，连通方式与 FPGA 差异较大，布线资源也相对有限，一般采用集中式布线池结构。所谓布线池的本质就是一个开关矩阵，通过打结点可以完成不同宏单元的输入与输出项之间的连接。Altera 公司的布线池叫做可编程互联阵列（Programmable Interconnect Array，PIA）；Lattice 公司的布线池被称为全局布线池（Global Routing Poo，GRP）；Xilinx 公司的 XC 9500 系列 CPLD 的布线池被称为高速互联与交叉矩阵（Fast Connect Ⅱ Switch Matrix），而 CoolRunner Ⅱ 系列 CPLD 则称之为先进的互联矩阵（Advanced Interconnect Matrix，AIM）。由于 CPLD 的器件内部互联资源比较缺乏，所以在某些情况下器件布线时会遇到一定的困难，Lattice 公司的 LC4000 系列器件在输出 I/O 分区和功能模块 GLIB 之间还添加了一层输出布线池（Output Routing Pool，ORP），在一定程度上提高了设计的布通率。

➢ 其他辅助功能模块。CPLD 中还有一些其他的辅助功能模块，如 JTAG（IEEE 1532，IEEE 1149.1）编程模块，一些全局时钟、全局使能、全局复位/置位单元等。

5）FPGA/CPLD 性能比较。FPGA/CPLD 既继承了 ASIC 的大规模、高集成度、高可靠性的优点，又克服了普通 ASIC 设计周期长、投资大、灵活性差的缺点，逐步成为复杂数字硬件电路设计的理想首选。当代 FPGA、CPLD 具备以下特点：

➢ 系统开发规模。在中小规模范围内，CPLD 价格较便宜，能直接用于系统开发。各系列的 CPLD 器件的逻辑规模覆盖面属于中小规模（1000～50000 门），有很宽的可选范围，上市速度快，市场风险小。在大规模和超大规模逻辑资源、低功耗与价值比方面，FPGA 比 CPLD 占有更大的优势，随着 VLSI 工艺的不断提高，单一芯片内部可以容纳上百万个晶体管，FPGA 芯片的规模也越来越大。单片逻辑门数已近千万，如 Altera Stratix Ⅱ 的 EP2S180 已经达到千万门的规模。芯片的规模越大所能实现的功能就越强，同时也更适于实现片上系统（SoC）。

➢ 系统结构特点。CPLD 是一个有点限制性的结构。这个结构由一个或者多个可编辑的结果之和的逻辑组阵列和一些相对少量的锁定的寄存器。这样的结果是缺乏编辑灵活性，但是却有可以预计的延迟时间和逻辑单元对连接单元高比率的优点。而 FPGA 却是有很多的连接单元，其逻辑颗粒较小，即可布线区域是散布在所有的宏单元之间，因此，FPGA 对于相同的宏单元数将比 CPLD 对应更多的逻辑门数，这样虽然让它可以更加灵活的编辑，但是结构却复杂得多。

➢ 系统功能特点。用户可以反复地编程、擦除、使用或者在外围电路不动的情况下用不同的软件实现不同的功能。所以，用 FPGA/CPLD 试制样片，能以最快的速度占领市场。FPGA/CPLD 软件包中有各种输入工具和仿真工具及版图设计工具和编程器等全线产品，电路设计人员在很短的时间内就可完成电路的输入、编译、优化、仿真，直至最后芯片的制作。当电路有少量改动时，更能显示出 FPGA/CPLD 的优势。用户使用 FPGA/CPLD 进行电路设计时，不需要具备专门的 IC（集成电路）深层次的知识，FPGA/CPLD 软件易学易用，可以使设计人员更能集中精力进行电路设计，快速将产品推向市场。FPGA/CPLD 一般可以反复地编程、擦除。在不改变外围电路的情况下，设计不同片内逻辑就能实现不同的电路功能。

除此之外，在其余性能特点上，FPGA 与 CPLD 的区别及联系如表 1-3 所示。

表 1-3 FPGA 与 CPLD 的区别及联系

项　目	FPGA	CPLD	说　　明
触发器数量	多	少	FPGA 更适合实现时序逻辑，CPLD 更适合实现组合逻辑
设计类型	复杂时序功能	简单逻辑功能	
规模与逻辑复杂度	规模大、逻辑复杂度高	规模小、逻辑复杂度低	FPGA 实现复杂设计 CPLD 实现简单设计
成本与价格	成本高、价格高	成本低、价格低	CPLD 实现低成本设计
编程与配置	两种编程方式：外挂 BootRom 和通过 CPU 或 DSP 等在线编程。多数属于 RAM 型，掉电程序丢失	两种编程方式：通过编程器烧写 ROM；通过 ISP 模式。一般为 ROM 型，掉电后程序不丢失	FPGA 掉电后一般将丢失原有逻辑配置。而反熔丝工艺的 FPGA，如 Actel 公司的某些器件族和目前一些内嵌 E^2PROM 或 Flash 的 FPGA，如 Lattice 公司的 XP 器件族，可以实现非易失配置方式
Pin to Pin 延时	不可预测	固定	FPGA 时序约束和仿真更为重要
互联结构/连线资源	分布式，布线资源丰富	集总式，相对布线资源有限	FPGA 布线灵活，但是时序更难规划，一般需要通过时序约束、静态时序分析、时序仿真等手段提高并验证时序性能
保密性	一般较差	好	一般 FPGA 不容易实现加密，但是目前一些采用 Flash 加 SRAM 工艺的新型器件（如 Lattice XP 系列等），在内部嵌入了加在 Flash，能提供高的保密性
结构工艺	多为 LUT 加寄存器结构，实现工艺多为 SRAM，也包含 Flash、Anti-fuse 等工艺	多为乘积项，工艺多为 E^2 CMOS，也包含 E^2PROM、Flash、Anti-fuse 等工艺不同	

对于初学者，一般使用 CPLD，因为 CPLD 芯片价格低；许多 CPLD 为 5V，可以直接和 CMOS 以及 TTL 电路电压兼容，不必考虑电源转换问题；CPLD 很多芯片的封装的是 PLCC，插拔很方便，而 FPGA 一般是 QFP 封装，一旦损坏，很难从系统电路上取下。但对于产品开发适合选用 FPGA。

6）各主要公司的 FPGA/CPLD 系列产品。具体系列产品与特点如下所示。

➢ Xilinx 公司的 FPGA/CPLD 系列产品。Xilinx 公司生产的 CPLD 产品包括 XC9500 系列和 CoolRunner 系列。XC9500 系列产品包括 XC9500、XC9500XL 和 XC9500XV 3 种类型。CoolRunner 系列产品包括 CoolRunnerXPLA 和 CoolRunner II 两种类型。

XC9500 系列产品（XC9500、XC9500XL 和 XC9500XV）在结构上基本相同，主要包括功能模块、输入输出接口模块和互连矩阵。其中，功能模块用于实现 CPLD 的可编程逻辑，输入输出接口模块提供 CPLD 的输入缓冲和输出缓冲，互连矩阵用于 CPLD 内部信号的快速连接。XC9500 系列产品采用快闪存储（FastFLASH）技术，宏单元数最高可达 288 个，支持 IEEE 1149.1 JTAG 测试和在线系统编程（In System Programming, ISP），具有高密度、高性能、驱动能力强、引脚锁定等特点。设计者在选择 XC9500 系列产品时，需要注意以下几个关键参数，即宏单元数目在 Xilinx 公司的 CPLD 系列产品中，宏单元数目的多少决定了用户互以使用的逻辑资源数量；器件速度等级及用户引脚数目；器件封装类型 XC9500 系列产品主要的封装类型包括 BG、CS、PC、PQ、TQ 等。

以 XC9500XL 为例，其主要技术参数如表 1-4 所示。

表 1-4　XC9500XL 类型系列产品技术参数表

器件类型	XC9536XL	XC9572XL	XC95144XL	XC95288XL
宏单元数目	36	72	144	288
内核电压/V	3.3	3.3	3.3	3.3
t_{pd}/ns	5	5	5	7.5
最高系统频率/MHz	178	178	178	125
封装	PC44、CS48、Q44、VQ64	PC44、S48、VQ44、VQ64、TQ100	CS144、TQ100、TQ144	TQ144、PQ208、BG256、FG256、CS280

CoolRunner Ⅱ 系列器件是 Xilinx 公司新推出的一款 CPLD 产品，与同类公司生产的 CPLD 产品有明显的技术优势，它具有功耗低、速率快、时钟处理灵活、接口标准丰富等特点，可广泛应用于通信、家用电器、掌上设备等多种场合。CoolRunner Ⅱ 系列产品在器件结构上基本相同，每个 CoolRunner Ⅱ 产品均由功能模块、输入输出接口模块和高级互连矩阵组成。

Xilinx 公司的 FPGA 产品分为低成本、低密度和高密度、高性能两种类型。Spartan-Ⅱ 和 Spartan-Ⅱ E 是 Xilinx 公司低成本、低密度 FPGA 产品的代表，它们在技术上采用成熟的 FPGA 结构，支持流行的接口标准，具有适量的逻辑资源和片内 RAM，并提供灵活的时钟处理。Virtex-Ⅱ 和 Virtex-Ⅱ Pro 是 Xilinx 公司高密度、高性能 FPGA 产品的代表，它们具有逻辑容量大、片内 RAM 多、时钟频率高、含有硬乘法运算单元、支持多种接口标准等特点，广泛应用于复杂网络设备、无线基站、高端视频处理器等高性能产品。目前，Xilinx 公司的低成本、低密度 FPGA 产品是 ASIC 的有效替代产品，被广泛应用于各类低端产品，其系列产品性能能比较如表 1-5 所示。

表 1-5　Xilinx 公司的 FPGA 产品性能比照表

器件类型	Spartan-Ⅱ	Spartan-Ⅱ E	Virtex-Ⅱ	Virtex-Ⅱ Pro
LCC 数量/BlockRAM 容量/I/O 接口速度最大值	5292	15552	104832	125136
时钟管理	DLL	DLL	DCM	DCM
BlockRAM 容量/kbit	56	288	3024	10008
速度等级	−5、−6	−6、−7	−4、−5、−6	−5、−6、−7
硬件乘法器	无	无	有	有
I/O 接口速度	200MHz	400MHz	840MHz	3.125GHz

➢ Altera 公司的 FPGA/CPLD 系列产品。Altera 公司的可编程逻辑产品可以分为高密度 FPGA、低成本 FPGA 和 CPLD 3 类，每个产品类别在不同时期都有其主流产品。在 Altera 公司近几年的产品系列中，高端高密度 FPGA 有 APEX 系列和 Stratix 系列；低成本 FP-

GA 有 ACEX 和 Cyclone 系列；CPLD 有 MAX7000B、MAX3000A 和 MAX Ⅱ。

在 Altera 公司近几年的产品系列中，CPLD 系列产品主要有 MAX7000B、MAX3000A 和 MAX Ⅱ。其中 MAX Ⅱ CPLD 采用全新的构架，与传统的 CPLD 相比，它可以提供给用户更多逻辑资源，更多的 I/O，同时又有更低的功耗。在结构上 MAX Ⅱ 采用类似 FPGA 的行列走线资源，其布线资源随着 LAB 的增加呈线性增加，这种结构使得实现大容量逻辑阵列时的成本不会很高，并且在成本已经和同等容量的 FPGA 接近，而且兼有上电即工作和逻辑掉电不丢失的特点。MAX Ⅱ 作为大容量、低成本的 CPLD，可以用来取代一些小的 FPGA。MAX Ⅱ 器件与 FPGA 一样，最小逻辑单元也是 LE，该产品系列的逻辑容量从 240 个到 2210 个 LE。

在 Altera 公司近几年的产品系列中，高端高密度 FPGA 有 APEX 系列和 Stratix 系列；低成本 FPGA 有 ACEX 和 Cyclone 系列。高端 FPGA 逐渐在系统中扮演着核心的角色，以高端 Stratix 系列为例，Stratix 和 Stratix GX 被大量应用在中高端的路由器和交换机中做复杂的协议处理、流量调度，有的用在 3G 系统中做高速 DSP 算法的实现，也有的用在高清晰电视系统中做高速图像处理和传输等。Stratix 系列产品在结构上有许多系统级的功能模块，如用于时钟产生和管理的锁相环、用于片内存储数据的 RAM 块、用于数字信号处理的 DSP 块等。Stratix GX 器件内嵌有速度可达 3.1875Gbit/s 的高速串行收发器，可以用于芯片之间或背板互连，以及标准协议接口的实现，Stratix 系列产品的性能特点如表 1-6 所示。

表 1-6 Altera 公司的 Stratix FPGA 系列性能

逻辑单元 LE	10570	18460	25660	32470	41250	57120	79040
M512RAM	94	194	224	295	384	574	767
M4KRAM	60	82	138	171	183	292	364
M-RAM	1	2	2	4	4	6	9
DSP 块	6	10	10	12	14	18	22
锁相环	6	6	6	10	12	12	12
最大用户 I/O	42	586	706	726	822	1022	1238

低成本 FPGA 主要定位在大量且对成本敏感的设计中，如数字终端、手持设备等。另外，在 PC、消费类产品和工业控制领域，FPGA 还不是特别普及，主要原因就是以前其成本相对较高。Altera 公司的低成本 FPGA 继 ACEX 之后，推出了 Cyclone(飓风)系列，之后还有基于 90nm 工艺的 Cyclone Ⅱ，其应用范围主要是定位在终端市场，如消费类电子、计算机、工业和汽车等领域，Cyclone 系列产品的性能特点如表 1-7 所示。随着 FPGA 厂商的工艺改进，制造成本的降低，低成本 FPGA 会被越来越多地接受。

表 1-7 Altera 公司的 Cyclone 系列 FPGA 性能

器件	EP1C3	EP1C4	EP1C6	EP1C12	EP1C20
逻辑单元	2910	4000	5980	12060	20060
M4K 嵌入式存储器模块(128×36bit)	13	17	20	52	64
RAM 总容量	59904	78336	92160	239616	294912
PLLs	1	2	2	2	2
最大用户 I/O 引脚数量	104	301	185	249	301

➤ Lattice 公司的 FPGA/CPLD 器件。美国 Lattice 公司是世界上第一片 GAL 的研制者，它提供业界最广范围的现场可编程门阵列（FPGA）和可编程逻辑器件（PLD），包括现场可编程系统芯片（FPSC）、复杂的可编程逻辑器件（CPLD），可编程混合信号产品（ispPAC）和可编程数字互连器件（ispGDX）。

Lattice 公司的 CPLD 器件包括 MachXO、ispXPLD、ispLSI、ispMACH 等系列。在系统可编程的概念中，首先由美国的 Lattice 公司提出，并且将其独特的 ISP 技术应用到高密度可编程逻辑器件中，形成了 ispLSI 逻辑器件系列。Lattice 公司的 ISP 技术比较成熟，能够重复编程 10000 次以上，具有全部参数可测试能力，能够保证 100% 的编程及校验正确率；器件内部带有升压电路，可以在 5V 和 3.3V 条件下进行编程，使编程电压和逻辑电压一致。ispLSI 器件能够利用 PC 机的并口和简单的编程电缆进行编程，而且多个 ispLSI 器件可以接成菊花链形式同时进行编程。其性能特点是既有低密度 PLD 的使用方便、性能可靠等特点，又有 FPGA 器件的高密度和灵活性，具有确定可预知的延时、优化的通用逻辑单元、高效的全局布线区、灵活的时钟机制、标准的边界扫描功能、先进的制造工艺等优势，其系统的速度可达 154MHz，逻辑集成度可达 1000～14000 门，是目前较先进的可编程专用集成电路，ispLSI 系列产品的性能特点如表 1-8 所示。

表 1-8　Lattice 公司的 ispLSI 系列 CPLD 性能

产　品	PLD 门	f_{max}/MHz	t_{pd}/ns	宏单元	寄存器	I/O
1016	2k	110	10	64	96	36
1024	4k	90	12	96	144	54
1032	6k	90	12	128	192	72
1048/C	8k	80/70	15/16	192	288	106/108
2032	1k	125	5.5	32	32	34
2064	2k	125	7.5	64	64	68
2096	4k	125	7.5	96	96	102
2128	6k	100	10	128	128	136
3192	8k	100	10	192	288	192
3256	11k	77	15	256	384	128
3320	14k	77	15	320	480	160
5256V	12k	125	7.5	256	256	192
5384V	18k	125	7.5	384	384	192/288
5512V	24k	100	10	512	384	288/384
6192	25k	70	15	192	416	159
6192FF/SM/DM	25k	77	15	192	416	208
8840	45k	110	8.5	840	115	432

Lattice 公司将自己的 FPGA 产品分为两类：低成本的 FPGA 和非易失的 FPGA。其中低成本的 FPGA 器件包括 LatticeECPTM 和 LatticeEC。LatticeECP-DSP 是其中的第一个产品系列，它在芯片上集成了专用的高性能 DSP 块。LatticeECP-DSP 器件最适合用在需要低成本

DSP 功能的应用系统中，包括由软件定义的无线电、无线通信、军事和视频处理设备等。LatticeEC FPGA 器件对特点、性能和成本进行了优化：工程预制的 400Mbit/s DDR 存储器接口、低成本的 SPI Flash FPGA 配置、主流的基于 4 输入查找表的 FPGA 结构。LatticeECTM 系列具备 LatticeECP 器件的所有通用功能，但不含专用的功能模块，可进一步降低系统成本。非易失的 FPGA 器件包括 MachXO、LatticeXP（eXpanded Programmability）和 ispXPGA 等系列。MachXO 系列具有高引脚/逻辑比，非常适用于粘合逻辑、总线桥接、总线接口、上电控制和控制逻辑。LatticeXP（eXpanded Programmability）器件将非易失的 Flash 单元和 SRAM 技术组合在一起，提供了支持"瞬间"启动和无限可重复配置的单芯片解决方案。而 Lattice 公司的 ispXPGA FPGA 器件将其非易失单元和基于 4 输入查找表的 FPGA 结构以及 800Mbit/s 的 SERDES 功能结合在一起，用于高速串行设计。

（3）Quartus Ⅱ 软件特点、功能及开发流程

Quartus Ⅱ 软件是 Altera 公司推出的可编程逻辑器件 CPLD/FPGA 的开发工具，它提供了完全集成且与电路结构无关的开发包环境，具有数字逻辑设计的全部特性。其中包括的功能有：使用原理图、结构框图、Verilog HDL、AHDL 和 VHDL 来完成电路描述，并将其保存为设计实体文件；芯片（电路）平面布局连线编辑；LogicLock 增量设计方法，用户可建立并优化系统，然后添加对原始系统的性能影响较小或无影响的后续模块。

1）软件特点。Quartus Ⅱ 软件作为 Altera 公司的 FPGA/CPLD 开发的流程中所涉及的所有工具和第三方软件接口，具有以下特点。

➤ Quartus Ⅱ 支持 Windows、Linux、UNIX 等到多种操作系统。

➤ 支持 Altera 的 IP 核、LPM/Mega Function 宏功能模块、第三方 EDA 工具、仿真软件等。

➤ 支持可编程片上系统 SOPC 开发、内嵌 SignalTap Ⅱ 逻辑分析器具功率估计器等高级工具。

➤ 功能强大的逻辑综合工具、完备的电路功能仿真与时序逻辑仿真工具。

➤ 自动定位编译错误、高效的期间编程与验证工具。

➤ 可读入标准的 EDIF 网表文件、VHDL 网表文件和 Verilog 网表文件。

➤ 可支持的器件包括：Stratix 系列、Stratix Ⅱ 系列、Stratix Ⅲ 系列、Cyclone Ⅱ 系列、Cyclone Ⅲ 系列、HardCopy Ⅱ 系列、APEX Ⅱ 系列、FLEX10k 系列、FLEX6000 系列、MAX Ⅱ 系列、MAX3000A 系列、MAX7000 系列、MAX9000 系列等。

2）软件功能。Quartus Ⅱ 软件在设计流程的不同阶段使用不同的用户界面、EDA 工具和相应的菜单命令，主要能够实现如下几个方面的功能。

➤ 项目工程的设计输入。可使用 Quartus Ⅱ 软件的原理图输入方式、文本输入方式等设计项目工程，同时使用分配编辑器设计初始约束条件，下面列出了 Quartus Ⅱ 的工程及其设置文件。

ProjectFile(. qpf)：指定用来建立工程文件和与工程修改订相关的 Quartus Ⅱ 软件版本文件。Settings File(. qsf)：Quartus Ⅱ 软件中的各种编辑器或其可执行文件产生的所有修订范围内或独立的分配，项目工程的每次修订都会有一个 QSF 文件。Workspace File(. qws)：设置用户个性和其余信息的文件。Default Settings File(. qdf)：全局默认的项目工程设置文件，qsf 文件的设置将取代这些设置。

➢ 分析综合。将当前项目工程翻译成由基本逻辑单元组成的逻辑链接即网络表，并根据设定的约束条件优化来生成的网络表文件，以备后期的布局布线操作。

➢ 布局布线。布局布线操作的输入文件是逻辑综合后的网络表文件，包括逻辑分析布局布线结果、优化布局布线、增量布局布线和反射标注分配等操作。

➢ 时序分析。分析设计中所有逻辑的时序性能，并使布局布线操作更合理的满足设计中的时序分析要求。其作为项目工程编译操作的一部分而自动运行，主要观察和记录时序建立时间、保持时间、时钟至输出延时、最大时钟频率等时序信息和相关时序特性，进而生成信息分析、调试和验证设计的时序性能。

➢ 设计仿真。分为功能仿真和时序仿真，功能仿真用于验证电路设计功能能否符合实际要求，时序仿真包含延时信息且真实地反映电路实际工作情况。可以使用系统提供的仿真工具进行仿真，也可以使用第三方仿真工具进行仿真。

➢ 编程及配置。成功通过编译后，对目标器件进行编程和配置，并生成编程文件、链式文件和转换编程文件等。

➢ 系统级设计。包括 SOPC Builder 和 DSP Builder，Quartus Ⅱ 与 SOPC Builder 一起为 SOPC 设计提供标准化的图形环境，用户可以选择和自定义系统模块的各个组件和接口，并将这些组件组合起来，生成相应的实例化的单个系统模块且自动生成必要的总线逻辑。DSP Builder 用于在算法应用的开发环境中建立 DSP 设计的硬件表示，从而缩短 DSP 设计周期。

➢ 软件开发。使用 Software Builder，这个集成编程工具可将软件源文件转换为用户配置 Excalibur 器件的闪存格式编程文件或无源格式编程文件。

➢ 工程更改管理。在工程文件编译通过后，对设计进行的少量修改或调整。这种修改是直接在设计数据库上进行的，并不是修改源代码或配置文件，这样就不用重新运行全编译也可快速的实施这些修改。

除了上述这些功能外，Quartus Ⅱ 还提供了基于模块化的设计方法、时序逼近、逻辑分析与调试、第三方链接等功能。因此，Quartus Ⅱ 以其功能强大、界面通用、易学易用等特点在业内得到广泛使用。

3）项目工程的设计流程。主要有如下两种设计的方法。

第一，图形用户界面设计方法。Quartus Ⅱ 软件的图形用户界面设计流程如图 1-44 所示，用户先要制订出项目工程的设计思想和方法，并在 Quartus Ⅱ 软件中建立项目工程；使用原理图设计输入方法或文本输入方法设计顶层文件和底层文件；编译工程文件并保证无误；进行功能仿真和时序仿真，检查设计是否符合要求；若不符合要求，则进行设计修改并重新编译，直到无误为止；将当前设计配置到目标器件中，并进行硬件验证与测试。

图 1-44 Quartus Ⅱ 软件设计流程

第二，命令行设计方法。除了可以使用图形用户界面设计方法外，还可以用命令行方法以设计，即使用命令行可执行文件和选项来完成设计的各个阶段。命令行设计方式占用内存少，还可用脚本或标准的命令行选项与命令控制软件操作等。命令行设计方式和图形用户界面设计方式差别不大，只是用到的可执行文件名称有所不同。通常情况下，图形用户界面方式比较常见，本书以此为主介绍可编程逻辑器件设计方法。

（4）新建项目工程及 Quartus Ⅱ软件窗口介绍

使用 Quartus Ⅱ软件设计可编程逻辑器件时，首先必须新建一个项目工程。项目工程是当前设计的描述、设置、数据和输出的集合，其将与当前设计相关的不同类型的文件存储于同一个文件夹下，以供设计使用。具体操作命令是，选择菜单"File"→"New Project Wizard"，由系统提供的生成工程文件向导来新建一个项目工程，如图 1-45 所示，具体操作过程参考当前任务的实施过程。

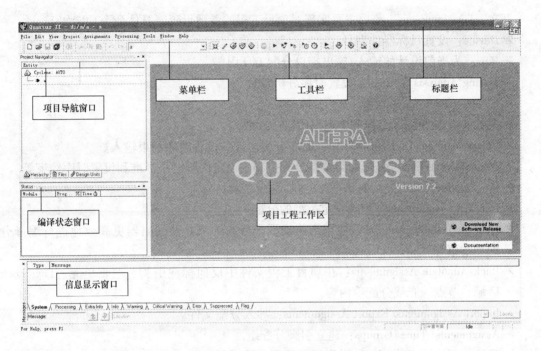

图 1-45　Quartus Ⅱ软件的默认启动窗口

1）菜单栏。主要包括 File（文件）、Edit（编辑）、View（视图）、Project（工程）、Assignments（资源分配）、Processing（操作）、Tools（工具）、Windows（窗口）、Help（帮助）下拉菜单。

首先，"Project"菜单主要实现对工程文件的相关操作，具体命令功能如下。

➤ Add Current File to Project：添加当前文件到当前项目工程中。

➤ Add/Remove Files in Project：添加或移除当前项目工程中的文件。

➤ Revisions：新建或删除项目工程。

➤ Archive Project：为当前项目工程归档或备份。

➤ Restore Archived Project：恢复项目工程备份。

➤ Import Database/Export Database…：导入/导出数据库。

➤ Import Design Partition/Export Design Partition：导入/导出设计分区。

➤ Generate Bottom-Up Design Partition Scripts：生成自底向上设计分区脚本。

- ➢ Generate Tcl File for Project：生成项目工程式的 Tcl 脚本文件。
- ➢ Generate PowerPlay Early Power Estimator File：生成估算静态和动态功耗的表单。
- ➢ Organize Quartus Ⅱ Settings File：管理 Quartus Ⅱ 的设置文件。
- ➢ HardCopy Utilities/HardCopy Ⅱ Utilties：与 HardCopy 和 HardCopy Ⅱ 器件相关的功能设置。
- ➢ Locate：将 Assignment Editor 中的节点或源代码中的信号在 Timing Closure Floorplan、编译后布局布图、Chip Editor 或源文件中定位。
- ➢ Set as Top-Level Entity：把项目工程工作区中打开的文件设置为顶层文件。
- ➢ Hierarchy：打开项目工程工作区显示的源文件的上一层或下一层的源文件及顶层文件。

其次，"Assignments"菜单主要实现对项目工程的参数设置，具体命令功能如下。

- ➢ Device：设置目标器件型号。
- ➢ Pins：为当前设计的输入/输出端口分配 I/O 引脚。
- ➢ Timing Analysis Settings：设置时序分析参数。
- ➢ EDA Tool Settings：设置 EDA 工具参数。
- ➢ Settings：设置设计流程各个方面所需的参数。
- ➢ Classic Timing Analyzer Wizard：时序分析向导并设置时序约束输入。
- ➢ Assignment Editor：分配编辑器并分配引脚、设定引脚电平标准和设置时序约束等。
- ➢ Pin Planner：引脚分配对话框。
- ➢ Remove Assignments：删除设定类型的分配。
- ➢ Demote Assignments：降级使用当前较不严格的约束并使编辑器更高效地进行编译分配和约束等。
- ➢ Back-Annotate Assignments：在项目工程文件中反向标注引脚、逻辑单元、LogicLock 区域、节点、布线分配等内容。
- ➢ Import Assignments/Export Assignments：导入分配文件。
- ➢ Assignments(Time)Groups：建立引脚分配组。
- ➢ Timing Closure Floorplan：时序逼近平面布局规划器。
- ➢ LogicLock Regions Window：创建、编辑 LogicLock 区域约束、导入导出 LogicLock 区域约束文件。
- ➢ Design Partition Window：打开设计分区窗口。

再次，"Processing"菜单主要实现当前项目工程执行的各个设计流程，即逻辑综合、布局、布线、时序分析等。

最后，"Tools"菜单主要包括软件的各种设计工具，如：MegaWizard Plug-In Manager（生成 IP 核和宏功能工具）、Compiler Tool（编辑工具）、Simulator Tool（仿真工具）、Timing Analyzer Tool（时序分析工具）、PowerPlay Power Analyzer Tool（功率分析工具）、Chip Editor（芯片编辑器）、RTL Viewer（RTL 观察器）、Programmer（编译器）等工具。

2）工具栏。主要包括常用命令的快捷图标，其图标名称如图 1-46 所示。

3）项目导航窗口。在此窗口显示当前项目工程中所有相关的文件，窗口左下角有 3 个选项卡，分别是 Hierarchy（结构层次）、Files（文件）、Design Units（设计单元）。

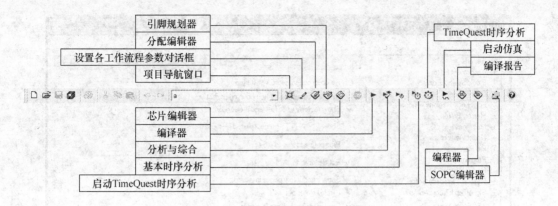

图 1-46　Quartus Ⅱ 软件的工具栏

➤ 结构层次窗口。在编译之前，显示顶层文件名称；在编译之后，层次显示当前工程中所有文件名及每个源文件所用资源情况。

➤ 文件窗口。显示编译后的所有文件，包括设计器件文件、软件文件和其他文件。

➤ 设计单元窗口。显示当前工程编译后的所有单元，包括 AHDL 单元、Verilog 单元、VHDL 单元等。

4）编译状态窗口。显示当前项目工程中文件分析综合、布局布线的状态信息，其中，Module 选项列出文件所执行的操作，Process 选项列出相应操作的执行进程，Time 选项列出分析综合、布局布线的执行时间。

5）信息显示窗口。显示文件分析综合、布局布线过程中的信息，如分析综合时调用文件、布局布线过程中的定时、报警、错误等。如果有报警和错误提示发生，则会出现错误信息，以供用户查找及修改。

6）Quartus Ⅱ 工作环境设置。选择菜单"Tools"→"Options"，弹出如图 1-47 所示的"选项设置"对话框，在此可以设置可编程逻辑器件设计中各个流程的工作环境参数，主要包括系统工作环境参数设置、编程参数设置、原理图参数设置、引脚分配器参数设置、信息栏参数设置、网络表窗口参数设置、芯片编辑器参数设置、仿真器参数设置和波形文件参数设置等。用户可以通过对不同工作流程中的环境参数设置，以满足可编程逻辑器件设计的个性化要求，提高设计效率。

（5）设计输入方法

创建好项目工程后，需要为其中添加设计输入文件。用户的每个设计项目工程可以包含一个或多个设计输入文件，一般来说每个设计输入文件都是一个功能模块。Quartus Ⅱ 集成开发环境提供了多种设计输入方法，即原理图输入、文本输入和第三方 EDA 工具输入。不同的输入方法分别对应不同的设计输入编辑器，即图形编辑器、文本编辑器和波形编辑器。另外，还有两种编辑器，即符号编辑器和平面图编辑器。其中，符号编辑器可以把前面 3 种编辑器设计的功能模块用一个符号表示，然后在其他地方调用；而平面图编辑器是用来把设计的逻辑在具体的器件中进行布局。

使用不同的设计输入方法，会生成不同的文件格式，主要包括以下几种常用的文件格式。

➤ Block Design File（.bdf）：使用原理图/模块输入方法产生的文件格式，它是可编程逻

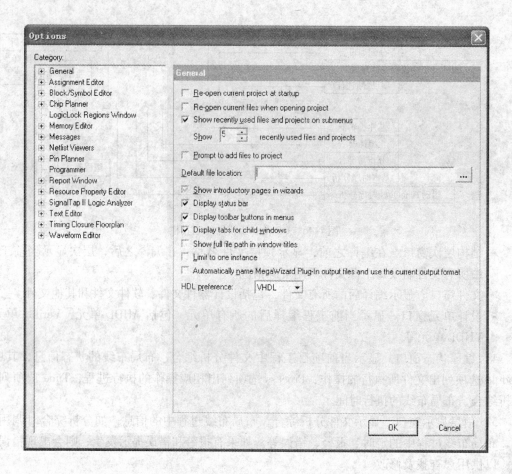

图 1-47　"选项设置"对话框

辑器件设计的基本方法之一，几乎所有的设计环境都集成了原理图输入方法。这种设计方法非常直观，而且器件库丰富，还可以实现原理图和硬件描述语言的混合输入。但其器件库元器件通用性和移植性较差，更换设计芯片型号时原理图所需要做的修改较大。因此，原理图输入也只是一种辅助设计方法。

➢ VHDL Design File(. vhd、. vh、. vhdl)：使用文本输入方法产生的文件格式，是一种硬件描述语言。由美国国防部提出的为实现高速集成电路硬件计划提出的描述语言，并在 1993 年形成 IEEE 标准版本，现在已经成为数字电路和系统设计的标准。其硬件描述能力强，应用范围广，是一个多层次的硬件描述语言。

➢ Verilog HDL Design File(. v、. vlg、. verilog)：使用文本输入方法产生的文件格式，是目前应用最广泛的硬件描述语言之一，于 1995 年形成 IEEE 标准版本。是专门为开发 ASIC 而设计的，适合算法级、寄出存器传输级、逻辑级和门级设计，对于特大型设计，其比 VHDL 略逊一筹。

➢ AHDL(. tdf)：是 Altera 公司开发自己的产品而专门设计的语言，也是使用文本输入方法产生的文件格式，目前没有成为国际通用标准。其只能用于使用 Altera 器件的 FPGA/CPLD 设计，其代码不能移植到其他厂商的器件上使用，通用性不强，所以应用范围不广。

➤ EDIF Input File (. edf、. edif)：使用任何 EDIF 网表编写程序生成的 EDIF200 版网表文件。

➤ Graphic Design File (. gdf)：使用 MAX + plus Ⅱ Graphic Editor 建立的原理图设计文件。

➤ Verilog QuartusMapping File (. vqm)：由 Quartus Ⅱ 生成的 Verilog HDL 格式网表文件。

(6) 原理图/模块设计输入方法

原理图设计输入方法是可编程逻辑器件设计的基本方法之一，几乎所有的设计环境都集成了原理图输入方法。它设计方法直观，带有功能强大的器件库，但其器件库通用性差，因此更换目标器件时，对原理图修改规模较大，所以原理图设计方法是一种辅助设计输入方法。

用图形编辑器所做的设计也叫原理图设计，通常使用 Quartus Ⅱ 提供的库元件和用户自定义的符号进行设计。采用这种设计方法时，通常采用自顶向下的设计方式，就是从系统级开始，把系统划分为若干基本单元，然后再把每个基本单元划分为下一层次的基本单元，一直这样做下去，直到可以直接用库元件来实现为止。

1）新建原理图/图表模块文件。具体操作方法如下。

➤ 新建原理图文件。新建一个项目工程后，选择菜单 "File" → "New"，从弹出的 "新建设计文件" 对话框中选择 "Block Diagram/Schematic File" 选项，单击 "OK" 按钮，即新建了原理图文件 "Block1. bdf"，其窗口中的 Block Editor 工具栏及其图标功能如图 1-48 所示。

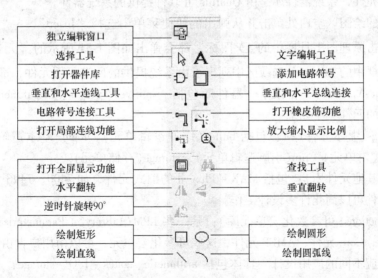

图 1-48　原理图编辑工具栏及其图标功能

注意：打开橡皮筋功能时，移动元件时则连接在元件上的连线跟着移动；当关闭橡皮筋功能时，移动元件时则与其相连的连线不跟随元件移动。

➤ 保存项目工程及原理图文件。选择菜单 "File" → "Save Project"，保存当前工程。选择菜单 "File" → "Save As"，在弹出的 "保存文件" 对话框中输入相应原理图文件名。保存原理图文件前的项目导航窗口如图 1-49 所示，保存原理图文件后的项目导航窗口如图 1-50 所示。

注意： 原理图和电路符号的文件名称长度必须在 32 个字符以内，不包括扩展名在内。具体字符包括英文、数字和一些特殊字符。

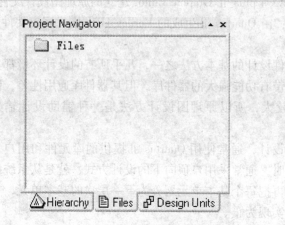

图 1-49　保存原理图文件前的项目导航窗口　　　　图 1-50　保存原理图文件后的项目导航窗口

2）原理图器件库。原理图输入中要用到两个编辑器，即图形编辑器和符号编辑器，用图形编辑器创建的图形设计文件，其扩展名为 ".bdf"。Quartus Ⅱ 有丰富的器件库元件，包括项目工程库和系统器件库。项目工程库是用户把自己设计的功能模块转换成电路符号并将其作为器件库元件，系统器件库是由 Quartus Ⅱ 软件提供的系统器件。

在原理图的绘图区空白处单击并从弹出的快捷菜单中选择 "Insert" → "Symbol" 或双击，也可以单击原理图工具栏中的 ⎓ 图标，都会弹出如图 1-51 所示的 "元器件库" 对话框。在此对话框中的 Libraries 选项区中列出了由系统提供的所有可用元件，都存放在 \altera \quartus\libraries\primitives 目录下。器件库包括 primitives、others、megafunctions3 个类型，它们分别包含的元件类型如下。

➢ primitives（基本元件库）：包括 buffer（缓冲逻辑单元）、logic（基本逻辑单元）、other（其余逻辑单元）、pin（引脚逻辑单元）、storage（存储单元）。

➢ others（其他元件库）：包括 MAX + Plus Ⅱ 的旧式元件，如 7400、7496 等元件，使用这些元件可以简化许多设计工作。

➢ megafunctions（可参数化宏单元库）：是一些 LPM（Library of Parameterized Modules）元件、MegaCore 元件、AMPP 元件，这些可参化宏单元，可以由用户自由设定其功能参数以适应不同的应用设计。具体包括 arithmetic、gates、I/O、storage，其中 arithmetic 包括加法器、乘法器和 LPM 算数单元；gates 包括多种复用器和 LPM 门电路单元；I/O 包括时钟数据恢复、锁相环、双数据速率等；storage 包括存储器、移位寄存器宏单元和 LPM 存储器单元。

上述 Quartus Ⅱ 的器件库中除了用户库以外，其他库的 "元件" 都是已经编译成功的、优秀的单元电路设计文件，应用这些元件实际上就是把这些文件连接装配到用户当前的设计中。

3）原理图设计输入。具体的设计输入包括如下 5 个方面。

➢ 放置原理图元件。在图 1-51 "元器件库" 对话框中的 Name 选项区中输入相应的元件

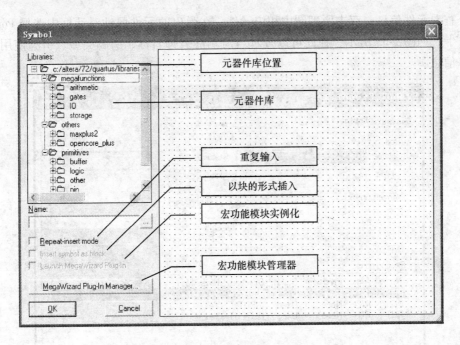

图 1-51 　 "元器件库"对话框

名称，或者在 Libraries 选项区中选择相应元件名称，都可以在此对话框右侧预览区中出现对应元件的形状，再单击"OK"按钮，实现当前元件的放置。选中当前元件，单击鼠标右键，弹出如图 1-52 所示的原理图元件快捷菜单，用户可以直接使用快捷菜单中的命令更快实现相关的操作。

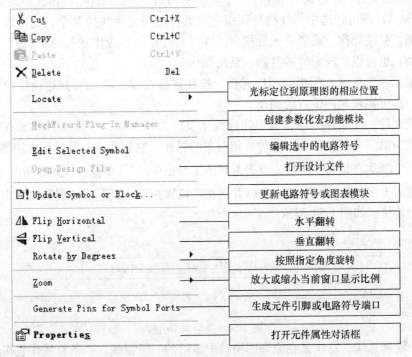

图 1-52　原理图元件快捷菜单

➢ 查看元件信息。双击原理图中相应元件，在弹出的元件属性对话框中选择 Ports 选项卡，如图 1-53 所示，在此可以查看当前元件引脚名称、引脚类型、引脚使用状态等信息。

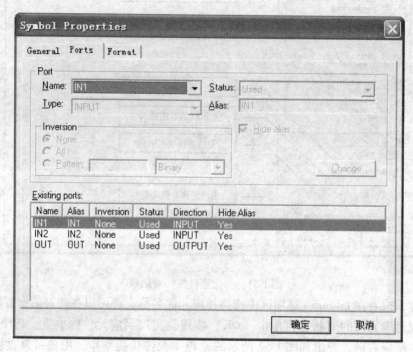

图 1-53 "元件属性"对话框中的 Ports 选项卡

➢ 复制粘贴元件。单击选中元件，先选择菜单"Edit"→"Copy"，再选择菜单"Edit"→"Paste"，即可将选中元件粘贴到指定位置。使用元件快捷菜单，也可以进行元件的复制、粘贴操作。或者将光标指向元件并同时按住键盘中的 < Ctrl > 键，向指定位置拖动，也可以实现元件的复制、粘贴操作。

➢ 调整元件位置。光标指向相应元件，按住鼠标左键并拖动，到达指定位置后松开左键，即可实现元件位置的调整。

➢ 连接元件。在原理图中，可以用连线工具、总线工具、字符工具和节点来连接各个元件引脚。主要包括如下 4 种常用对象的操作，它们的功能及使用方法如下。

第一，绘制垂直和水平连线。单击原理图工具栏中的 ⏋ 图标，或光标指向元件引脚处，光标都会变为十字形状。同时按住光标并向相应位置拖动，到达指定引脚时单击，即可实现两个引脚的连接，如图 1-54 所示。

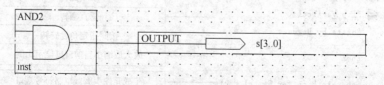

图 1-54 连接两个引脚

第二，绘制总线。总线是在原理图窗口中显示的一条粗线，一条总线代表很多节点的组合，可以同时传递多种信号，最多代表 256 个节点。单击原理图工具栏中的 ⌐ 图标，或光标指向元件引脚处，光标都会变为十字形状，同时按住光标，向相应位置拖动并在到达指定引脚处单击，即可绘制一条总线，如图 1-55 所示。单击选中当前总线，单击鼠标右键，从弹出的快捷菜单中选择"Properties"选项，弹出如图 1-56 所示的"总线属性"对话框，在此可以设置总线名称和总线格式等。

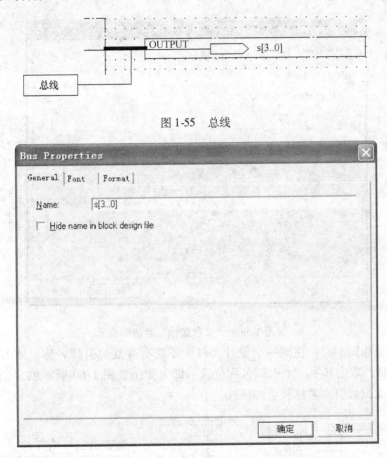

图 1-55　总线

图 1-56　"总线属性"对话框

第三，添加字符。单击工具栏中的 **A** 图标，光标变为插入点形状，在指定位置单击，输入相应字符内容。字符与总线配合在一起，实现节点的连接。

第四，放置节点。节点在原理图窗口中显示为一条直线，用来负责标识不同的逻辑器件间信号，如图 1-57 所示。选中要添加节点的直线，单击鼠标右键并在弹出的快捷菜单中选择"Properties"命令，弹出如图 1-58 所示的"节点属性"对话框，在此可以设置节点名称和格式。在"General"选项卡中的"Name"选项中输入相应节点名称，节点命名规则与引脚命名规则相同，只要元件连接线的节点名称相同，系统就默认为这样的线是连接在一起的。

4）编辑输入/输出引脚。输入/输出引脚名称应使用英文字母（大小写皆可）、0～9 共10 个阿拉伯数字和一些特殊符号"/"、"_"等，引脚名称长度不可超过 32 个字符数。英

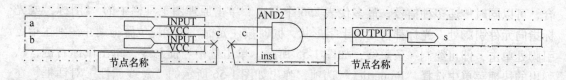

图 1-57 节点

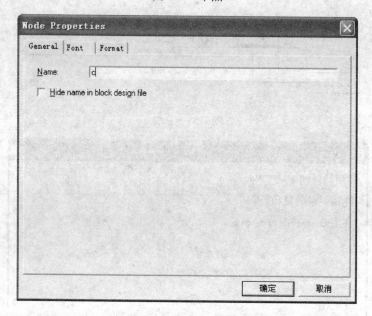

图 1-58 "节点属性"对话框

文的大小写代表相同意义,在同一个设计文件中不能有重复的引脚名称。如图 1-59 所示中的 a、b、s 引脚,双击其中一个引脚名称位置,即可弹出如图 1-60 所示的"引脚属性"对话框,可以在此设置引脚名称和引脚格式。

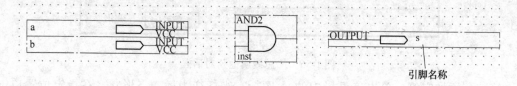

图 1-59 引脚外形和名称

5)保存并检查错误。单击工具栏中的 💾 图标,保存当前文件,文件扩展名为".bdf"。可以通过选择菜单"Processing"→"Start"→"Start Analysis & elaboration",来分析当前项目工程设计并检查语法和语义错误,也可以选择菜单"Processing"→"Start Compilation",进行项目工程文件的编译操作,结果如图 1-61 所示。

在可编程逻辑器件设计过程中,编译操作由编译器完成。Quartus Ⅱ 编译器是由一系列处理模块构成的,包括综合和布局布线两个阶段,负责执行对设计项目的检验,逻辑综合和结构综合等操作。综合阶段中是综合器将项目工程文件翻译成基本的逻辑门、存储器、触发器等基本逻辑单元的连接关系,即网表文件。在这个过程中,综合器根据用户输入的约束条件和本身算法优化来生成网表文件,目的是让生成的设计占用较少的资源并拥有更快的速

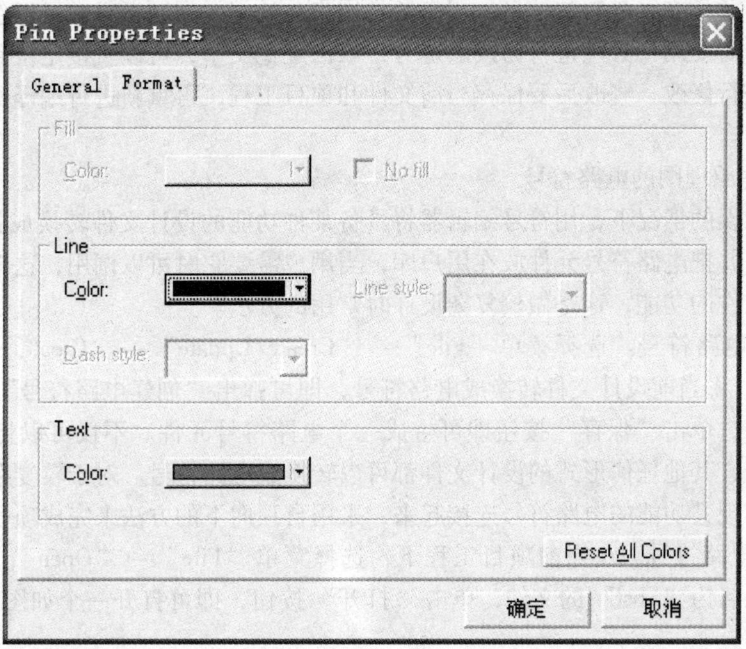

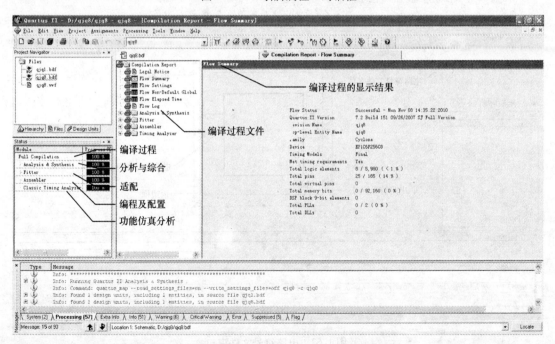

图 1-60　"引脚属性"对话框

图 1-61　项目工程文件编译结果显示

度。布局布线阶段，用来完成综合操作后根据目标器件进行布局布线，利用芯片内的可用逻辑资源将项目工程文件在物理层次上实现，就是将项目工程适配到目标器件中。此处的文件编译主要是为了检验设计的正确性。

在 Messages 窗口中显示的是当前项目工程文件在编译时的相关信息，绿色的文字是编译进程信息；黄色文字是警告信息，用来警告用户此处编译问题，经常可以忽略；红色文字是错误信息，需要用户必须进行修改的地方，双击红色文字，可以直接定位到项目工程文件中相应位置进行修改。修改后要保存当前文件和项目工程，再重新进行编译操作，直至无误为止。

（7）创建原理图的电路符号

在设计无误的情况下，用符号编辑器将具备某种功能的设计文件转换成扩展名为".bsf"的电路符号，并把电路符号元件放在用户库，当用户需要它时可以调用，这个电路符号可实现相应设计文件的功能，这是做较复杂设计时常用的方法。

1）新建电路符号。选择菜单"File"→"Create/Update"→"Create Symbol Files For Current File"，将当前设计文件转换成电路符号，即可弹出"创建电路符号"对话框，在其中输入文件名，单击"保存"按钮即可生成一个电路符号元件。不仅可以将原理图文件转换成电路符号，其他任何形式的设计文件都可以转换成电路符号。对于较复杂的项目工程设计，通常将实现其功能的电路符号连接起来，采用自顶向下的方法来完成项目工程设计。

2）编辑电路符号。在当前项目工程下，选择菜单"File"→"Open"，在打开的对话框中选中扩展名为".bsf"的文件，单击"打开"按钮，即可打开一个如图1-62所示的电路符号文件。

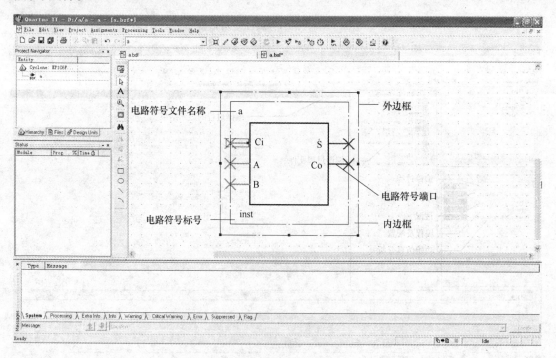

图1-62 电路符号文件窗口

电路符号结构由一个内边框和一个外边框组成，在内边框中的空白处可以用 **A** 图标输入文本，也可以双击内边框内的引脚，打开如图1-63所示的"电路符号端口属性"对话框。包括"General"、"Font"、"Format" 3个选项卡，在此可以设置电路符号端口的名称、端口类型、端口使用状态、端口名称格式、电路符号线条格式等属性。

在电路符号文件窗口，还可以调整其端口位置。在需要调整位置的端口上单击，选中这

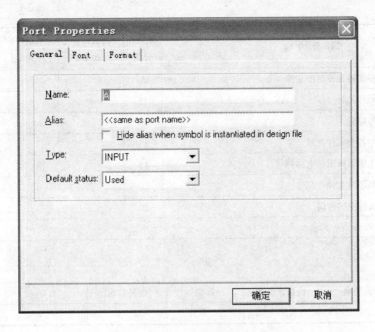

图1-63 "电路符号端口属性"对话框

个端口，如图1-64a所示；按住鼠标左键，向下拖动至电路符号左侧底部，松开鼠标左键，结果如图1-64b所示；用同样的方法调整电路符号左侧3个输入口的位置，结果如图1-64c所示。

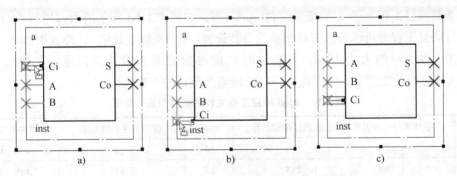

图1-64 调整电路符号端口

a）选中一个端口 b）移动端口至指定位置 c）调整左侧3个输入端口的位置

5. 任务评价

项目评价由过程评价和结果评价两大部分组成，任务1的评价是属于项目1的过程评价之一，如表1-9所示。

表1-9 项目1中任务1的检查及评价单

任务检查及评价单	任务名称		项目承接人	编　号
	原理图设计输入			
检查人	检查开始时间	检查结束时间	评价开始时间	评价结束时间

评 分 内 容	标准 分值	自我评价 （20%）	小组评价 （30%）	教师评价 （50%）
1. 创建项目工程文件和原理图文件	5			
2. 放置原理图元件符号	15			
3. 调整元件符号位置	10			
4. 连接原理图中各个元件符号	15			
5. 保存文件并生成原理图的电路符号	15			
6. 编译并检查原理图文件	20			
7. 修改原理图文件中的错误	20			

8. 总分(满分100分)：

教师评语：

被检查及评价人签名	检查人签名	日期	组长签名	日期	教师签名

1.3.2 任务2 项目编译与仿真

1. 任务描述

在当前项目工程 qjq8 中的顶层文件 qjq8. bdf，按照表 1-10 所示的内容进行项目引脚分配；进行项目工程分析综合、布局布线的参数设置(使用系统默认值)；设置引脚 A [0] 到引脚 S[0] 的延时约束为 10ns，其余延时约束参数都采用默认值；建立矢量波形文件 qjq8. vwf 并进行功能仿真、时序仿真，以校验当前设计的正确性。

表 1-10 qjq8 项目工程文件的器件引脚分配表

序号	设计文件引脚名称	器件引脚名称	序号	设计文件引脚名称	器件引脚名称
1	A [7]	PIN_A6	14	B [2]	PIN_B14
2	A [6]	PIN_A8	15	B [1]	PIN_B15
3	A [5]	PIN_A9	16	B [0]	PIN_B16
4	A [4]	PIN_A11	17	Count	PIN_C3
5	A [3]	PIN_A15	18	S [7]	PIN_C4
6	A [2]	PIN_B1	19	S [6]	PIN_C6
7	A [1]	PIN_B3	20	S [5]	PIN_C7
8	A [0]	PIN_B6	21	S [4]	PIN_C8
9	B [7]	PIN_B7	22	S [3]	PIN_C9
10	B [6]	PIN_B8	23	S [2]	PIN_C10
11	B [5]	PIN_B9	24	S [1]	PIN_C11
12	B [4]	PIN_B10	25	S [0]	PIN_C13
13	B [3]	PIN_B11			

2. 任务目标与分析

通过本任务操作，使用户能够熟悉可编程逻辑器件的设计流程；掌握使用 Quartus Ⅱ 软件正确地进行项目引脚分配、分析综合、布局布线、时序约束的参数设置、建立矢量波形文件 qjq8.vwf、功能仿真、时序仿真等操作方法。

根据可编程逻辑器件的设计流程，在创建好项目工程及设计输入后，在本任务中对项目工程进行分配引脚、时序约束、分析综合、布局布线、仿真、编程和配置等操作。如果在不同的设计过程中出现错误提示信息，需要修改错误后再重新执行相应的设计，直至完成当前项目的编译与仿真操作。

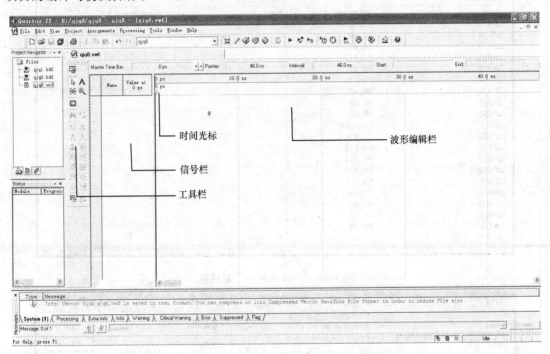

图 1-65　新建的矢量波形文件 qjq8.vwf 窗口

3. 任务实施过程

（1）功能仿真

1）在 qjq8 项目工程文件中新建矢量波形文件 qjq8.vwf。编译当前项目工程并确保无误后，选择菜单"File"→"New"，在弹出的"新建"对话框中选择 Other Files 选项卡中的 Vector Waveform File 文件，生成的矢量波形文件 qjq8.vwf 窗口如图 1-65 所示。

2）添加引脚信号和节点。在图 1-65 中的 Name 选项区下方空白处双击，弹出如图 1-66 所示的"插入节点或总线"对话框。单击"Node Finder"按钮，弹出

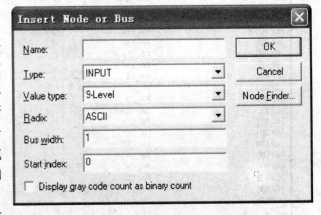

图 1-66　"插入节点或总线"对话框

49

如图 1-67 所示的"添加节点"对话框，单击"List"按钮，在"Notes Found"选项区下方列出了当前工程文件中所有节点，选中其中的节点 A、B、Count、S，单击 [>] 按钮，如图 1-68 所示。单击"OK"按钮后回到如图 1-69 所示的"添加节点或总线"对话框，再单击"OK"按钮，回到矢量波形文件 qjq8.vwf 文件窗口，如图 1-70 所示。

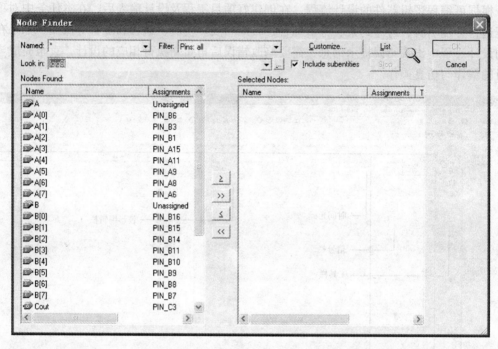

图 1-67　"添加节点"对话框

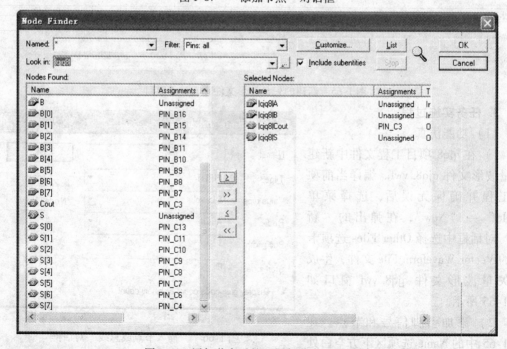

图 1-68　添加节点后的"添加节点"对话框

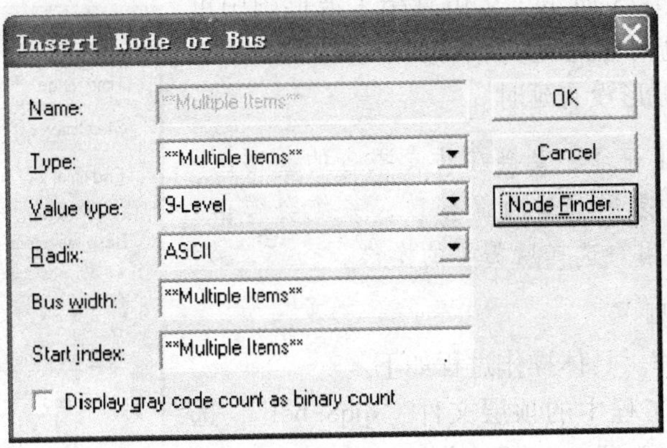

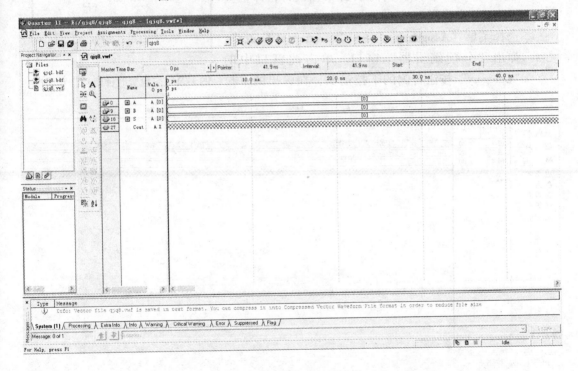

图 1-69　添加完节点的"添加节点或总线"对话框

图 1-70　添加节点后的矢量波形文件 qjq8. vwf

3）编辑输入引脚信号 A、B 并保存。单击图 1-70 中 Name 选项区下方的输入引脚信号 A，即选中输入引脚信号 A 的波形。单击其左侧工具栏中的 $\times$ 按钮，弹出如图 1-71 所示的"设置时钟信号"对话框；单击"OK"按钮，当前 qjq8. vwf 文件窗口如图 1-72 所示。输入引脚信号 B 保持不变，即系统默认是低电平。单击 按钮，保存当前文件。

4）设置仿真器参数。选择菜单"Assignments"→"Settings"，在弹出的"参数设置"对话框中单击 Category 选项区下方的"Simulator Settings"选项，并在其右侧的参数设置区中单击"simulation mode"选项中的"Functional"选项，对 qjq8. vwf 文件进行功能仿真。

5）执行功能仿真。选择菜单"Processing"→"Generate Functional Simulation Netlist"，即自动创建仿真网络表文件。选择菜单"Processing"→"Start Simulation"，进行功能仿真

操作，仿真结果如图 1-73 所示。从仿真结果波形图中可以看出，本电路设计基本能够满足设计要求。因为是功能仿真，所以仿真后的波形没有延时。

> **注意**：Quartus Ⅱ不允许直接在仿真报告的波形图中修改仿真激励，如果用户进行了修改，系统会弹出相应的对话框，以供用户选择所需要的操作。

（2）分配器件引脚

分配器件引脚操作。具体操作过程如下。

➢ 打开当前项目工程中的顶层文件"qjq8. bdf"，选择菜单"Processing"→"Start"→"Start Analysis & Elaboration"，分析当前项目工程设计，并检查语法和语义错误。

➢ 选择菜单"Assignments"→"Assignment Editor"，弹出"分配编辑器"窗口。单击此窗口中的"Category"按钮右侧的下拉箭头，在弹出的下拉

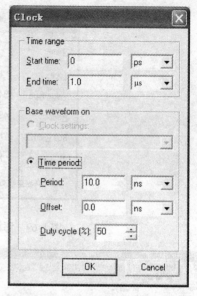

图 1-71　"设置时钟信号"对话框

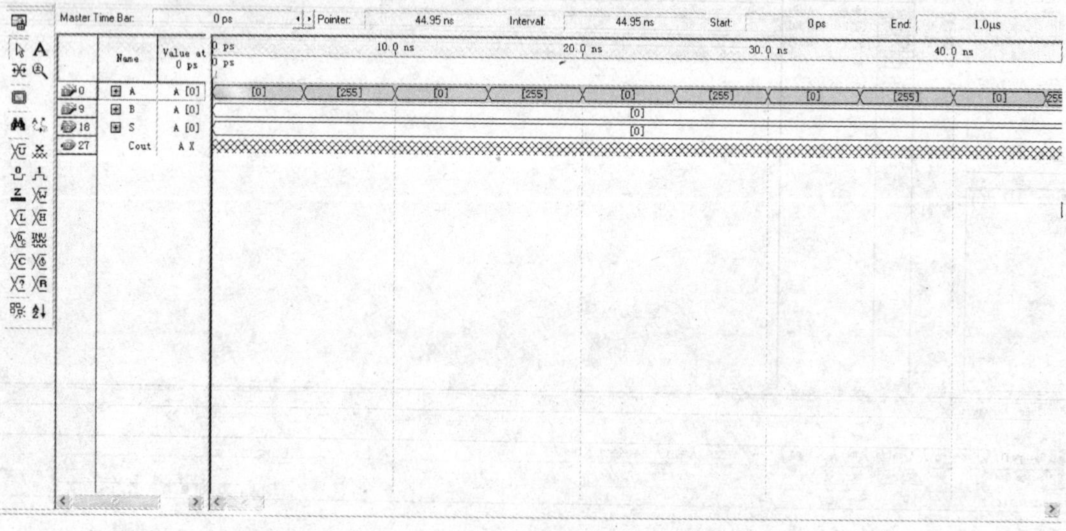

图 1-72　编辑输入引脚信号 A 波形后的 qjq8. vwf 文件窗口

菜单中选择"Pin"，进行引脚分配。

➢ 双击 Edit 选项窗口中的行标号为 1 且列标号为 To 的空格处，在弹出的下拉列表框中选择"A [0]"，即选择设计文件中的一个输入引脚符号。

➢ 双击 Edit 选项窗口中的行标号为 1 且列标号为 Location 的空格处，从弹出的下拉列表框中选择"PIN _ B6"，则为刚选择的设计文件的输入引脚符号来分配一个目标器件的实际引脚。

➢ 按照表 1-9 所示内容进行其余引脚的分配，设计文件中所有引脚分配完毕后，结果如图 1-74 所示。

➢ 选择菜单"Assignments"→"Device"，弹出如图 1-75 所示的"目标器件与引脚选项

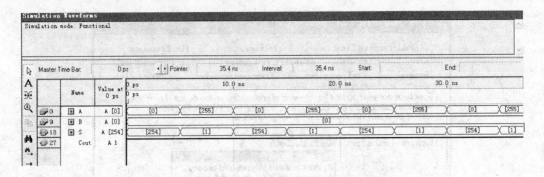

图 1-73　功能仿真结果

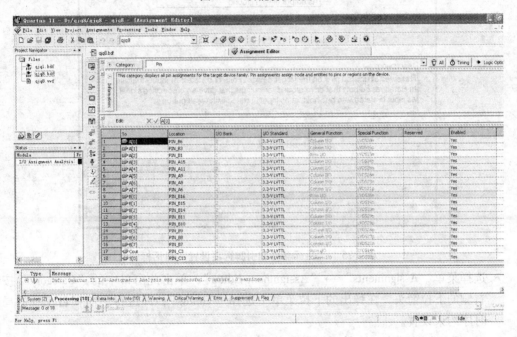

图 1-74　分配编辑器窗口

设置"对话框，单击"Device and Pin Options"按钮，在弹出的对话框中选择"Unused Pins"选项卡，并选择此选项卡中的"Reserve all unused pins"选项中的 As inputs tri-stated，将当前目标器件中所有未使用的引脚设置成三态。

注意： 在为设计文件分配目标器件引脚时要注意，对于目标器件中的保留引脚(未使用的引脚)，通常都将其设置成三态，这样可以使这些引脚和外围器件有连线时，不至于影响其他器件或总线上的逻辑。

（3）设置时序约束参数

1）设置全局时序约束参数。选择菜单"Assignments"→"Settings"，在弹出的"参数设置"对话框中的"Category"选项列表中，选择"Timing Analysis Settings"选项中的"Classic Timing Analyzer Settings"，按如图 1-76 所示的内容来设置当前文件的时序约束参数。

2）设置局部时序约束参数，即引脚 A [0] 到引脚 S [0] 的延时约束为 10ns。具体操作过程如下。

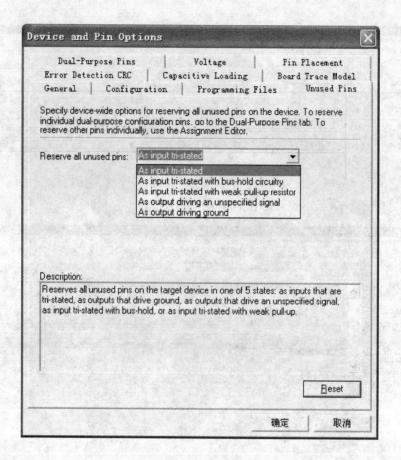

图 1-75 "目标器件和引脚选项设置"对话框

➤ 选择菜单"Assignments"→"Assignment Editor",单击此窗口中的"Category"按钮右侧的下拉箭头,在弹出的下拉菜单中选择"Timing",即进行当前项目工程的局部时序约束设置。

➤ 在"Edit"选项窗口中的行标号为 1 且列标号为 From 的空格处单击鼠标右键,从弹出的快捷菜单中选择"Node Finder",再在弹出的"查找节点"对话框中单击"List"按钮,则在"Nodes Found"选项窗口中列出了当前设计文件中所有可用的引脚名称。在"Nodes Found"选项窗口选择引脚 A[0],单击"≥"按钮,将其显示在"Selection Nodes"选项窗口中,单击"OK"按钮。

➤ 在"Edit"选项窗口中的行标号为 1 且列标号为 To 的空格处单击鼠标右键,从弹出的快捷菜单中选择"Node Finder",再在弹出的"查找节点"对话框中单击"List"按钮,在"Nodes Found"选项窗口中列出当前设计文件中所有可用的引脚名称。在"Nodes Found"选项窗口选择引脚 S[0],单击"≥"按钮,将其显示在"Selection Nodes"选项窗口中,单击"OK"按钮。

➤ 双击 Edit 选项窗口中的行标号为 1 且列标号为 Assignment Name 的空格处,在弹出的下拉框中选择"tpd Requirment",即现在设置引脚 A[0] 到引脚 S[0] 的延时约束。

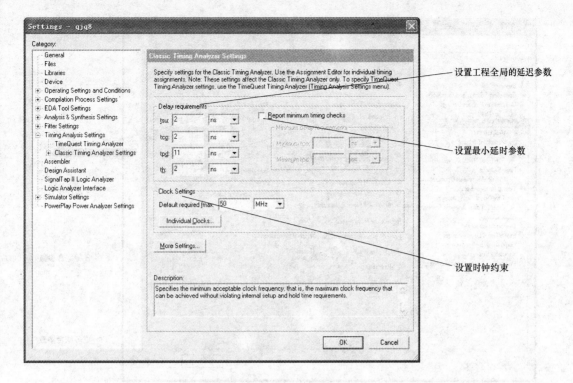

图 1-76　时序约束参数设置窗口

➤ 双击 Edit 选项窗口中的行标号为 1 且列标号为 Value 的空格处，输入"10"，即具体延时的时间为 10ns，此时的分配编辑器窗口如图 1-77 所示。

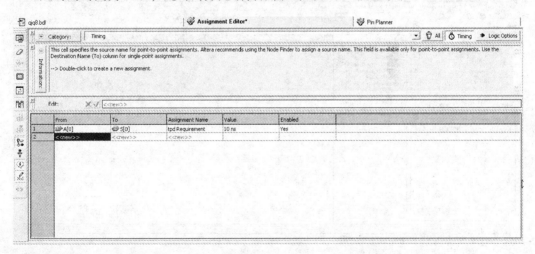

图 1-77　添加时序约束后的分配编辑器窗口

（4）设置分析综合参数并执行分析综合操作

选择菜单"Assignments"→"Settings"，单击"Category"选项列表中的"Analysis & Synthesis Settings"选项，此时的窗口如图 1-78 所示，在这里使用系统默认值。

选择菜单"Processing"→"Start"→"Start Analysis & Synthesis"，执行分析综合后，出现如图 1-79 所示的"分析与综合报告窗口"。如果有错误提示信息，要回到设计文件中进

55

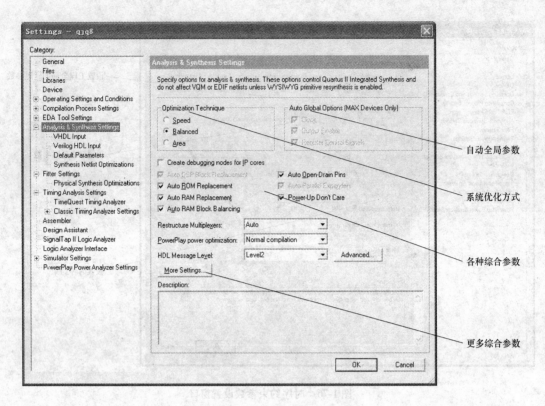

图1-78　分析与综合参数设置窗口

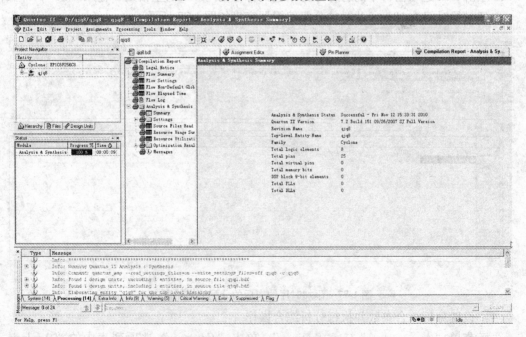

图1-79　分析与综合报告窗口

行修改并保存，再进行分析综合操作，直至当前设计全部正确为止。

（5）设置布局布线参数并执行布局布线操作

选择菜单"Assignments"→"Settings"，单击"Category"选项列表中的"Fitter Settings"选项，此时的窗口如图 1-80 所示，在这里使用系统默认值。

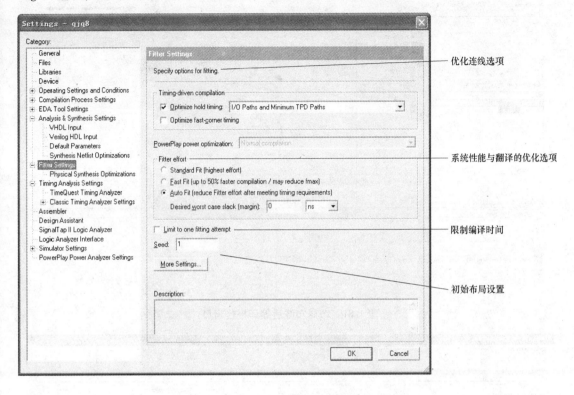

图 1-80　布局布线参数设置窗口

选择菜单"Processing"→"Start"→"Start Fitter"，执行布局布线操作后，出现如图 1-81 所示的"布局布线后编译报告窗口"。如果有错误提示信息，要回到设计文件中进行修改并保存，再进行分析综合操作，直至当前设计全部正确为止。

（6）时序仿真

选择菜单"Assignments"→"Settings"，将"Simulator Settings"选项中的 Simulation mode 设置为 Timing，即进行时序仿真操作。打开矢量波形文件"qjq8.vwf"，选择菜单"Processing"→"Start Simulation"或单击 图标，仿真结果如图 1-82 所示。从仿真结果波形图中可以看出，时序仿真后的波形存在延时。

> **说明：** 仿真操作分为功能仿真和时序仿真。功能仿真是忽略延时后的仿真操作，是理想状态下的仿真操作，通常用来验证电路设计逻辑的正确性；时序仿真是加上一些延时后的仿真操作，是为了验证时序是否符合实际要求。

4. 任务学习指导

在完成项目工程和设计文件输入之后，接着要进行项目工程的编译操作。编译操作由编译器完成，Quartus Ⅱ 编译器是由一系列处理模块构成的，包括分析综合和布局布线两个阶段，负责执行对设计项目的检验，逻辑综合和结构综合等操作。分析与综合阶段是综合器将项目工程文件翻译成基本的逻辑门、存储器、触发器等基本逻辑单元的连接关系，即网表文件；在这个过程中，综合器根据用户输入的约束条件和本身算法优化来生成网表文件，目的

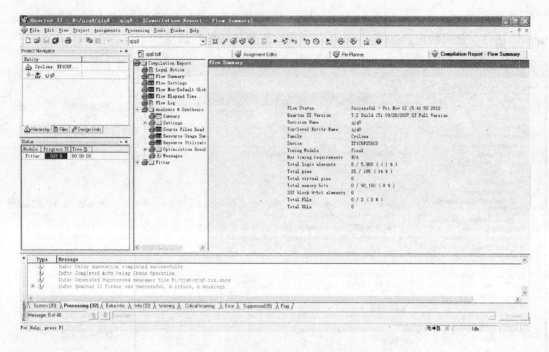

图 1-81　布局布线后编译报告窗口

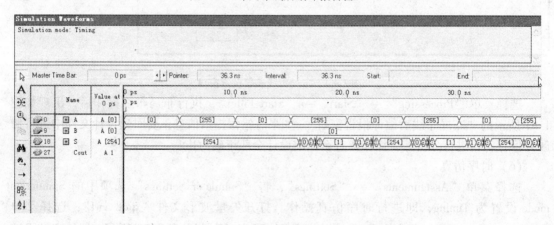

图 1-82　时序仿真结果

是让生成的设计占用较少的资源并拥有更快的速度；布局布线阶段，用来完成分析与综合操作后根据目标器件进行布局布线，利用芯片内的可用逻辑资源将项目工程文件在物理层次上实现，就是将项目工程适配到目标器件中。在分析综合之前还要进行约束输入，在布局布线之后还要进行系统仿真操作。具体的项目工程编译操作流程如图 1-83 所示。

➤ 约束输入：约束输入包括引脚分配约束和时序约束，是使用分配编辑器、引脚规划器、参数设置对话框、TimeQuest 分析器、设计划分窗口和时序逼近平面布局来指定初始设计约束（包括引脚分配、器件选项、逻辑选项、时序约束等）。使用到的工具有 Assignment Editor（分配编辑器）、Floorplan Editor（平面布局编辑器）、Settings（参数设置对话框）。

➤ 分析与综合（Analysis & Synthesis）：分析与综合是将设计输入文件翻译成与、或、非

58

门、RAM、触发器等最基本逻辑单元构成的连接关系，以供下步的布局布线操作使用，并根据约束条件优化生成门级逻辑连接，使设计既占用芯片更小的物理面积又具有更快的工作频率。使用的工具有 Analysis & Synthesis 和 Design Assistant（设计助手）、Assignment Editor、RTL Viewer（RTL 查看器）、Technology Map Viewer（技术映射查看器）、Incremental Synthesis（渐进式综合）。

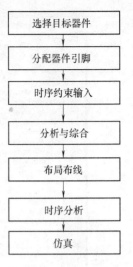

图1-83　项目
工程编译操作流程

➢ 布局布线：布局布线是使用分析综合后生成的网络表文件，将工程的逻辑和时序要求与器件可用资源相匹配。使用的工具有 Fitter（适配）、Assembler（汇编）、Assigment Editor、Floorplan Editor、Chip Editor（芯片编辑器）、Incremental Compilation（渐近式编译器）、Design Space Explorer（设计空间管理器）。

➢ 时序分析：时序分析是通过控制分析综合的设计的布局布线来达到时序目标，对复杂的设计较快的时序逼近，可以减少优化迭代次数并自动平衡多个设计约束。使用的工具是 Timing Analyzar（时序分析器）。

➢ 仿真：仿真是在软件环境下，验证电路的行为和设计要求是否一致。使用的工具有 Simulator（仿真器）、Waveform Editor（波形编辑器）。

以上各个过程中设置的约束条件都保存在项目工程配置文件（. qsf）中，用户不仅可以用菜单与对话框的形式编辑外，还可以用文本编辑器直接编辑". qsf"类型文件。

（1）选择目标器件

在进行项目工程编译之前，必须为顶层文件指定一个目标器件，用户可以自己选择某个具体的器件，也可以让系统自动选择最合适的目标器件。

用户选择目标器件时需要遵循以下几个基本原则：电磁兼容设计的原则，即能选用低速器件的就不选择高速器件，以减少电磁干扰和降低设计成本；主流芯片原则，即要尽量选择公司的主流器件，以缩短设计周期并能降低成本；多片系统原则，即不只追求单片化，可根据实际情况选择多器件的结构，以提高设计效率和系统稳定性能；器件资源的原则，即目标器件的逻辑资源和设计要求的逻辑功能相匹配，目标器件的输入/输出引脚的数目要满足设计目标要求。

1）选择目标器件系列与芯片。选择菜单"Assignments"→"Device"，弹出如图1-84所示的"设置器件选项"对话框，在此选择当前项目工程中顶层文件的目标器件系列、名称、属性等信息。主要选项功能如下。

➢ Family 选项：单击其右侧的向下箭头，在弹出的下拉列表中选择目标器件系列。例如：选择 Cyclone Ⅱ系列器件，则在下方的可用器件列表中就会显示出此系列器件所有的器件名称。

➢ Target device 选项区：目标器件选择方式，单选项 Auto device selected by the Fitter 是由系统自动指定器件；单选项 Specific device selected in′Available devices′list 是由用户在器件列表中指定目标器件。通常情况要由用户根据实际情况来指定目标器件，例如，选择 TQFP 封装，则在下方的可用器件列表中只显示满足此条件的器件名称；如

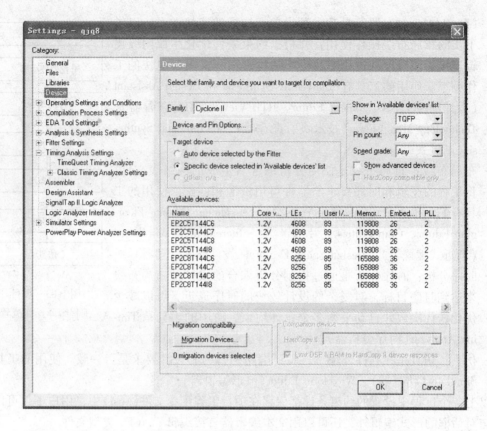

图 1-84　设计器件选项窗口

果经过编译之后，出现当前器件资源不够的现象，则系统会自动到指定的列表中选择合适的器件来代替。如果由系统自动选择器件，那么在编译时发现当前目标器件资源不够时，系统会自动重新选择合适的目标器件。

➢ Show in'Available devices'list 选项区：选项 Package 用来指定器件的封装形式；选项 Pin count 用来指定器件的引脚数目；选项 Speed grade 用来指定器件的速度等级。

➢ Available devices 列表框：可用器件列表框，在此显示满足上面所设条件的目标器件名称及属性。例如，选择 Cyclone Ⅱ 系列器件中且封装为 TQFP、速度等级为 6 的目标器件，即 "EP2C5T144C6"。从此器件名称可以得到如下信息："EP2C5"是 Cyclone Ⅱ 器件中的一个系列，这里选择的器件类型是 FPGA；"T"是器件封装形式，即 "TQFP"，常用器件封装类型如表 1-11 所示；"144"是器件引脚数量；"C"是器件的工作温度范围，其余有关器件工作温度级别规定如表 1-12 所示；"6"是器件的速度等级，即 $t_{PD1} = 6ns$，表示信号从输入引脚经过内部逻辑到输出引脚的最大延迟为 6ns。

➢ Migration compatibility 选项区：指定移植器件，单击此按钮后，弹出如图 1-85 所示的"移植器件选择"对话框。在左侧的 Compatible migration devices 列表框中合适移植的器件名称上单击，再单击 " ≥ " 按钮，使选中器件移动到右侧的 Selected migration devices 列表框中，单击"OK"按钮结束，回到如图 1-84 所示的窗口。在 "migration devices" 按钮下方，出现 "1 migration devices selected" 信息，说明当前选择了一个可移植器件。

表1-11　常用器件封装类型

封装代码	具体封装名称	封装代码	具体封装名称
B	BGA（Ball Grid Array）	P	PDIP（Plastic Dual In-line Package）
F	Fine Line BGA（Fine Line Ball Grid Array）	Q	PQFP（Plastic Quad Flat Pack）
G	PGA（Windowed ceramic Pin Grid Array）	R	RQFP（Power Quad Flat Pack）
J	JLCC（Windowed ceramic J-lead Chip Carrier）	T	TQFP（Thin Quad Flat Pack）
L	PLCC（Plastic J-lead Chip Carrier）	W	CQFP（Windowed Ceramic Quad Flat Pack）

表1-12　器件工作温度级别

代　　码	级 别 全 称	工作温度范围/℃
C	Commercial（商业）	0～70
I	Industrial（工业）	-40～85
M	Military（军事）	-55～125

说明： 在设计可编程逻辑器件功能时，有时为了节约成本或缩短开发周期，只想增加器件功能但不想改变PCB，这时就需要增加器件的逻辑资源而不改变器件的引脚特性，兼容、可移植的器件就可以实现这样的目标。Altera公司的多数器件，其引脚数目及输入/输出引脚定义相同，但是可用的输入/输出引脚及内部逻辑资源不同，具有这些特征的器件之间是兼容的，在同一块PCB上可进行移植。

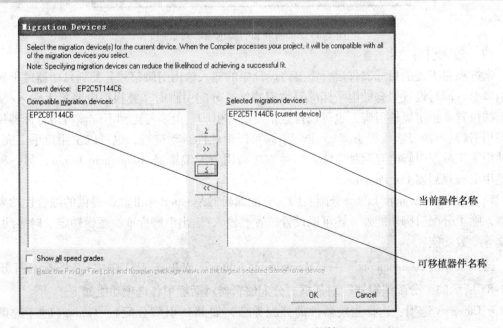

图1-85　"移植器件选择"对话框

2）设置目标器件属性。单击图1-84中的"Device and Pin Options"按钮，弹出如图1-86所示的"器件和引脚选项"对话框，在此可以设置器件的速度、功耗、内核电压与引脚状态等属性，其中各个选项卡具体的功能在这里不再详细描述，用户只要查阅软件的帮助文件即可了解其详细内容。

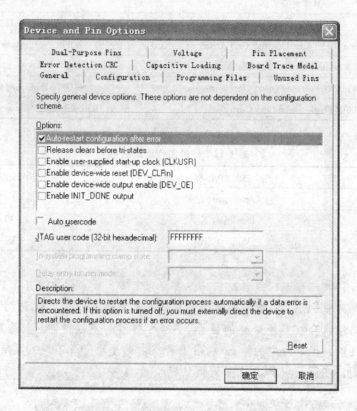

图 1-86 "器件和引脚选项"对话框

（2）输入引脚约束

选好项目工程的目标器件后，需要将设计中的输入输出引脚符号分配到目标器件上对应的引脚上，同时设置引脚的电平标准等物理特性。分配引脚时，要根据电路板上输入/输出引脚的位置来指定器件引脚，也可以任意指定器件引脚，但要考虑到不应该占用目标器件中的专用引脚(电源、地、编程引脚)。分配引脚可以由软件自动进行，也可以由用户手工完成。在使用手工分配引脚时有两种方法，一种方法是用分配编辑器 Assignment Editor，另一种方法是用引脚规划器 Pin Planner。

1）使用 Assignment Editor 分配引脚。分配编辑器是 Quartus II 软件提供的综合性约束编辑器，除了分配引脚功能外，还可以设置位置、输入/输出引脚标准、逻辑锁定、时序约束、仿真等参数功能。

选择菜单"Assignments"→"Assignment Editor"或单击工具栏中 图标，打开如图 1-87 所示的"分配编辑器"对话框。分配编辑器对话框中各选项功能如下。

➢ Category 选项：选择当前器件的分配类型，如 Pin(引脚分配)、Timing(时序约束)、Logic Options(逻辑选项约束)。

➢ Edit 选项区：输入分配引脚信息，From 和 To 用于指定约束信号，Assignment Name 用于指定约束类型，Value 用于指定约束值，I/O Standard 用于指定引脚电压标准，Lo-

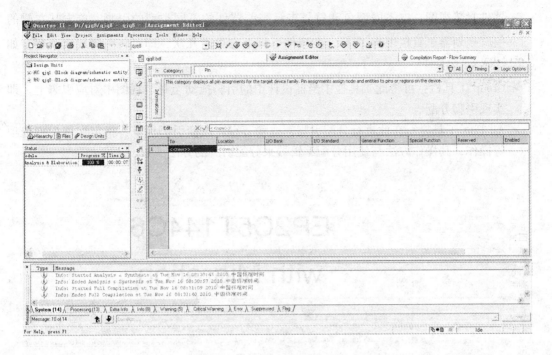

图 1-87   "分配编辑器"对话框

cation 用于在下拉列表里选择器件引脚，I/O Bank 用于显示引脚所在块，General Function 用于显示本引脚的基本位置作用。

分配引脚的操作方法参考本任务中的任务实施过程，即先进行设计分析和语法检查，再使用分配编辑器来分配引脚。

2）使用 Pin Planner 分配引脚。选择菜单"Assignments"→"Pin Planner"，或者选择菜单"Assignments"→"Pins"，还可以单击工具栏中的 图标，都会弹出如图 1-88 所示的"引脚规划器"窗口，其中各窗口及选项功能如下。

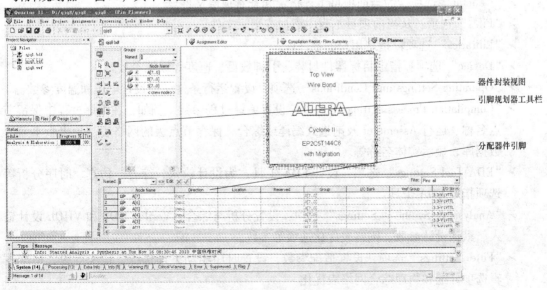

图 1-88   "引脚规划器"窗口

➢ 器件封装视图：以不同颜色和符号表示当前器件的不同类型的引脚，单击其左侧的引脚规划器工具栏中 $\oplus$ 图标，在器件引脚上方单击几次，即可将引脚放大观察，如图 1-89 所示。

➢ Group 工具栏：可将此工具栏中当前设计中的引脚拖动至封装视图中对应引脚上，即实现引脚分配。

➢ All Pins 工具栏：在此进行分配引脚、滤除节点、改变引脚标准、指定保留引脚选项等操作，其操作方法与使用分配编辑器来分配引脚的方法一致。

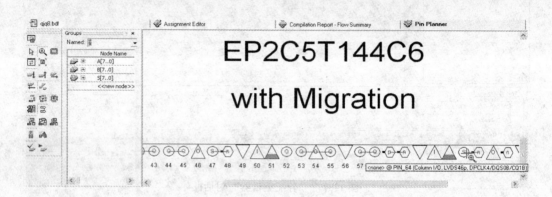

图 1-89　放大后的封装视图

（3）输入时序约束

1）参数设置对话框功能。选择菜单"Assignments"→"Settings"，弹出如图 1-90 所示的"参数设置"对话框，用来设置项目工程中全局的选项、综合、适配、仿真和时序分析等选项，一般在此设置引脚分配和除时钟频率之外的其他约束，时序约束多用于全局时序约束和时钟频率约束。其中主要选项功能如下。

➢ "General" 选项：为当前项目工程指定和查看顶层文件。

➢ "Files" 选项：从当前项目工程中添加或删除文件。

➢ "Libraries" 选项：指定用户的器件库。

➢ "Device" 选项：指定目标器件封装、引脚数目、速度等级等参数。

➢ "Operating Settings and Conditions" 选项：设置运行条件，即设计电压和温度参数。

➢ "Compilation Process Settings" 选项：设置编译过程参数，例如：在编译过程中保留节点名称、运行 Assembler 及渐进式编译或综合、保存节点级的网络表、导出版本兼容数据库、显示实体名称等。

➢ "EDA Tool Settings" 选项：设计 EDA 工具，为设计输入、综合、仿真、时序分析等选项指定 EDA 工具。

➢ "Analysis & Synthesis Settings" 选项：设置分析与综合、Verilog HDL 和 VHDL 设计输入、默认设计参数、网络表优化选项等参数。

➢ "Fitter Settings" 选项：设置适配参数，设置时序驱动编译选项、适配等级、适配逻辑选项分配和物理综合网络表优化。

➢ "Timing Analysis Settings" 选项：设置时序分析参数，可以选择 TimeQuest 时序分析

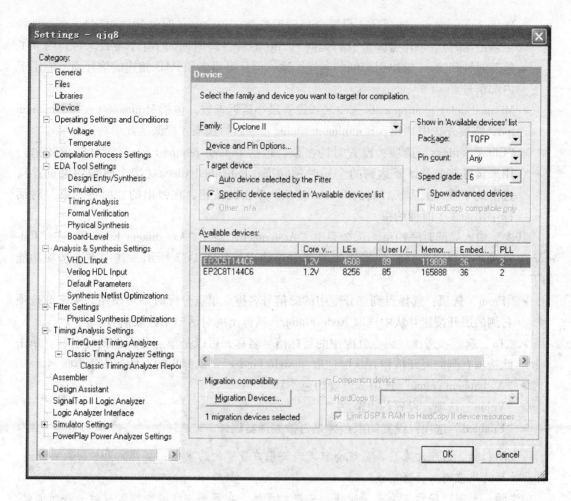

图1-90 "参数设置"对话框

器和标准时序分析器。在标准时序分析器中，可设置默认频率、时钟延迟、路径排除和时序分析报告等选项。

➢ "Simulator Settings"选项：设置仿真器的仿真模式、源相量文件、仿真周期及仿真检测等选项。

➢ "PowerPlay Power Analyzer Settings"选项：设置PowerPlay功耗分析器选项，包括输入文件类型、输出文件类型、默认触发速率等选项参数。

➢ "Assembler、Design Assistant、SignalTap Ⅱ Logic Analyzer、Logic Analyzer Interface、SignalProbe Settings"选项：这些选项的功能分别是打开设计助手并设置规则、启动SignalTap Ⅱ逻辑分析器、指定SignalTap Ⅱ文件名称（.stp）、为SignalProbe功能修改适配结果。

2）输入时序约束。包括全局时序约束和局部时序约束，其具体功能及操作方法如下。

首先，输入全局时序约束。选择菜单"Assignments"→"Settings"，再单击"Timing Analysis Settings"选项，或选择菜单"Assignments"→"Timing Analysis Settings"，再单击"Classic Timing Analysis Settings"选项，都可调出如图1-76所示的"设置时序约束"窗口。其中各个主要选项功能如下。

➤ Delay requirements 选项区：设置全局延迟参数，包含 tsu(时钟建立时间)、tco(时钟至输出延时)、tpd(引脚至引脚延时)、th(时钟保持时间)的时序参数，它们约束了外部时钟和输入/输出引脚间的时序关系，但只可用于和 PAD 相连的信号而不能用于内部信号。

➤ Minimal delay requirements 选项区：设置最小延迟参数，包括 Minimum tco 和 Minimum tpd，需要先选中"Report minimum timing checks"选项才能激活此项功能。

➤ "Clock Settings"选项：设置时钟参数，包括 Default required fmax(默认需求频率)，用来设置整个设计要达到的全局时钟频率；Individual Clocks(多个时钟约束设置)，选中此项后，激活其后面的 Clocks 按钮；单击此按钮，在弹出的"时钟约束"对话框中添加多个时钟约束。

其次，输入局部时序约束。选择菜单"Assignments"→"Assignment Editor"，在"Category"选项中选择"Timing"，即输入局部时序约束，如图 1-77 所示，其中主要选项功能如下。

➤ "From"选项：选择点到点分配中的源信号名称，单点分配时不可使用。单击此选项右侧的展开按钮并从中选取 Node Finder，从弹出的对话框中选取信号。

➤ "To"选项：选择点到点分配中的目标信号名称，可以是单点分配的信号名称。单击此选项右侧的展开按钮并从中选取"Node Finder"，从弹出的对话框中选取信号。

➤ "Assignment Name"选项：设置约束类别。

➤ "Value"选项：设置约束值。

➤ "Enabled"选项：设置约束条件是否被编译器编译。

> **说明：** 输入时序约束后，系统会自动验证用户设置的约束值；当约束无效时，系统会自动放弃约束值而保留当前值。
>
> **说明：** 局部时序约束比全局时序约束更加严格，在系统中主要能设置以后一些局部时序约束。个别时钟设置、时钟不确定性分配、时钟延时分配、多周期路径、剪切路径、最大延时需求、最小延时需求和时间组的分配等内容。

(4) Quartus Ⅱ 分析与综合

向项目工程中输入约束条件后，接着就开始对项目工程进行分析与综合操作，即将设计文件翻译成由基本的逻辑单元构成的网络表，再根据约束条件优化所生成的门级逻辑链接并输出网络表文件，以供其后的布局布线时使用。

1) 设置分析与综合选项参数。Quartus Ⅱ 软件的分析综合工具是 Analysis & Synthesis，在分析阶段中检查项目工程的逻辑完整性、一致性和边界连接、语法错误，它使用多种算法减少了门单元的数量，删除冗余逻辑并尽可能有效利用器件体系结构。分析后，构建设工程数据库并为时序仿真、时序分析、器件编程等建立相关文件。

首先，打开"参数"设置对话框并选中"Analysis & Synthesis Settings"选项，其对话框如图 1-78 所示，其中主要选项功能如下。

➤ Optimization Technique 选项区：设置系统优化选项，Speed 选项是以尽量高的速度进行优化，即达到设计稳定运行时的最高工作频率；Area 选项是将设计综合成面积最小，即占用芯片逻辑资源最小；Balanced 选项是综合考虑速度与面积，在满足时序约束条件和频率要求的情况下，尽量平衡两者关系。

> **说明：** 面积指的是一个设计所消耗的器件逻辑资源数量，速度指设计在芯片上能够稳定运行所达到的最高工作频率，这个频率由设计的时序状况决定并还与设计满足的时钟周期等众多时序特征量密切相关。当面积与速度冲突时，满足时序要求，达到设计要求的工作频率更重要，即速度优先。用户应该根据设计要求和所选的目标器件来选择优化选项。

- Auto Global Options 选项区：设置全局参数，只对 MAX 系列器件有效。其中的 3 个选项分别是 Clock(全局时钟信号)、Output Enable(输出使能信号)、Register Control Signal(寄存器控制信号)。
- "Create debugging nodes for IP cores" 选项：设置 IP cores 的调试节点，方便 SignalTap Ⅱ等逻辑分析器的使用，默认值为不选。
- "Auto DSP Block Replacement/Auto ROM Replacement/Auto RAM Replacement/Shift Register Replacement" 选项：当用户没有在设计文件中实例化这个宏功能模块，编译器也会在编译时使用其对应的宏功能模块。
- "Auto RAM Block Balancing" 选项：设置当用户使用自动 RAM 模块时，允许编译器自动使用不同的存储单元类型。
- "Auto Open-Drain Pins" 选项：将逻辑低电平数据输入缓存转换成漏极开路缓存器。
- "Auto Parallel Expands" 选项：综合器自动扩展乘积项，此项只对嵌入式系统模块配置成乘积项模式时才有效。
- "Auto Shift Register Replacement" 选项：编译器以宏单元替换设计中具有相同长度的循环移位器。
- "Power-Up Don't Care" 选项：将与电平初始状态无关的寄存器设置成对设计最有利的状态。
- "Restructure Multiplexers" 选项：重新设置多路器的结构。
- "PowerPlay power optimization" 选项：设置功率优化选项。
- "HDL Message Level" 选项：设置 HDL 信息级别。

其次，打开"参数设置"对话框并选中"Analysis & Synthesis Settings"选项下的 Synthesis Netlist Optimizations，进入综合网络表优化项设置。主要选项功能如下。

- Perform WYSIWYG Primitive resynthesis：进行 WYSIWYG 基本单元再综合。
- Perform gate-level register retiming：设置逻辑门级寄存器重新定时。
- Allow register retiming to trade off Tsu/Tco with Fmax：允许寄存器重新定时。

最后，设置好分析与综合选项后，选择菜单"Assignments"→"Settings"，在弹出的对话框中单击"Design Assistant"选项，如图 1-91 所示，使用系统的设计助手工具帮助检查设计中潜在的问题。

2) 第三方综合工具。Quartus Ⅱ软件和目前流行的综合工具都有链接接口，其第三方综合工具主要有 Synpligy/Synplify Pro、Mentor Graphics LeonardoSpectrum、Synopsys FPGA Complier Ⅱ等。第三方综合工具一般功能强大，采用很多独特的整体性能优化策略和方法，使它们对设计的综合无论在物理面积还是在工作频率上都能达到较理想的效果，优化效果好。但是此软件自身集成的综合工具因为对其器件的底层设计与内部结构最为了解，所以使用系

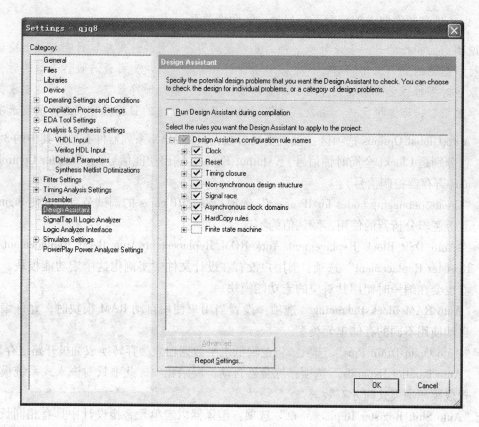

图 1-91　"设计助手"对话框

统集成综合常常有意想不到的效果。

3）执行分析与综合。选择菜单"Processing"→"Start"→"Start Analysis & Synthesis"，在执行分析与综合之后，出现如图 1-92 所示的分析与综合报告页面，可以查看综合报告获得综合信息。图 1-92 下侧显示了分析与综合的错误警告信息，左侧 States 工具栏显示了分析与综合的进度和所用时间，右侧的"Analysis & synthesis Summary"窗口中显示了分析与综合报告。

分析综合报告中的各选项内容如下。

➢ Summary：显示分析与综合状态、软件版本、名称、器件系列、函数、寄存器、引脚、虚拟引脚、存储器比特、组件、PLL 数量等各种概要信息。

➢ Settings：显示用户在分析综合过程中所有读到的源文件。

➢ Source Files Read：显示分析与综合过程中的各种设置。

➢ Resource Usage Summary：显示用到的器件资源情况。

➢ Resource Utilization by Entity：显示设计中各个层次的资源利用情况。

➢ RAM Summary：显示分析与综合过程中用到的 RAM 情况。

➢ Optimization Results：显示了优化结果。

➢ Parameter Settings by entity Instance：显示设计实例的参数设置。

➢ LPM Parameter Settings：显示了 LPM 模块的参数设置情况。

➢ Messages：显示分析与综合过程中的错误警告信息。

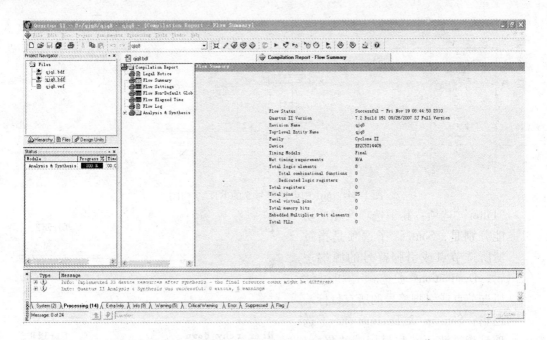

图 1-92　分析与综合报告页面

4）查看分析与综合结果。在可编程逻辑设计过程中，还会用到一些辅助设计工具，比如：分析工具、优化工具、调试工具等。RTL Viewer 是系统提供的用来展现设计寄存器传输级原理图工具，用户可以通过观看分析综合之后和布局布线之前的 RTL 结构，并可根据输入法中的节点联系到设计描述，验证以及优化设计。

打开"RTL Viewer"工具。选择菜单"Tools"→"Netlist Viewers"→"RTL Viewer"，弹出如图 1-93 所示的"RTL Viewer"窗口。双击 RTL 结构图中任意一个电路符号，都可进入如图 1-94 所示的结构图，在空白处双击可返回上一层次，单击鼠标右键会弹出相应的快捷菜单，这些可以帮助用户快速准确地找到设计中的问题。

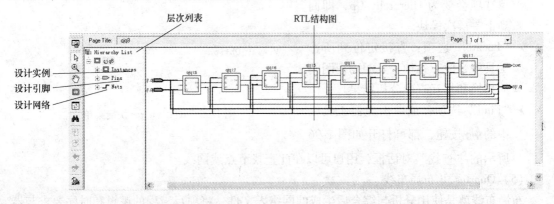

图 1-93　"RTL Viewer"窗口

通过"RTL Viewer"工具功能，可以实现过滤原理图功能。就是让用户在 RTL 结构文件中过滤并只显示出同特定节点或一组节点相关的逻辑点和网线。选中任何一个节点，单击鼠标右键，弹出如图 1-95 所示的快捷菜单，其中主要选项功能如下。

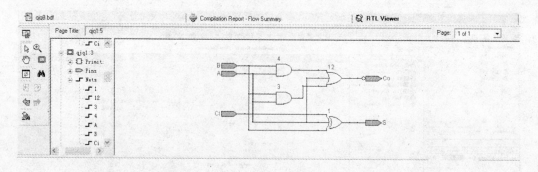

图 1-94　qjq1 中电路符号 5 的 RTL 结构图

➢ "Filter" 选项：其子选项及相应功能分别是，Sources 子选项是指过滤所选节点或引脚符号的源端逻辑；Destinations 子选项是指过滤所选节点或引脚符号的所有目标端逻辑；Sources & Destinations 子选项是指过滤原端和目标端的集合；Selected Nodes & Nets 子选项是指过滤出已选择的节点和网线；Between Selected Nodes 子选项是指过滤后只显示已选择的两个节点间的逻辑。

➢ "Hierarchy Down" 选项：进入所选模块符号的下一层次模块，在下一层次中，再调用此快捷菜单，其菜单选项会变为 Hierarchy Up，即回到上一层次模块。

➢ "Locate" 选项：直接定位到所选工具中，便于各种工具源码视图间的切换和相互查验分析结果。

➢ "Find" 选项：或单击左侧工具栏中的 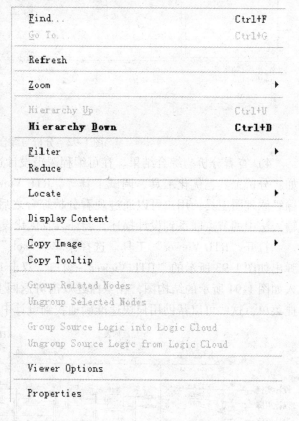 按钮，都可打开如图 1-96

图 1-95　RTL Viewer 快捷菜单

所示的"查找"对话框，用户可以在此查找节点或网线。

（5）Quartus Ⅱ 布局布线

布局布线就是使用分析与综合后生成的网络表文件，将项目工程的逻辑和时序要求与器件的可用资源相匹配。它将每个逻辑功能分配给最好的逻辑单元位置，进行布线和时序匹配，并选择相应的互连路径和引脚分配。

1）设置布局布线参数。在执行布局布线之前，应先输入约束和布局布线器的参数，从而使布局布线结果满足设计要求。选择菜单 "Assignments" → "Settings" → "Fitter Set-

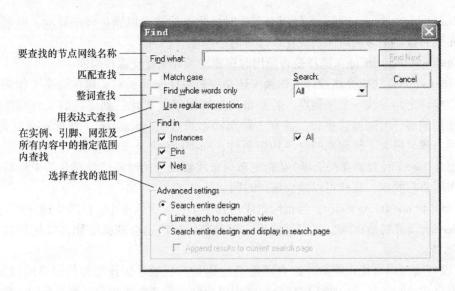

要查找的节点网线名称 ——

匹配查找 ——

整词查找 ——

用表达式查找 ——

在实例、引脚、网张及所有内容中的指定范围内查找 ——

选择查找的范围 ——

图1-96 "查找"对话框

tings"，在弹出的如图1-97所示的"设置布局布线参数"对话框。

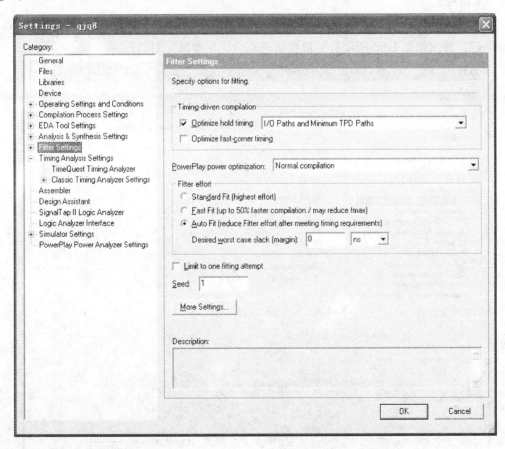

图1-97 "设置布局布线参数"对话框

其主要选项功能如下。

➢ Timing-driven compilation：设置在布线时优化连线选项以满足时序要求，但需要花费布局布线器更多的时间去优化以改善时序性能。

➢ Optimize hold timing：选择是否使用时序驱动编译来优化保持时间。

➢ Fitter effort：选择提高设计工作频率还是缩短编译时间，它实现在提高工作频率和工程编译之间寻找一个平衡点，若要布局布线器尽量优化达到更高的工作频率，则所使用的编译时间就会更长。共有 3 种布局布线选项。Standard Fit(标准布局选项)是尽力满足最大工作频率的时序约束条件；Fast Fit(快速布局选项)是降低布局布线程度；Auto Fit(自动布局选项)是指定布局布线器设计的时序已经满足要求后降低布局布线目标要求，这样可以减少编译时间。

➢ Limit to one fitting tempt：当布局布线达到一个目标后就停止，以减少编译时间。

➢ Seed：设置初始布局，改变其值后，布局布线算法也会随机变化，以优化最大时钟频率。

2）设置物理综合优化参数。综合网络表优化是系统软件编译流程的综合阶段发生的，它根据用户选择的优化目标而优化综合网络表以达到要求速率或减少资源的目的。物理综合优化是在编译流程的布局布线阶段发生的，它通过改变底层布局以优化网络表，主要改善设计的工作频率性能。

选择菜单 "Assignments" → "Settings" → "Fitter Settings" → "Physical Synthesis Optimizations"，弹出如图 1-98 所示的 "设置物理综合优化参数" 对话框。

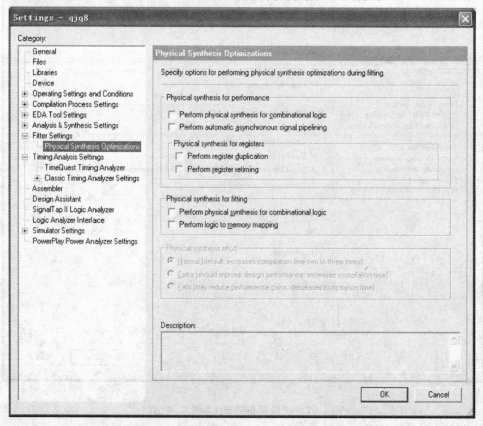

图 1-98 "设置物理综合优化参数" 对话框

其中主要选项功能如下。

> Perform physical synthesis for combinational logic：执行组合逻辑的物理综合，允许系统布局布线器重新综合设计以减少关键路径的延时。
> Perform automatic asynchronous signal pipelining：允许异步控制信事情的自动流水线操作，可以在适配过程中为异步置位信号自动提供传递途径。
> Perform register duplication：执行寄存器复制，允许布局布线器在布局信号的基础上复制寄存器。
> Perform register retiming：执行寄存器定时，允许系统布局布线器在组合逻辑中增加或删除寄存器以平衡时序。

3）执行布局布线。选择菜单"Processing"→"Start"→"Start Fitter"，即单独执行布局布线操作。在系统布局布线过程中，用户可以看到编译进度，若需要中止此操作，则可单击工具栏中的 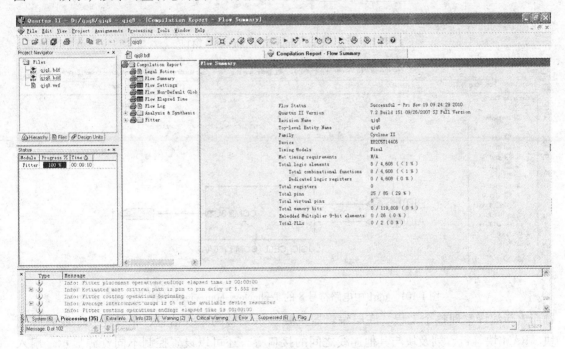 按钮。结束布局布线后，会自动弹出分析综合和布局布线编译报告，如图 1-99 所示，从中可查看芯片资源的占用情况、详细的布局布线信息等具体内容。

图 1-99　布局布线编译报告

4）通过 Technology Map Viewer 查看布局布线结果。Technology Map Viewer 是 Quartus Ⅱ提供的设计的底层或基本级专用技术原理逻辑，显示的是分析综合之后的电路结构。在成功完成分析与综合后，选择菜单"Tools"→"Netlist Viewers"→"Technology Map Viewer"，弹出如图 1-100 所示的"Technology Map Viewer"窗口。双击此图中任意一个电路符号，都可进入如图 1-101 所示的结构图，其反映了最终布线结果，使用户可以直观的了解设计描述与编译结果。

5）使用 Chip Editor 观察布局布线结果。使用 Chip Editor（底层编辑器）可以直接看布局布线后逻辑单元、I/O 或 PLL 单元属性和参数，而不需要修改 RTL 源代码，避免因为小问

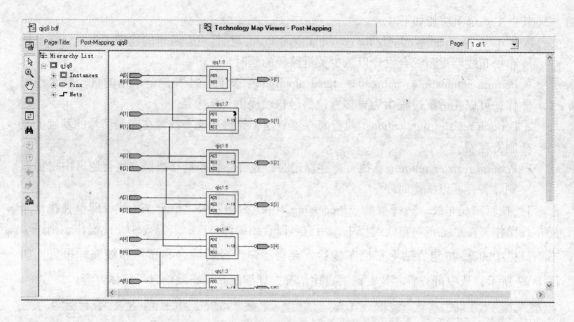

图 1-100　　"Technology Map Viewer" 窗口

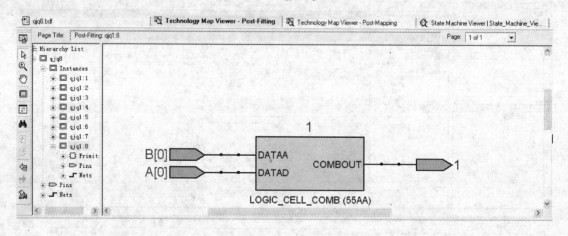

图 1-101　　qjq1 中电路符号 8 的 Technology Map Viewer 结构图

题而重新编译整理整个工程。底层编辑器主要显示完整的布线信息、布线连线、逻辑阵列块、RAM 块、行、列及块与其他连线之间的接口等，还可以设置控制不同资源显示、扇入和扇出、关键路径、信号延时估计和 Fitter 布局的选项等。

　　首先，选择菜单"Tool"→"Chip planner"或单击工具栏的 🔷 图标，会有一个 Loading Progress 的进度条来显示加载速度，等进度完成时会弹出如图 1-102 所示的底层编辑器。它有多层视图，图中显示的是第 1 层视图，在此用户可以在设计中对某节点进行定位。图中的颜色不同，代表的器件资源不同，蓝色表示的是 MRAM、M4K、M512 存储块资源，橙色表示的是 DSP 块资源，浅蓝色表示的是逻辑单元。

　　其次，使用左侧工具栏中的 🔍 图标放大后，窗口中展现出如图 1-103 所示的第 2 层视图，比第 1 层多了布线通道的详细信息和使用情况。继续放大后显示出如图 1-104 所示的第

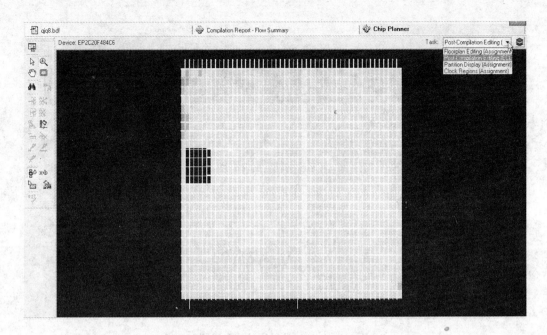

图 1-102　底层编辑器的第 1 层视图

3 层视图，在此更加详细显示出了器件资源间的连接。继续放大后显示出如图 1-105 所示的第 4 层视图，在此提供类似于 Timing Closure Floorplan 的详细信息。继续放大后显示出如图 1-106 所示的第 5 层视图，在此详细的显示底层布局布线信息。

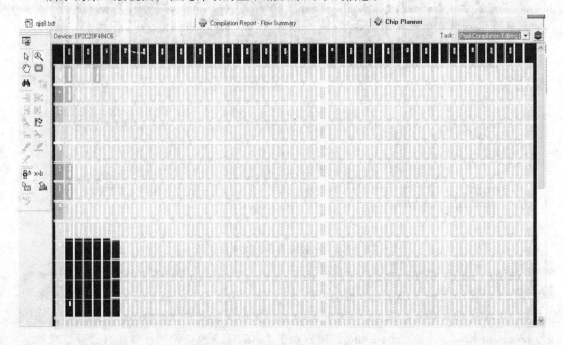

图 1-103　底层编辑器的第 2 层视图

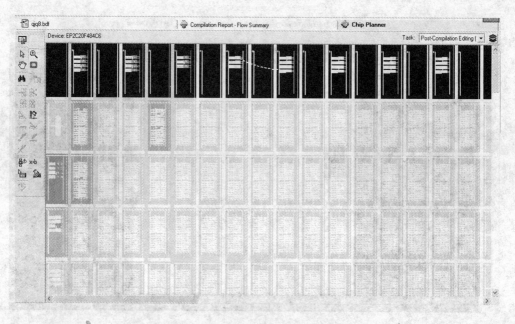

图 1-104   底层编辑器的第 3 层视图

图 1-105   底层编辑器的第 4 层视图

说明：在底层编辑器中还可以利用 Resource Properties Editor(资源特性编辑器)来编辑修改 LE(逻辑单元)、ALM(自适应逻辑模块)、IOE(I/O 单元)和 PLL 等设计模块。单击选中一个布过线的逻辑单元，单击鼠标右键并从弹出的快捷菜单中选择"Locate"选项中的 Locate in Resource Property Editor，弹出如图 1-107 所示的资源特性编辑器，可以对当前选中的逻辑单元进行编辑。

6）使用 Timing Closure Floorplan 观察布局布线结果。Timing Closure Floorplan 是时序收敛平面布局规划器，用于分析设计和优化设计。它可以指定设计中的引脚、内部逻辑、专用

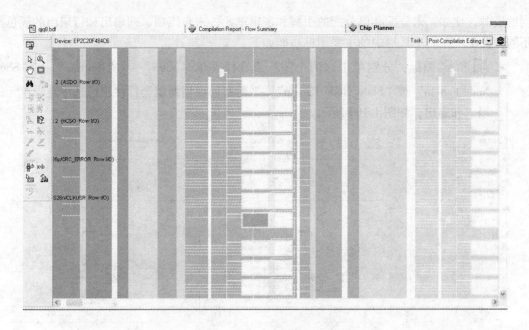

图 1-106　底层编辑器的第 5 层视图

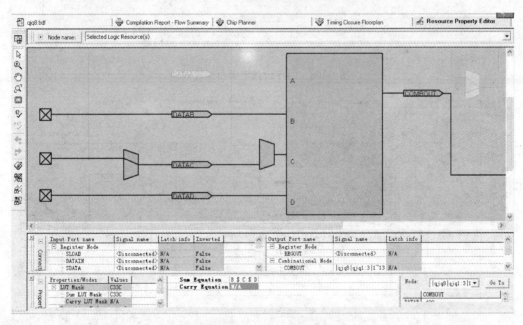

图 1-107　资源特性编辑器

功能块、设计的关键路径和设计模块的包括位置约束在内的约束,从而使用户更合理的规划设计,利用更合适的逻辑布线资源,进而使设计最优化。

选择菜单"Assignments"→"Timing Closure Floorplan",弹出如图 1-108 所示的时序收敛平面布局规划器。在空白处单击鼠标右键,可以从弹出的快捷菜单中选择 5 种不同的视图方式:Interior LABs(内部阵列块视图)、Field View(整体视图)、Interior Cells(内部单元视图)、Package Top(封装顶视图)、Package Bottom(封装底视图)。此图中用不同颜色显示不同的资源，比如：未分配和已分配的引脚和逻辑单元、未布线项、列扇出和行扇出的颜色都不同，此图中左侧工具栏中的主要图标功能如下。

➢ 图 和 图 图标：分别单击这两个图标或选择菜单"View"→"Routing"→"Show Node Fan-In"或"Show Node Fan-In"，平面布局规划器就会标注出已选中逻辑单元的扇入和扇出，如图 1-109 所示。

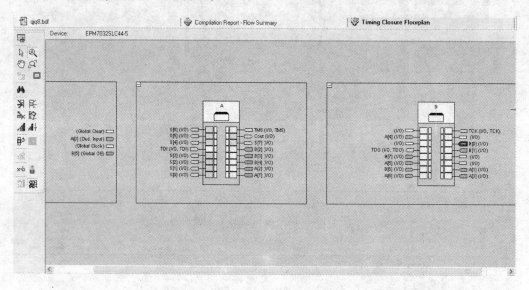

图 1-108   时序收敛平面布局规划器

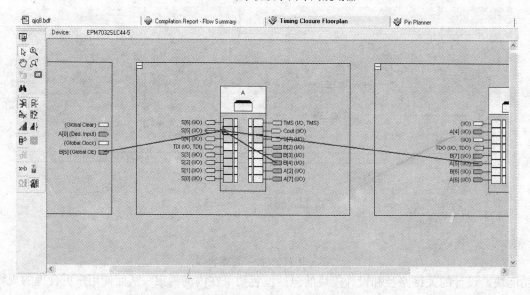

图 1-109   选中逻辑单元的扇入和扇出

➢ 图 图标：单击此图标或选择菜单"View"→"Routing"→"Show Critical Path"，会弹出如图 1-110 所示的"设置关键路径"对话框。每次过滤路径设置改变后，都可以单击"Find Paths"按钮，下面的"Number of path displayed"选项后就会显示更新路径的数目。

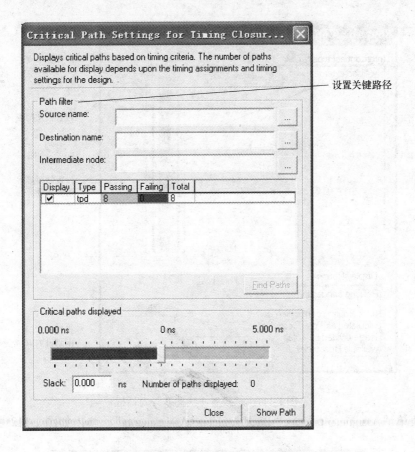

图 1-110　"设置关键路径"对话框

> 图标：单击此图标或选择菜单"View"→"Routing"→"Routing Congestion Settings"，弹出如图 1-111 所示的"设置布线拥塞"对话框，在此可以设置布线拥塞显示。

> 图标：单击此图标或选择菜单"View"→"Routing"→"Show Routing Congestion"，在平面布局规划器视图中会显示布线拥塞情况。颜色越深，代表布线资源利用率越高，如果逻辑资源利用率超过门限值，视图中会显示红色。

> x=b 图标：单击此图标或选择菜单"View"→"Equations"，平面布局规划器下方会出现等式窗口，显示所选资源等式和扇入与扇出节点。

> 图标：单击此图标或选择菜单"View"→"Color Legned Window"，会弹出"颜色说明"对话框，说明当前视图中各种颜色的含义。

> 图标：单击此图标或选择菜单"View"→"Assignments"→"Show Fitter Placements"，平面布局器会显示布局布线情况。

7）分配反向标注。Quartus Ⅱ 软件通过反向标注器件资源保留上次编译的资源分配，它可以在项目工程中反向标注所有资源，也可以反向标注 LogicLock 区域的大小和位置。因为此软件每次编译时都会将原有设置覆盖，所以反向标注对于保留当前资源和器件分配是非常有用的。

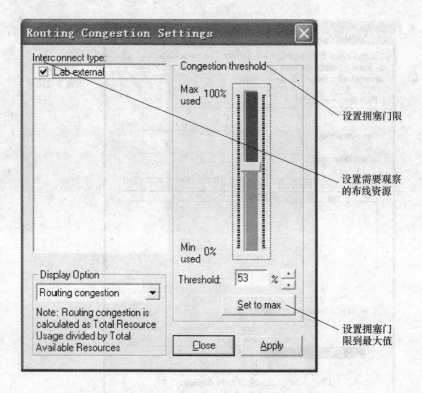

图 1-111　"设置布线拥塞"对话框

选择菜单"Assignments"→"Back-Annotate Assignments"，弹出如图 1-112 所示的"反

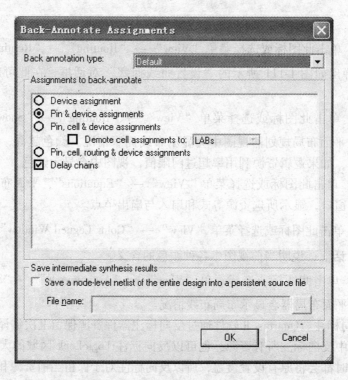

图 1-112　"反向标注分配"对话框

向标注分配"对话框。包括"Default"（默认型）和"Advance"（高级型），默认型是将逻辑单元分配降级为具有较少限制的位置分配；高级型除了包括默认型允许的操作外，还允许反向标注 LogicLock 区域及其中的节点和布线，同时还提供许多用于根据区域、路径、资源类型等进行过滤的选项。

> **注意：** 成功布局布线后，只能说明当前选用的器件资源满足设计需要，但时序是否满足，还需要进行后续地时序分析和后仿真来观察。若时序不满足，需要通过修改代码或修改时序约束来满足时序要求，再重新进行综合和布局布线等过程。

8）查看编译结果报表。在本任务的实施过程中使用的是分步的项目工程的编译操作，也可以使用菜单"Processing"→"Start compilation"或单击工具栏中的 🎏 图标，来一次性的完成当前项目工程的编译操作即全编译，结果如图 1-113 所示。当然，在进行编译操作前要先设置编译流程的相关参数(具体内容在任务学习指导中详细说明)。

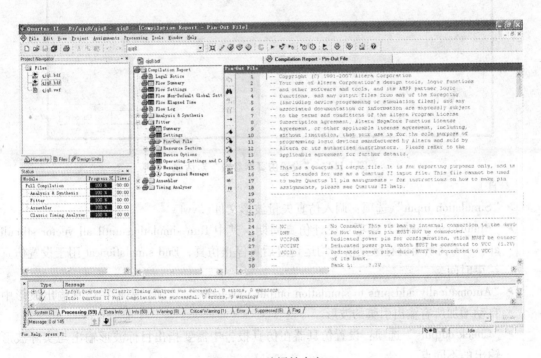

图 1-113　编译结束窗口

（6）Quartus Ⅱ仿真

在可编程逻辑器件设计过程中，仿真操作分为功能仿真和时序仿真。功能仿真又称前仿真(或行为仿真)，是在设计输入后，分析综合和布局布线之前的仿真，其不考虑电路的逻辑和门的时间延时，着重考虑电路在理想环境下的行为和设计构思的一致性。时序仿真又称后仿真，是在分析与综合、布局布线之后，考虑器件延时的情况下对布局布线的网络表文件进行的一种仿真操作。

1）设置仿真器参数。选择菜单"Assignments"→"Settings"→"Simulator Settings"，弹出如图 1-114 所示的"设置仿真器参数"对话框。对话框中主要选项功能如下。

➤ "Simulation mode"选项：选择仿真方式，包括 Timing(时序仿真)和 Function(功能仿

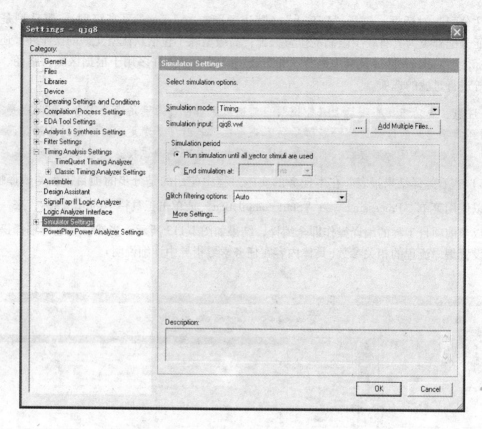

图 1-114 "设置仿真器参数"对话框

真）。

➤ "Simulation input"选项：调入仿真矢量波形文件(.vwf)。

➤ "Simulation period"选项：设计仿真周期，其中 Run simulation until all vector stimuli are used 表示当所有激励信号均运行过后再停止仿真，End simulation at 用于设置仿真结束时间。

➤ "Automatically add pins to simulation output waveforms"选项：表示在仿真输出波形中自动增加所有输出引脚的波形。

➤ "Check outputs"选项：设置仿真器在仿真报告中需要指出目标波形输出与实际波形输出的不同点。

➤ "Setup and hold time violation detection"选项：设置时序仿真时检测波形的建立和保持时间。

➤ "Glitch detection"选项：设置时序仿真时检测的毛刺数量。

➤ "Simulation coverage reporting"选项：报告仿真代码覆盖率。

➤ "Overwrite simulation input file with simulation results"选项：用仿真输出结果文件覆盖输入激励文件。

➤ "Disable setup and hold time violation detection for input registers of bidirectional pins"选项：当双向引脚作为输入使用时，禁止对建立时间和保持时间的违规内容进行检测。

2）创建矢量波形文件。要对设计文件执行仿真操作，还需要使用波形编辑器创建与设计文件相对应的矢量源文件，也叫激励文件。Quartus Ⅱ软件支持的矢量源文件包括矢量波形文件(.vwf)、矢量文件(.vec)、矢量表输出文件(.tbl)，其中矢量波形文件比较常用。

创建矢量波形文件的操作过程参考本任务中的任务实施过程，其中图 1-65 所示的矢量波形文件窗口，其顶部有 3 个时间参数，分别用来测量时间间隔，Master Time Bar 是显示参考光标位置处的时间；Pointer 是显示当前光标所在位置处的时间；Interval 是当前光标与参考光标的时间间隔，即 Ref 与 Interval 的时间差值。主要由工具栏、信号栏和波形栏组成，它们的图标功能如下。

➤ 工具栏。主要用于绘制和编辑信号波形，给输入信号赋值，其中的图标功能如图 1-115 所示。

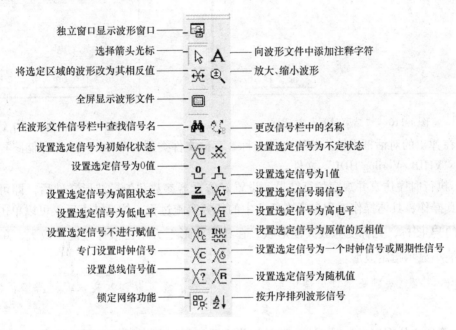

图 1-115　矢量波形文件窗口的工具栏及功能

➤ 信号栏。在此可以浏览、添加和删除波形的输入信号和需要观察的信号。完成仿真后，输出信号自动加载到信号栏中。选取一个信号后，单击鼠标右键，可以执行删除、复制和剪切信号等操作，并且可以将此信号保存在时序逼近平面布局规划器(Locate in Timing Closure Floorplan)、上次编译后的布局布线视图(Locate in last compilation)、底层编辑器(Locate in Chip Editor)和设计文件(Locate in Design File)中。

➤ 波形编辑栏。在此可以显示和编辑信号波形，在需要编辑的信号波形上单击鼠标右键，在弹出的快捷菜单中选择相应选项，可以实现编辑、赋值、重新设置选中信号波形值和仿真起始时间、调整时间标示线，具体选项功能如下。

第一，设置仿真结束时间。单击即选中一个信号，选择菜单"Edit"→"End Time"，在弹出的如图 1-116 所示的"结束时间"对话框中设置仿真结束时间。

第二，设置网络尺寸。单击即选中一个信号，选择菜单"Edit"→"Grid Size"，在弹出的如图 1-117 所示的"网络尺寸"对话框中设置网格格式。

3）将矢量波形文件转换成"VHDL/Verilog HDL"文件。选择菜单"File"→"Ex-

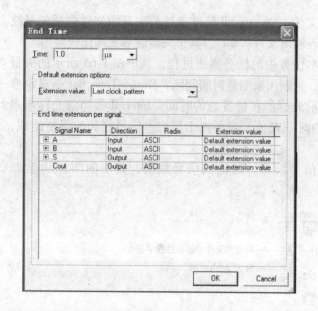

图 1-116　"结束时间"对话框　　　　　　　　图 1-117　"网络尺寸"对话框

port"，在弹出的对话框中输入相应文件名称、存储文件类型（. vht 或 . vt）和存储路径即生成相应的"VHDL/Verilog HDL"文件。

4）执行时序仿真并观察仿真结果。设置好仿真器参数和矢量波形文件后，即可以执行时序仿真操作，具体操作过程参考本任务中的任务实施过程。仿真结束后，可以单击左侧工具栏中的 🔍 图标，光标变为放大镜形状，在相应波形上方单击鼠标左键是放大，单击鼠标右键则缩小显示指定波形。

> **注意：** 仿真激励除了可以调用矢量波形文件外，还可以调入文本编辑器编辑的激励文件。

5）第三方仿真工具。对 Altera 器件的仿真除了可以使用系统集成的仿真工具之外，还可以使用第三方仿真工具进行。目前比较流行的仿真工具有 Active HDL 和 ModelSim 等。

Active HDL 是 Aldec 公司出品的仿真工具，它在仿真技术上采用了多种算法，仿真速度提高很快，可以同时进行 Verlog HDL、VHDL 和 EDIF 网络表的混合仿真。ModelSim 仿真工具支持 Verlog HDL 和 VHDL 设计的仿真，功能强大，调试手段多，使代码排错的效率大幅度提高，尤其适合大型复杂设计的仿真和调试。

> **说明：** 用户使用相应菜单来逐步执行设计的编译与仿真操作，也可以先输入各种约束与操作参数再执行菜单命令"Processing"→"Start Compilation"进行全编译，即一次执行设计的编译与仿真的全部操作，结果如图 1-118 所示。

（7）时序分析

使用 Quartus Ⅱ 软件的时序分析器（Timing Analyzer）分析设计中所有逻辑的时序性能，并使布局布线操作更合理的满足设计中的时序分析要求。主要用于观察和记录时序建立时间、保持时间、时钟至输出延时、最大时钟频率等时序信息和相关时序特性，并生成信息分析、调试和验证设计的时序性能。在项目工程全编译过程中，时序分析器会自动执行并在编

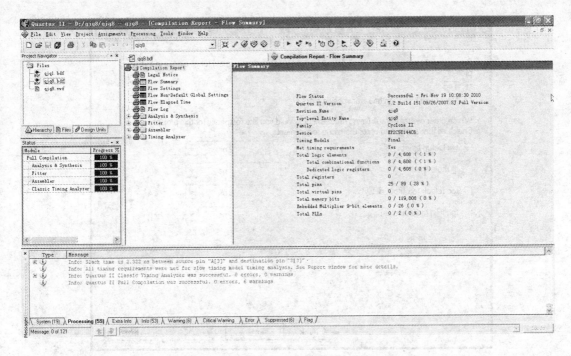

图 1-118　全编译设计文件的结果报告页面

译报告文件中给出时序分析结果。

如果在项目工程中没有指定时序要求，那么可以使用时序分析器的默认设置选项对当前项目工程进行时序分析。使用时序分析选项设置向导工具或选择菜单"Settings"对话框中的"Timing Requirements & Options"选项来设置时序分析要求。

1）使用向导设置时序分析选项。具体操作过程如下所示。

➢ 选择菜单"Assignments"→"Classic Analyzer wizard"，单击"next"按钮，弹出如图1-119所示的对话框。用户可以在此设置项目工程的全局默认时钟或分别指定时钟要求，还可以指定 tsu（时钟的建立时间）、th（时钟的保持时间）、tco（时钟到输出引脚延时时间）、tpd（引脚到引脚的延时时间）等时序要求。

➢ 单击"next"按钮，弹出如图1-120所示的对话框，在此设置全局默认的最大时钟频率。

➢ 单击"next"按钮，弹出如图1-121所示的对话框，在此设置切割路径、报告内容选项、时序驱动编译选项、时序优化方式、保持时间优化方法等选项。

➢ 单击"next"按钮，弹出如图1-122所示的对话框，显示时序分析选项的总结页面，单击"Finish"按钮完成当前操作。

2）使用"Settings"对话框设置时序分析选项。选择菜单"Assignments"→"Settings"，在弹出的对话框的左侧栏目中单击"Timing Analysis Settings"选项下方的"Classic Timing Analyzer Settings"选项，在出现的窗口中设置相应时序分析选项。

3）执行时序分析。选择菜单"Processing"→"Start"→"Start Classic Timing Analyzer"或单击工具栏中的 图标，进行时序分析。时序分析结束后，弹出如图1-123所示的时序分析报告窗口。

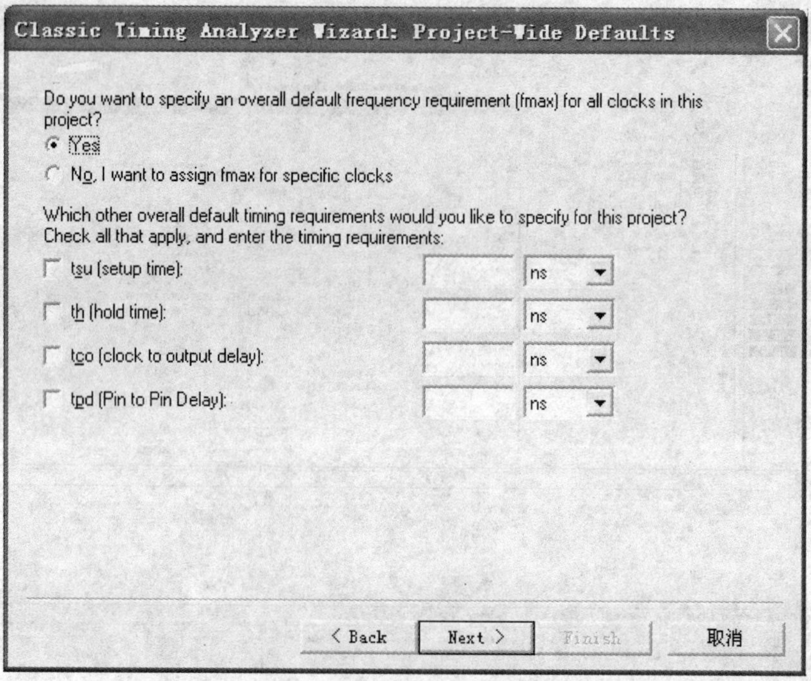

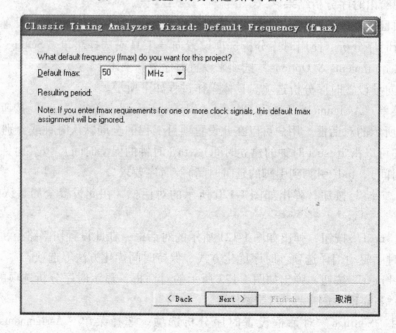

图 1-119　设置时序分析选项向导窗口 1

图 1-120　设置时序分析选项向导窗口 2

　　用户可以查看报告中相应的信息。如果报告中有红字，说明没有达到时序约束要求，用户可以根据情况更改时序约束条件、器件或设计，完成修改后重新进行时序分析，直到达到设计要求为止。用户在重新设置约束条件和修改器件或设计后，都需要重新执行设计的编译过程。

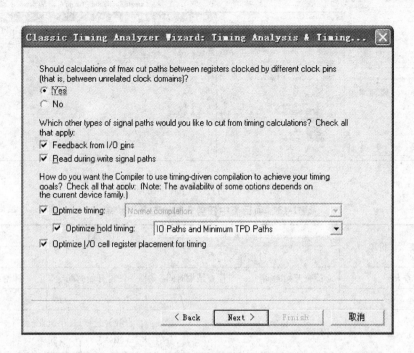

图 1-121　设置时序分析选项向导窗口 3

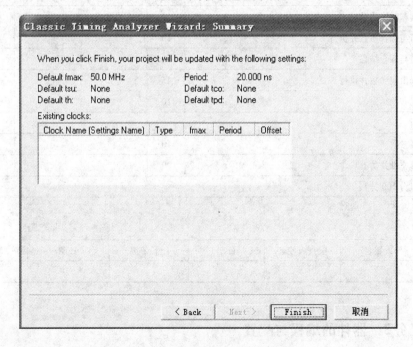

图 1-122　设置时序分析选项向导窗口 4

5. 任务评价

任务 2 的评价是属于项目 1 的过程评价之一，如表 1-13 所示。

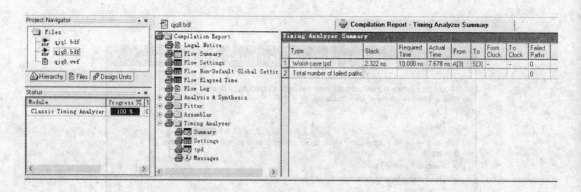

图 1-123 时序分析报告窗口

表 1-13 项目 1 中任务 2 的检查及评价单

任务检查及评价单	任务名称		项目承接人	编 号
	项目编译与仿真			
检查人	检查开始时间	检查结束时间	评价开始时间	评价结束时间

评分内容	标准分值	自我评价（20%）	小组评价（30%）	教师评价（50%）
1. 设置当前设计的目标器件	10			
2. 输入引脚和时序约束	10			
3. 设置分析与综合参数并执行	10			
4. 查看分析与综合结果	10			
5. 设置布局由线参数并执行	15			
6. 查看布局布线结果	10			
7. 时序分析	5			
8. 设置仿真参数	10			
9. 创建波形文件并仿真	20			

10. 总分(满分100分)：

教师评语：

被检查及评价人签名	检查人签名	日期	组长签名	日期	教师签名

1.3.3 任务 3 器件的编程与配置

1. 任务描述

使用 EDA 实验箱和 JTAG 下载模式对项目工程文件 qjq8 中所指定的目标器件(Cyclone Ⅱ系列中的 EP2C8Q208C8)进行编程和配置，建立包含设计所用器件名称和选项的描述文件。

2. 任务目标与分析

通过本任务操作，使用户能够熟悉 FPGA/CPLD 内部结构特点和可编程逻辑器件的设计流程；能使用 Quartus Ⅱ 软件进行目标器件的编程和配置操作，以验证 PLD 功能。

本任务是在当前项目的前两个任务基础上完成的，因此在执行本任务之前，一定要确保在此之前的操作完全正确。

3. 任务实施过程

（1）连接硬件电路

1）将 21 针标准并口下载线的一端连接在计算机的并口上，另一端连接在 Multi-JTAG 多功能并口下载线/仿真器的并行接口上，同时将其下载模式调整为 ByteBlaster Ⅱ 模式。

2）使用 10 芯通用 CPLD/FPGA 下载线的标准口将其一端连接到 EDA 标准接口上，另一端连接到 EDA 实验箱的 Study-SOPC 开发板 JTAG 下载接口上。

3）将 Multi-JTAG 多功能并口下载线/仿真器接通电源，使其与 Study-SOPC 开发板同时上电。

（2）配置目标器件

单击 Quartus Ⅱ 软件的工具栏中的 🐾 图标，弹出 qjq8.cdf 的器件配置窗口，单击此窗口中左上角的 🔧 Hardware Setup... 图标，弹出"添加硬件"对话框，按如图 1-124 所示内容选择已连接好的硬件类型和端口，单击"Close"按钮。此时回到如图 1-125 所示的"硬件设置"对话框，再单击"Close"按钮，完成硬件设置。

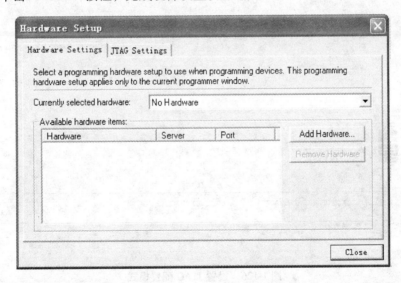

图 1-124　"添加硬件"对话框

（3）选择配置模式

在如图 1-126 所示的窗口中，单击"Mode"下拉框并从中选择 JTAG 配置模式。

（4）添加配置文件并执行器件配置操作

配置文件 qjq8.sof 已自动出现在图 1-126 窗口中，此时单击此窗口中的"Start"按钮，开始进行器件配置操作。Progress 选项框中显示器件配置进度，当其中显示 100% 且 Study-SOPC 开发板上的 Busy 显示灯闪亮时，说明器件配置操作完成，此时窗口如图 1-127 所示。

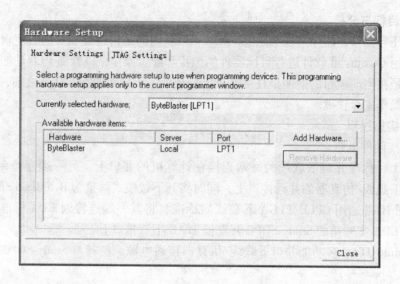

图 1-125　"硬件设置"对话框

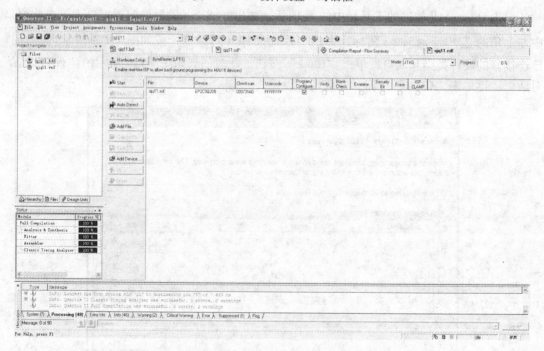

图 1-126　设置 JTAG 配置模式

4. 任务学习指导

项目工程完成布局布线操作之后，就可以进行目标器件的编程和配置操作了。由于 FPGA 和 CPLD 在结构上的区别，一般将对于 FPGA 的设计实现称之为配置（Configuration），对于 CPLD 的设计实现称为编程（Program）。根据内部可编程逻辑单元的制造工艺，CPLD/FPGA 的编程和配置方式主要有以下 3 种。

> 基于 E^2PROM 或 Flash 技术的可编程单元：CPLD 一般使用此技术进行编程，掉电后保持数据不丢失。

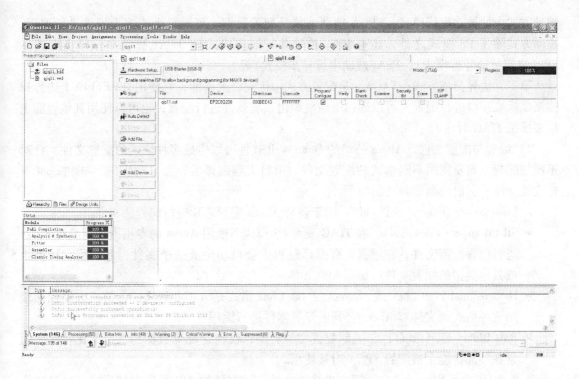

图 1-127　完成器件配置操作窗口

➢ 基于 SRAM 的可编程单元：大多数 FPGA 属于此类器件，由于其自身特性，每次上电后都需要进行配置，但几乎能无限次进行配置。

➢ 基于反熔丝的可编程单元：Actel 公司的 FPGA 经常使用这种结构，属于一次性编程器件。

（1）编程与配置

1）编程与配置方式。由于本任务中使用 FPGA 器件，并根据其在配置电路中的作用，为 FPGA 配置操作通常分为 3 种方式将数据下载到目标器件中。

第一，FPGA 主动方式（Active）。由目标器件 FPGA 来主动输出控制和同步信号给 Altera 专用的一种串行配置芯片（EPC1、EPCS1、EPCS4 等），配置芯片接到命令后，就把配置数据发送到 FPGA 中来完成配置过程。AS（Active Serial Programming）模式是主动由方式中的主动串行模式，FPGA 处于主动地位，由 FPGA 控制配置过程并负责输出控制和同步信号给外部配置芯片，接收配置数据并完成配置。

> **说明：** Altera 配置芯片通常分为 3 种：普通配置器件（EPC1、ECP2、EPC1441），是 Altera 早期的配置器件系列，相对容量较小且主要对 Altera 早期 FPGA 系列器件（FLEX10K、ACEX1K）等提供支持；增强型配置器件（EPC4、EPC8、EPC16），此类配置器件可以对大容量 FPGA 提供支持，可以通过 JTAG 接口进行在系统编程；串行配置器件（EPCS1、EPCS4、EPCS16、EPCS64），是专门为 Stratix、Stratix Ⅱ、Cyclone Ⅱ 器件设计的单片、低成本的配置芯片，可以通过下载电缆且使用主动方式进行重复编程。

第二，FPGA 被动方式（Passive）。由系统中其他设备发起并控制配置过程，FPGA 在配置中完全处于被动地位，只是输出一些状态信号来配合配置过程。PS（Passive Serial）模式是被动方式中的被动串行模式，FPGA 被动地接受配置数据，可对单个或多个器件进行编程。被动方式除了 PS 模式之外，还有 PPS（被动并行同步模式）、PPA（被动并行异步模式）、FPP（快速被动并行模式）、PSA（被动串行异步模式）等。

第三，边界扫描方式（JTAG）。是配置方式中优先级最高的，它使用 IEEE1149.1 边界扫描测试标准接口进行配置。可以通过下载电缆由系统软件进行配置，也可以使用其他智能主机来模拟 JTAG 时序。

2）编程与配置文件。Altera 公司的 Quartus Ⅱ 软件可以生成多种格式的配置文件，针对不同的配置方式要使用不同格式的配置文件。项目工程编译后，会自动生成 .sof 和 .pof 等格式的文件，它们的类型和功能如下。

➤ Programmer Object File（.pof）：用于各种 Altera 配置芯片进行编程的文件。

➤ SRAM Object File（.sof）：在 JTAG 或者 PS 模式下使用 Altera 的专用下载电缆对 FPGA 进行配置所需文件，在项目工程编译过程中会自动生成这个文件，并利用它转换生成其他类型的配置文件（.hex、.rbf、.ttf）。

➤ Hexadecimal File（.hex 或 .hexout）：Intel hex 格式是 ASCⅡ 码文件，第三方编程器使用这种格式的文件对 Altera 公司的配置器件进行编程。

➤ Raw Binary File（.rbf）：二进制配置文件类型，仅包含配置数据的二进制比特流，通常在外部智能主机配置 FPGA 时被使用。

➤ Tabular Text File（.ttf）：列表文本文件，是 .rbf 文件的 ASCⅡ 码存储形式，并且各个字节之间用逗号进行了分隔。如果系统中有其他程序，可以将此文件作为系统程序源代码的一部分，和其他程序一起编译。

➤ Raw Programming Data File（.rpd）：是 Cyclone 器件的二进制配置文件，用于在 AS 模式下对专用的串行配置芯片进行编程。

➤ Serial Bistream File（.sbf）：是用 BitBlasterce 通过 PS 方式配置 FLEX10K 和 FLEX6000 系列器件的文件。

➤ Jam File（.jam）：是使用 Jam 器件编程语言描述的 ASCⅡ 码文件。

➤ Jam Byte-Code File（.jbc）：与 .jam 文件内容一致的二进制文件。

3）设置编程与配置的相关选项。具体功能与操作过程如下。

首先，设置通用选项。在当前项目工程文件中，选择菜单"Assignments"→"Device"，单击"设置参数"对话框中左侧的 Category 选项栏中的"Device and Pin Options"选项，再单击右侧窗口中的"Device & Pin Option"按钮，弹出"器件和引脚属性"对话框。单击其中的 General 选项卡，如图 1-128 所示，其中主要选项功能如下。

➤ "Auto-restart configuration after error"选项：设置配置过程中出现错误时，是否自动重新启动。

➤ "Release clears before tri-states"选项：控制初始化时释放三态和清除寄存器的顺序。

➤ "Enable user-supplied start-up clock（CLKUSR）"选项：选择初始化时是否使用用户时钟，默认为使用 DCLK。

➤ "Enable INIT_DONE output"选项：选择是否输出初始化完成信号 INIT_DONE。

其次，设置配置方式选项。单击图 1-128 中的 Configuration 选项卡，在此选择配置方式、配置模式、使用的配置器件、是否使用压缩比特流等选项设置，如图 1-129 所示。

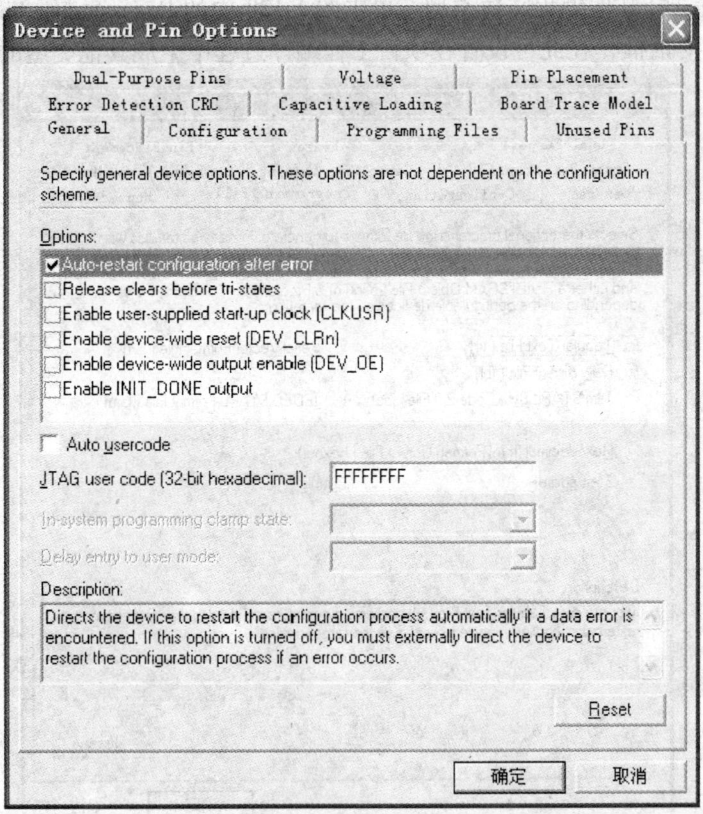

图 1-128　"器件和引脚属性"对话框中的通用选项设置

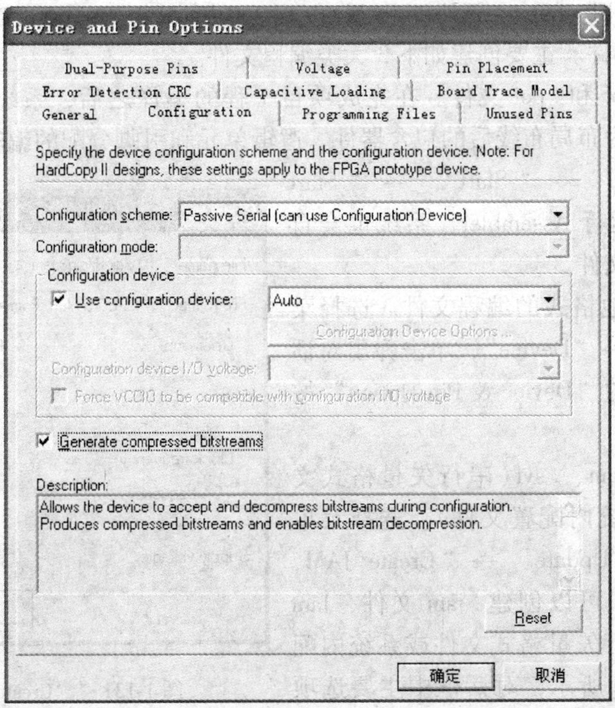

图 1-129　"器件和引脚属性"对话框中的配置方式选项设置

最后，设置选择其他编程文件类型。单击图 1-128 中的 Programming Files 选项卡弹出如图 1-130 所示的对话框，在此可设置在项目工程编译过程中生成其他类型的配置文件。

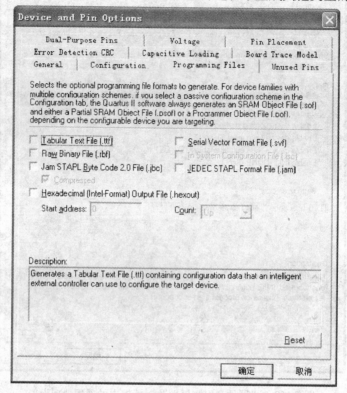

图 1-130 "器件和引脚属性" 对话框中的配置文件选项设置

4）创建编程文件。主要创建如下 3 大类编程文件。

第一，创建 .sof 和 .pof 文件。在完成项目工程的编译之后，系统会自动生成 .sof 和 .pof 文件，将其作为布局布线后的包含器件、逻辑单元和引脚分配的编辑文件。或者，选择菜单 "Processing" → "Start" → "Start Assembler"，单独运行 Assembler，系统也会自动生成这两个编程文件。

第二，创建其他格式的编程文件。选择菜单 "Assignments" → "Device"，单击弹出对话框中的右侧窗口中的 "Device & Pin Option" 按钮来设置。

第三，创建 .jam、.svf（串行矢量格式文件）、.isf 文件（系统内配置文件）。选择菜单 "File" → "Create/Update" → "Create JAM, SVF, or ISC File"，可以创建 .jam 文件、Jam 字节代码文件、串行矢量格式文件或系统内配置文件，如图 1-131 所示，对话框中主要选项功能如下。

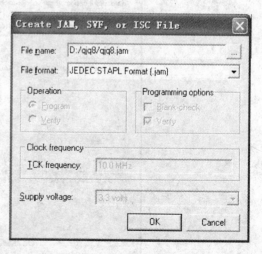

图 1-131 "Create JAM, SVF, or ISC File" 对话框

94

➤ "File name"选项：目标文件名和存储路径。

➤ "File format"选项：选择需要创建的文件类型，包括 .jam 文件、Jam 文件等；Operation 选项，用于选择是编程操作还是验证操作。

➤ "Programming options"选项：用于选择是否检查器件为空和是否对编程进行验证。

➤ "Clock frequency"选项；用于设置器件的时钟频率；"Supply voltage"选项，用于配置工作电压。

5）将 SOF 和 POF 文件的组合及转换。选择菜单"File"→"Convert Programming Files"，弹出如图 1-132 所示的"配置文件类型转换"窗口，可以实现将".sof"和".pof"文件组合并转换为其他类型的配置文件格式。其中主要选项功能如下。

➤ "Output programming file type"选项：用于设置输出编程文件格式包括源编程数据文件、HEXOUT 文件、SRAM 和 POF 文件、用于远程更新的二进制文件和表格文件。

➤ "Configuration device"选项：用于设置 EPROM 器件系列；Mode 用于设置器件配置模式。

➤ "Input files to convert"选项：用于添加要转换的输入文件。

➤ "Options"选项：设置 JTAG 用户和配置时钟频率等。

➤ "Save Conversion Setup"选项：用于将对话框中指定的设置保存成转换设置文件。

➤ "Open Conversion Setup Data"选项：用于打开保存的转换设置文件。

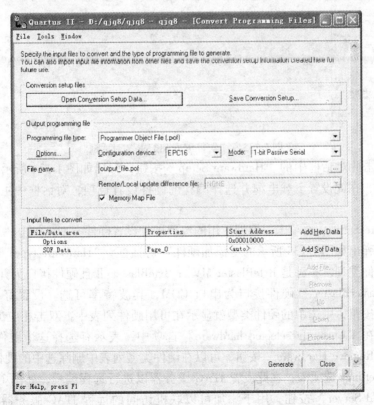

图 1-132　"配置文件类型转换"窗口

（2）配置器件

1）配置电缆。首先，连接好 EDA 实验箱和下载电缆，确保 FPGA 已经上电。只有用户根据实际情况，配置好适合的电缆之后，才可以对器件进行编程和配置操作。配置电缆用于连接运行 Quartus Ⅱ 的 PC 与目标器件，将配置指令与数据传送到 FPGA 中。Altera 提供的配置电缆主要有以下几种。

➢ ByteBlaster：Altera 较早的配置电缆类型，使用并行口对器件进行配置。

➢ ByteBlaster MV：提供混合电压支持，其余与 ByteBlaster 相同。

➢ ByteBlaster Ⅱ：Altera 新型的配置电缆类型，使用并行口对器件进行配置。

➢ MasterBlaster：使用 RS232 串行口对器件进行配置。

➢ USB-Blaster：使用 USB 接口的配置电缆。

➢ EthernetBlaster：使用 RJ45 网络接口的配置电缆。

其次，选择菜单 "Tools" → "Programmer"，弹出如图 1-133 所示的 "器件编程和配置" 对话框，在此设置器件编程和配置选项。

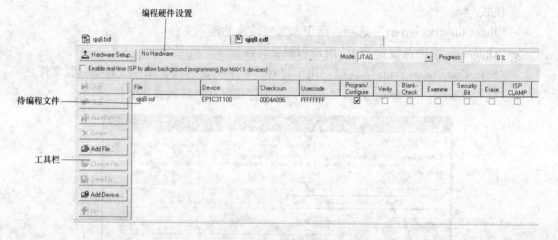

图 1-133 "器件编程和配置" 对话框

最后，单击此对话框中的 "Hardware Setup" 按钮，弹出如图 1-134 所示的 "设置编程硬件" 对话框，在此设置下载电缆并选择编程的硬件设置选项，对话框中主要选项卡及其功能如下。

➢ Hardware Settings 选项卡：根据使用的编程硬件设置硬件类型，单击 "Add Hardware" 按钮，弹出如图 1-135 所示的 "添加硬件" 对话框，"Hardware type" 选项用于设置编程硬件类型，一种是 ByteBlaster MV or ByteBlaster Ⅱ 且硬件接口为并口 LPT，另一种是 MasterBlaster 且硬件接口为串口 COM，其波特率可选。设置好硬件后，单击 "OK" 按钮，则选中的硬件类型就显示在可用硬件列表中，双击相应的硬件类型后，其显示在 "Currently selected hardware" 选项中，表示有选择这个硬件类型来编程。单击 "Remove Hardware" 按钮，可以在硬件类型列表中删除选中的硬件类型。

➢ JTAG Settings 选项卡：在此设置 JTAG 服务器以进行远程编程，如图 1-136 所示。单击 "Add Server" 按钮，用于添加可以联机访问的远程 JTAG 服务器；单击 "Configure Local JTAG Server" 按钮，用于选择允许远程客户端连接；单击 "Remove Server" 按钮，可以在 JTAG 服务器列表中删除选中的服务器。

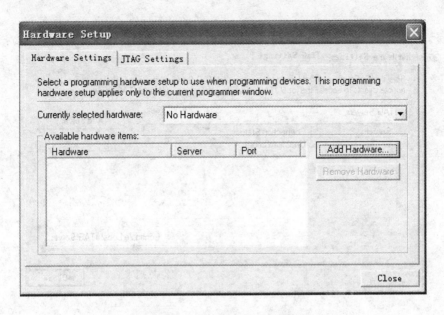

图 1-134　"设置编程硬件"对话框

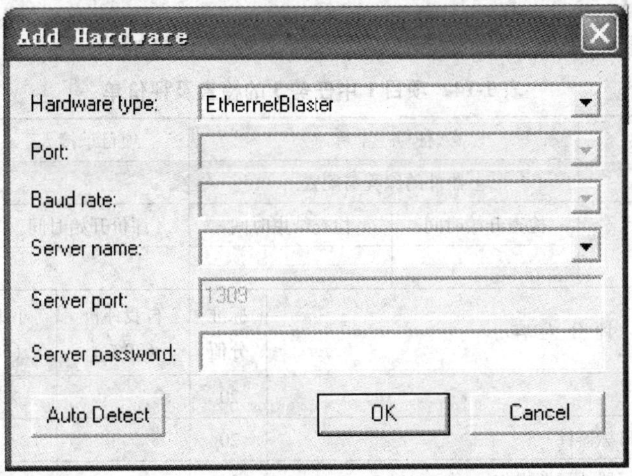

图 1-135　"添加硬件"对话框

2）执行配置操作。首先，单击图 1-133"器件编程和配置"对话框中"Mode"选项右侧的下拉箭头，从弹出的选项中选择一种合适的配置方式，包括 JTAG 模式、In-Socket Programming(Altera 编程单元的专用配置)模式、Passive Serial(被动串行模式)、Active Serial Programming(主动串行模式)。

其次，单击图 1-133"器件编程和配置"对话框中的"Add File"按钮，以添加需要的编程文件。

最后，单击图 1-133"器件编程和配置"对话框中的"Start"按钮开始执行配置操作，在 Process 进度条中显示编程的进度，中途可以停止编译。当弹出"配置完成"对话框时，单击"OK"按钮即完成器件配置，在 Quartus Ⅱ信息栏中显示器件加载的 JTAG USER CODE 检测信息及成功编程和配置信息。

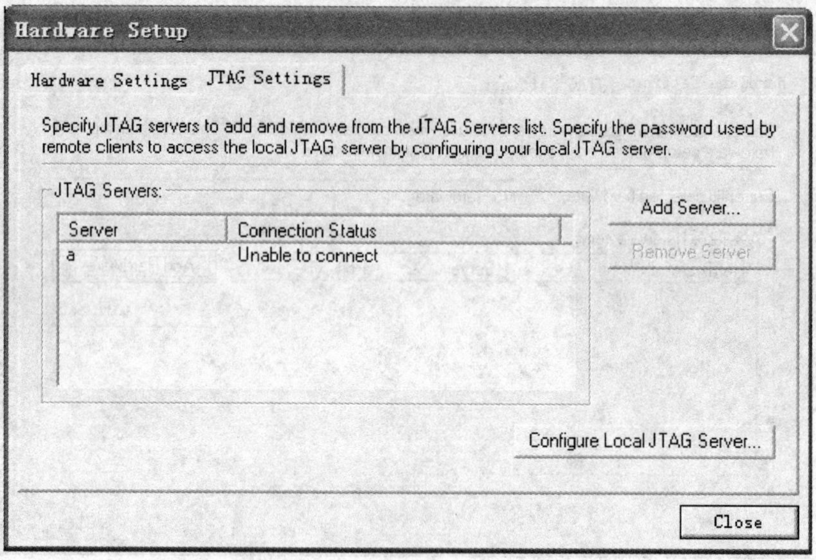

图 1-136 "JTAG 编程"对话框

5. 任务评价

任务 3 的评价是属于项目 1 的过程评价之一，如表 1-14 所示。

表 1-14 项目 1 中任务 3 的检查及评价单

任务检查及评价单	任 务 名 称		项目承接人	编 号
	器件的编程与配置			
检查人	检查开始时间	检查结束时间	评价开始时间	评价结束时间

评 分 内 容	标准分值	自我评价（20%）	小组评价（30%）	教师评价（50%）
1. 连接硬件电路	20			
2. 选择配置方式配置目标器件	20			
3. 添加配置文件并执行器件配置操作	30			
4. 使用 EDA 实验箱验证配置当前项目工程	30			
5. 总分（满分 100 分）				

教师评语

被检查及评价人签名	检查人签名	日期	组长签名	日期	教师签名

1.4 项目评价

项目评价由过程评价和结果评价两大部分组成，表 1-15 是属于项目 1 的结果评价。

表 1-15　项目 1 的检查及评价单

项目检查及评价单	任务 名 称		项目承接人	编　　号
	八位全加器设计			
检查人	检查开始时间	检查结束时间	评价开始时间	评价结束时间

评 分 内 容	标准分值	自我评价（20%）	小组评价（30%）	教师评价（50%）
1. 创建项目工程并指定目标器件	5			
2. 使用原理图设计输入方法和混合设计输入方法设计可编程逻辑器件功能	20			
3. 使用可参数化宏功能模块设计文件并了解 IP 核	10			
4. 设置时序约束条件、分析综合与布局布线参数并执行编译操作	20			
5. 设置仿真参数并执行仿真操作	20			
6. 器件编程与配置	15			
7. 连接硬件电路并使用 EDA 实验箱配置当前项目工程	10			
8. 总分（满分100 分）				

教师评语

被检查及评价人签名	检查人签名	日期	组长签名	日期	教师签名

1.5　项目练习

1.5.1　填空题

1. 集成度是集成电路一项重要的指标，可编程逻辑器件按集成密度可分为_____和_____两类。

2. 可编程逻辑器件的编程方式可分为_____和_____两类。

3. 基于 EPROM、E^2PROM 和快闪存储器件的可编程器件，在系统断电后编程信息_____、基于 SRAM 结构的可编程器件，在系统断电后编程信息_____。

4. CPLD 器件中至少包括_____、_____、_____ 3 种结构。

5. FPGA 的 3 种可编程电路分别是_____、_____、_____。

6. 根据逻辑功能块的大小不同，可将 FPGA 分为_____和_____两类；据 FPGA 内部连线结构的不同，可将 FPGA 分为_____和_____两类；据 FPGA 采用的开关元件不同，可将 FPGA 分为_____和_____两类。

7. 目前常见的可编程逻辑器件的编程和配置工艺包括基于_____、基于_____和基于_____3种编程工艺。

8. Quartus II支持多种设计输入方法，包括_____、_____和_____。

9. Quartus II的设计文件编辑完成后，一定要通过_____操作，检查设计文件是否正确，并生成后续操作的相应文件。

10. Quartus II的仿真操作分为_____和_____，它们的区别是_____。

1.5.2 单项选择题

1. 在下列可编程逻辑器件中，不属于高密度可编程逻辑器件的是(   )。

A. EPLD   B. CPLD   C. FPGA   D. PAL

2. 在下列可编程逻辑器件中，属于易失性器件的是(   )。

A. EPLD   B. CPLD   C. FPGA   D. PAL

3. 在自顶向下的设计过程中，描述器件总功能的模块一般称为(   )。

A. 底层设计   B. 顶层设计   C. 完整设计   D. 全面设计

4. 边界扫描测试技术主要解决(   )的测试问题。

A. 印制电路板 B. 数字系统   C. 芯片   D. 微处理器

5. Quartus II项目工程中的设计文件不能直接保存在_____内。

A. 硬盘   B. 文件夹   C. 根目录   D. 项目目录

6. Quartus II项目工程中的电路符号文件的扩展名是_____。

A. .vwf   B. .bdf   C. .bsf   D. .vhd

1.5.3 简答题

1. CPLD 和 FPGA 有什么差异？在实际应用中各有什么特点？
2. 使用设计可编程逻辑器件的操作流程是什么？
3. Quartus II元件库由哪几部分构成？
4. 电路的功能仿真与时序仿真的区别是什么？

1.5.4 操作题

1. 使用 Mega Wizard Plug-In Mange 来定制一个八位加法器的宏功能模块。
2. 用原理图输入法设计一个二位十进制计数器电路，并进行编译、仿真与编程配置。

项目 2　3-8 译码器设计

本项目以任务驱动方式，通过基于 Quartus Ⅱ 软件的 VHDL 语言进行 3-8 译码器项目的源程序设计、电路仿真和程序下载，对本项目两个任务涉及的 VHDL 语言概述、VHDL 语言程序结构、VHDL 语言要素、VHDL 语言基本语句等相关理论知识和软件设计技能加以介绍。通过本项目的学习，用户能够掌握 VHDL 语言相关理论知识应用和实践技能操作，可以根据实际设计要求，使用 Quratus Ⅱ 软件的 VHDL 语言设计方法进行简单电路设计与下载，培养用户进行 VHDL 软件设计的实际操作技能与相关职业能力。

2.1　项目描述

2.1.1　项目要求

要求使用 Quartus Ⅱ 软件的 VHDL 语言设计方法进行 3-8 译码器设计：输入、保存和编译 VHDL 语言源文件 decoder3to8，电路仿真并分析波形，下载程序到目标芯片。

2.1.2　项目能力目标

1）能够使用 VHDL 语言进行简单电路系统设计。
2）能够使用 Quartus Ⅱ 软件 VHDL 语言设计方法进行创建 VHDL 项目、编辑（输入）和保存源文件。
3）能够在 VHDL 程序中进行修改错误和编译源程序。
4）能够对 VHDL 程序进行电路仿真。
5）能够对 VHDL 程序进行下载。

2.2　项目分析

2.2.1　3-8 译码器电路工作原理分析

译码是编码的逆过程，将二进制代码还原为它原来所代表字符的过程称为译码，实现译码的电路称为译码器。译码器是一个多输入多输出电路，常见的译码器有二进制译码器、二-十进制译码器和数字显示七段译码器。

二进制译码器有 n 个输入端，2^n 个输出端，最常用的 MSI 二进制译码器有 2-4 译码器、3-8 译码器和 4-16 译码器，本项目以 3-8 译码器 74LS138 为载体进行 VHDL 程序设计。其逻辑符号如图 2-1 所示，功能表如表 2-1 所示。

图 2-1 中 g1、$\overline{g2a}$ 和 $\overline{g2b}$ 为使能输入端，a、b 和 c 为地址输入端，当 g1、$\overline{g2a}$ 和 $\overline{g2b}$ 分别为 1、0 和 0 时（使能输入端此时有效，其余情况无效），译码器才能正常译码，输出端根据表 2-1 中地址输入端 a、b 和 c 值进行相应值输出，即有关输出端输出为低电平，无关输出端输出为高电平；当使能输入端无效时（表 2-1 中前 3 行），译码器的地址输出端输出全为高电平，即地址输出端为全部无关位。通过功能表可以看出该译码器有 3 个输入，8 个输出，故称为 3-8 译码器。

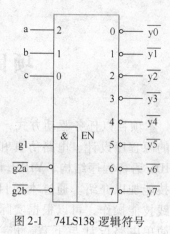

图 2-1　74LS138 逻辑符号

表 2-1　74LS138 功能表

输入						输出							
g1	$\overline{g2a}$	$\overline{g2b}$	a	b	c	$\overline{y0}$	$\overline{y1}$	y2	$\overline{y3}$	y4	$\overline{y5}$	$\overline{y6}$	$\overline{y7}$
X	1	X	X	X	X	1	1	1	1	1	1	1	1
X	X	1	X	X	X	1	1	1	1	1	1	1	1
0	X	X	X	X	X	1	1	1	1	1	1	1	1
1	0	0	0	0	0	0	1	1	1	1	1	1	1
1	0	0	0	0	1	1	0	1	1	1	1	1	1
1	0	0	0	1	0	1	1	0	1	1	1	1	1
1	0	0	0	1	1	1	1	1	1	1	1	1	1
1	0	0	1	0	0	1	1	1	1	0	1	1	1
1	0	0	1	0	1	1	1	1	1	1	0	1	1
1	0	0	1	1	0	1	1	1	1	1	1	0	1
1	0	0	1	1	1	1	1	1	1	1	1	1	0

2.2.2　项目实施分析

根据项目要求，将此项目分为两个任务实施：任务 1 为 VHDL 程序输入与编译，实现 3-8 译码器设计项目的 VHDL 语言源文件 decoder3to8. vhd 编辑、保存和编译；任务 2 为电路仿真及编程设置，实现仿真波形显示，并将编译后程序下载到芯片里。任务 1 和任务 2 依次执行，就构成了基于 VHDL 语言的 3-8 译码器设计与下载的完整操作流程。

2.3　项目实施

2.3.1　任务 1 VHDL 语言程序输入与编译

1. 任务描述

使用 Quartus Ⅱ 软件创建 VHDL 项目工程 decoder3to8 和源程序文件 decoder3to8. vhd；用

VHDL 设计输入方法按照表 2-1 所示功能来编辑 3-8 译码器源程序，编程涉及 VHDL 相关理论知识，全部程序编辑后进行修改和编译。

2. 任务目标与分析

通过任务 1 操作，使用户熟悉 VHDL 发展和特点，掌握 VHDL 基本结构和语言要素，熟练应用 VHDL 基本语句，能够使用 Quartus Ⅱ 软件的 VHDL 语言设计方法创建项目工程，正确编辑、保存和编译 VHDL 源文件。

VHDL 是对逻辑电路进行描述的高级语言，用文字表达所要设计的电路，能够比较直观表达用户的设计思想。用户在项目 1 的基础上能相对容易使用 Quartus Ⅱ 软件的 VHDL 设计方法，任务 1 重点是源文件的编辑，需要用户在编辑前熟练掌握 VHDL 语言理论知识，然后根据 3-8 译码器功能表进行编辑、修改和编译源文件。

3. 任务实施过程

（1）创建项目工程 decoder3to8、建立 VHDL 文件 decoder3to8. vhd

启动 Quartus Ⅱ 软件，建立一个新工程 decoder3to8，在该工程下，选择菜单"File"→"New"，出现如图 2-2 所示窗口，选择"VHDL File"选项，单击"OK"按钮进入到 VHDL 编辑器中，VHDL 编辑器如图 2-3 所示（与项目 1 重复步骤省略）。

（2）输入源程序并保存

在图 2-3 所示的窗口输入 VHDL 语言的源程序，如图 2-4 所示，程序输入完毕后，选择菜单"File"→"Save As"，以设计文件名"decoder3to8. vhd"保存在工程文件夹 decoder3to8 里。

图 2-2 选择 VHDL 输入方式

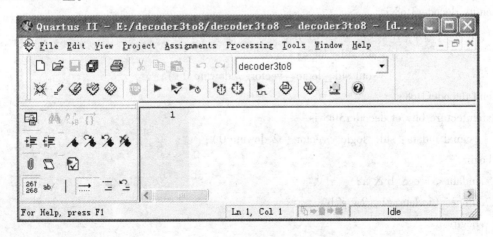

图 2-3 VHDL 编辑器窗口

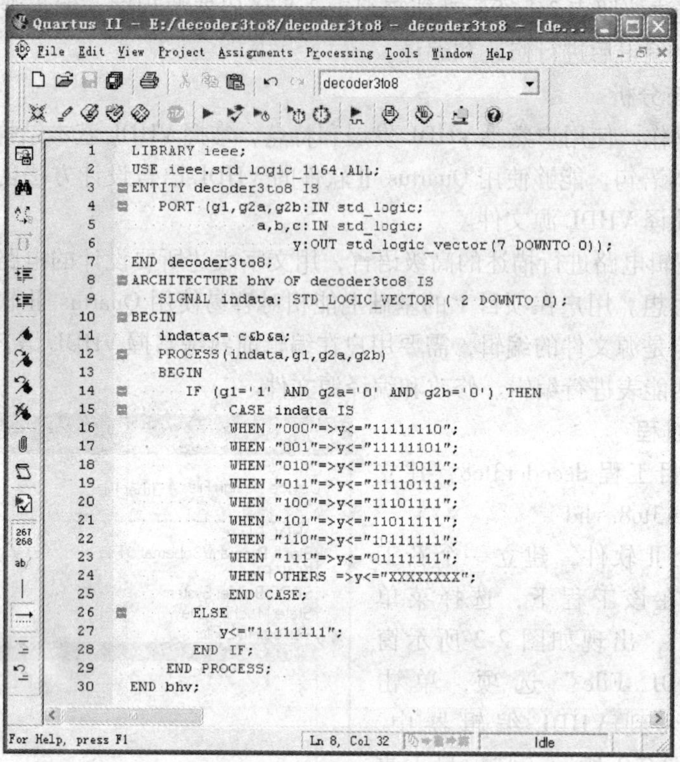

图 2-4　VHDL 编辑器中的源程序

注意： 源文件的扩展名为 .vhd，并且源程序的文件名应与设计实体名一致，否则编译无法通过。

3-8 译码器(decoder3to8. vhd)的源程序为：

library ieee;

use ieee. std _ logic _ 1164. all;

entity decoder3to8 is

  port（g1,g2a,g2b:in std _ logic;

    a,b,c:in std _ logic;

      y:out std _ logic _ vector(7 downto 0)）;

end decoder3to8;

architecture bhv of decoder3to8 is

 signal indata：std _ logic _ vector（2 downto 0）;

begin

 indata < = c & b & a;

 process(indata,g1,g2a,g2b)

 begin

   if(g1 ='1 ' and g2a ='0 ' and g2b ='0 ') then

    case indata is

```
            when "000" = > y < = "11111110";
            when "001" = > y < = "11111101";
            when "010" = > y < = "11111011";
            when "011" = > y < = "11110111";
            when "100" = > y < = "11101111";
            when "101" = > y < = "11011111";
            when "110" = > y < = "10111111";
            when "111" = > y < = "01111111";
            when others  = > y < = "xxxxxxxx";
            end case ;
        else
            y < = "11111111";
        end if;
      end process;
  end bhv;
```

（3）源程序编译

源文件编辑完成后，选择菜单"Processing"→"Start Compilation"，或单击 ►按钮，开始编译，编译过程窗口如图 2-5 所示。如果源文件书写出现错误，在软件的下方将以红色显示错误的地方和错误原因，如图 2-6 所示，用户需将错误改正才能编译成功。

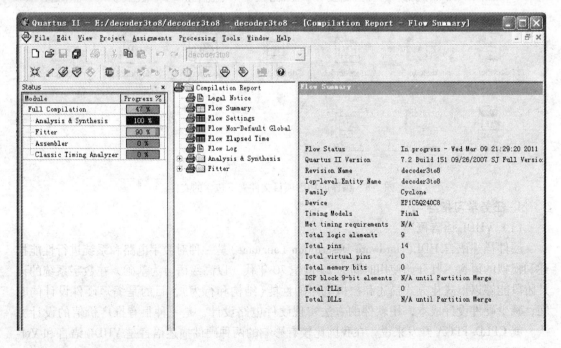

图 2-5　源文件编译过程中显示窗口

如果源文件没有书写错误，窗口显示"Full Compilation was successful"对话框，如图 2-7

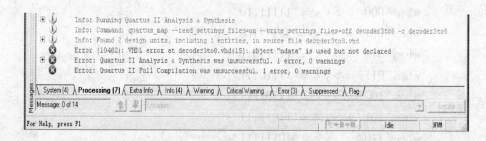

图 2-6　编译错误显示窗口

所示，单击"确定"按钮，编译结束。在项目文件夹 decoder3to8 下包含的内容如图 2-8 所示。

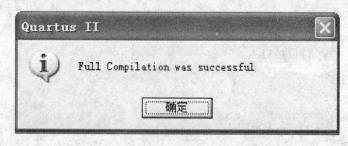

图 2-7　源文件编译成功对话框

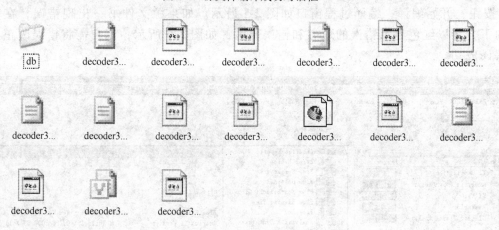

图 2-8　编译成功后项目文件夹下包含的文件

4. 任务学习指导

（1）VHDL 语言概述

硬件描述语言 HDL（Hardware Description Language）是一种对数字电路和系统进行性能描述和模拟的语言。其开始使用时间为 20 世纪 70 年代，以高级语言为基础，在数字系统的设计阶段能够以形式化方式描述和模拟电路的性能（结构和行为），目的是缩短硬件设计的时间，减少硬件设计成本，用软件的方法实现硬件电路设计，是一种很有推广价值的设计方法。就 CPLD/FPGA 开发来说，在我国比较有影响的两种硬件描述语言是 VHDL 语言和 Verilog HDL 语言。

1）硬件描述语言 VHDL 简介。随着大规模专用集成电路（ASIC）的开发和研制，为了提高开发的效率，增加已有开发产品可继承性和缩短开发时间，各大公司相继开发了用于各自产品的硬件描述语言，但硬件描述语言互相之间不能通用，语言本身的性能也不能完善，影响其推广使用。

这种情况一直到 VHDL 语言开始研究和应用后才逐渐改变。VHDL 语言诞生于 1982 年，VHDL 语言的英文全名是 VHSIC(Very High Speed Integrated Circuit) Hardware Description Language，即超高速集成电路硬件描述语言。1987 年底，IEEE 和美国国防部确认 VHDL 为标准硬件描述语言，自 IEEE 公布了 VHDL 语言的标准版，各 EDA 公司相继推出了自己的 VHDL 设计环境，或者与 VHDL 进行接口处理，VHDL 语言在电子设计领域逐渐得到了广泛的认可，并逐步取代了原有的非标准硬件描述语言。1993 年，IEEE 对 VHDL 语言进行了修订，公布了新版本的 VHDL 语言，即 IEEE 标准的 1076—1993 版本(简称 93 版)。

2) VHDL 语言的基本特点。

美国国防部在提出 VHDL 语言设计的时候，希望 VHDL 语言严格、功能强大和可读性好，并满足系统设计全过程的需要。与其他硬件描述语言相比，VHDL 语言具有如下特点。

➤ VHDL 语言支持共享和复用。VHDL 语言采用基于库(library)的设计方法，建立各种模块，这些模块可以预先设计或使用以前设计的存档模块，然后存储于库中，这样库中的模块就可以在以后的设计中重复使用，使设计模块可以共享和复用，达到减少硬件电路设计过程的目的。

➤ VHDL 语言具有良好的可移植性。作为一种 IEEE 承认的标准硬件描述语言，VHDL 语言具有通用性，可在不同的设计环境和系统平台中使用，使设计描述语言具有可移植性。

➤ VHDL 语言具有相对独立性。VHDL 语言对设计的描述具有相对独立性。在进行设计时，不需要首先考虑选择完成设计的目的器件，设计描述与硬件的结构无关，即 VHDL 语言没有与工艺有关的信息，设计人员可以集中精力进行设计描述并优化。在设计描述完成之后，可以用多种不同的元器件结构来实现其功能，当需要工艺更新时，无需修改原设计程序，只需改变相应的映射工具即可，二者之间无相互影响。

➤ VHDL 语言具有强大的系统硬件描述能力。VHDL 语言具有丰富的仿真语言和库函数，在设计早期可以验证设计系统的可行性，即对设计系统硬件进行仿真模拟；VHDL 语言支持多层次的描述。系统硬件设计支持自顶向下或自底向上的层次化设计方法，VHDL 语言经常采用自顶向下的方法，即从系统的功能要求出发，将设计任务逐层分解、细化和并组后实现功能。VHDL 语言既可进行系统级电路描述，又可进行门级电路描述。描述采用行为描述、结构描述和数据流描述 3 种形式描述或混合描述。

3) VHDL 语言上机操作要求。

VHDL 语言可以在多种 EDA 工具设计环境中编写和运行，Candence、Mentor、Altera 等公司的 EDA 工具均支持 VHDL 语言的编写和运行。VHDL 语言对计算机的配置要求如表 2-2 所示。

表 2-2 VHDL 语言计算机配置要求

CPU	Intel 兼容 CPU
内存	512M 以上
硬盘	20G 以上
高分彩显	17 英寸以上，分辨率 1024 * 768 及以上
光驱	8 倍速以上
操作系统	Windows xx
开发工具	MAX + plus II，Quartus II

（2）VHDL 语言程序结构

VHDL 语言设计思想大多采用模块化和自顶向下逐层分解的结构化思想。VHDL 语言主要用于描述数字电路与系统的接口、结构、行为和功能。VHDL 语言的形式、风格以及语法十分类似于计算机高级语言，VHDL 将所设计的电路与系统（一个元件、一个电路模块及一个电路系统）均可作为一个设计实体（VHDL 程序）。该实体分为外部（可视部分及端口）和内部（不可视部分），在对一个设计实体定义了外部和其内部开发完成后，其他设计就可以直接调用这个设计实体。VHDL 程序一般由实体（entity）和结构体（architecture）两个最基本的部分组成，二者相配合可以组成简单的 VHDL 设计实体，一个设计实体可以包括一个或多个结构体。

VHDL 程序的基本结构。一个完整的 VHDL 程序（设计实体）通常包括库（library）、程序包（package）、实体（entity）、结构体（architecture）和配置（configuration）5 个部分，其基本结构如图 2-9 所示。其中实体和结构体是 VHDL 程序（设计实体）的基本组成部分，它们可以构成最基本的 VHDL 程序。

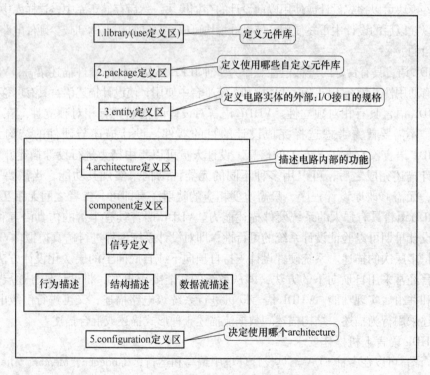

图 2-9　VHDL 基本结构图

现以非门的设计为例，初步认识 VHDL 的基本结构和语句特点。

```
library   ieee;                        --ieee 库使用说明
use   ieee. std _ logic _ 1164. all;   --定义元件库
------------------------------------------------------------------
entity not1 is                         --定义一个名为 not1 的实体，描述了两类
port(a：in std _ logic;                --接口信号,即实体指明了要描述器件的引脚
        f：out std _ logic）；
```

108

```
end not1 ;
--------------------------------------------------------------------------
architecture rt1 of not1 is          --结构体说明, 定义了一个名为 rt1 的结构体,
begin                                --这个结构体描述了器件 not1 的内部逻
f < = not a ;                        --辑功能和操作
end rt1 ;
```

注意: 两个短横(--)表示注释符, 范围从注释符开始至行尾结束, 所有注释符后面的字符都不参与编译和综合, 作用是解说程序功能和每条程序作用。

1) 库(library)。由于 EDA 工具软件厂商提供了大量的库和程序包, 用户可以充分利用已有的库和程序包中的设计单元, 目的是缩短 VHDL 程序设计时间。

➤ 库的概念和格式。库(library)是用于存放预先编译好的程序包(package)和数据的集合体。用 use 语句进行库中不同程序包的调用, 以便不同的用户共享使用。在 VHDL 中, 库的说明总是放在设计单元的最前面, 库说明语句如下。

library 库名称;

其中, 库名称为一系列由逗号分隔的库名, 这些库作为 VHDL 用户的共享库, 用户可以在设计 VHDL 的时候共享库中已经编译好的设计单元和可利用数据, 库可以是 VHDL 的标准库, 也可以是用户根据自己的需要自定义库。

➤ 库的种类。VHDL 语言中库可分为两类: 资源库和设计库。资源库是存放标准模块和常规元件的库, 使用之前必须说明, 资源库包括 IEEE 库和用户库; 设计库是指由 VHDL 标准规定的, 对所有项目是默认可见的, 它不需要 library 和 use 语句进行声明的库, 设计库包括 std 库和 work 库, 它们的功能分别如下。

首先, 是 IEEE 库。IEEE 标准库是存放用 VHDL 语言编写的多个标准程序包目录。IEEE 库的调用格式为。

library ieee;

IEEE 库中包含多个常用的程序包, 如 ieee. std _ logic _ 1164、ieee. std _ logic _ signed、ieee. std _ logic _ unsigned 和 ieee. std _ logic _ arith 等程序包。这 4 个程序包简介如表 2-3 所示。

表 2-3   程序包简介 1

程序包名	相关内容
ieee. std _ logic _ 1164	该包是 IEEE 库中最重要和最常用的程序包, 是 IEEE 的标准程序包, 定义 std _ logic _ vector 和 std _ logic 等数据类型
ieee. std _ logic _ signed	该包预先编译在库中, 定义基于 std _ logic _ vector 和 std _ logic 等数据类型的有符号算术运算
ieee. std _ logic _ unsigned	该包预先编译在库中, 定义了基于 std _ logic _ vector 和 std _ logic 等数据类型的无符号算术运算
ieee. std _ logic _ arith	该包预先编译在库中, 在 std _ logic _ 1164 程序包的基础上扩展了 3 个数据类型 unsigned、signed 和 small _ int, 定义了有符号与无符号类型及基于这些类型的算术运算

其中程序包 ieee. std _ logic _ signed、ieee. std _ logic _ unsigned 和 ieee. std _ logic _ arith 不仅是 IEEE 标准, 事实上已是工业标准, 绝大多数 VHDL 都支持这 4 个程序包的调用。

其次，是用户库。VHDL 作为国内比较流行的硬件描述语言，主要是因为其灵活性，用户库就是其灵活性的一个表现。用户可以将自身设计需要所开发的程序包、设计实体等汇集在一起定义一个库，这就是用户库或称用户定义库，由于用户库是一种资源库，在使用时同样需要在程序开始部分对库进行说明。

再次，是 std 库。std 库是 VHDL 语言标准库，库中有 standard 和 textio 两个标准程序包，这两个程序包是使用 VHDL 时必须使用的程序包。standard 程序包中所有预定义的数据类型和函数都可以使用，在实际设计中不要使用 use 语句。textio 程序包在实际设计中需要调用时，在 VHDL 程序的开始部分必须添加如下说明语句。

library std;

use std. textio. all;

这两个程序包简介如表 2-4 所示。

表 2-4　程序包简介 2

程序包名	相关内容
standard	定义 VHDL 的数据类型，子类型和函数
textio	定义支持文本文件操作的数据类型和子程序等

最后，是 work 库。work 库对于用户是透明的库，即可以随时使用，不需要在 VHDL 设计中说明。work 库是 VHDL 工具库(就像工厂的临时仓库)，用于存放正在校验和未仿真的中间件等(就像临时仓库一样存放半成品)，在每段 VHDL 代码中都隐含下面 3 条语句。

library　work;

library　std;

use　std. standard. all;

➤ 库的应用。不同的库中存放着大量已被编译的元件和程序包，一个程序包通常包含若干个子程序，一个子程序又包含函数、过程和元件等。现以最常用的库 IEEE 为例，对 VHDL 中库的应用进行说明。一般在使用库时，首先要用几条语句对库进行说明，例如下面两条常用的库语句。

library ieee;

use ieee. std _ logic _ 1164. all;

其中 library 指明该设计程序调用的库名为 IEEE 的库，use 语句指明该设计程序中被描述的相关信息使用 IEEE 库中的一个程序包 ieee. std _ logic _ 1164. all 表示程序包所用项目都在使用范围之内。

➤ 库的应用注意事项。库说明语句的作用范围并不是整个程序范围，而是从一个实体开始到它的结构体和配置为止，当一个源程序出现两个及两个以上的实体时，库说明语句在每个实体前必须重复书写。

2) 程序包。在 VHDL 中，程序包就相当于公用的“工具箱”一样，里面放有一些通用的常量、数据类型及子程序。程序包的产生主要由于实体部分所定义的常量、数据类型及子程序在相应的结构体中可以使用(可见)，但对于其他实体部分和结构体部分是不可以使用的(不可见)，为了解决这一问题而产生的程序包。因此，程序包的作用是可以让一组数据类型、常量和子程序能够被多个设计单元使用。程序包由包首(也称程序包说明)和包体构成，程序包格式如下。

包首格式：package ＜程序包名＞ is

[包首说明语句]；

end [package] [＜程序包名＞]；

包体格式：package body ＜程序包名＞ is

[包体说明语句]；

end [package body] [＜程序包名＞]；

其中各选项说明如下。

➤ 包首说明语句由 use 语句、子程序声明、常量定义、信号定义、元件声明和类型定义等组成。

➤ 包体说明语句主要用来规定程序包的实际功能，包体说明语句是由包首指定的函数和过程的程序体组成。

调用程序包的通用模式为。

use 库名．程序包名．all；

注意： 一个完整的程序包，包首程序包名与包体程序包名必须统一。程序包包首部分与程序包包体部分可分开独立编译。

VHDL 标准中常用的一些预先定义的标准程序包主要包括 standard、textio、std _ logic _ 1164、numeric _ std 和 numeric _ bit 这 5 个程序包。声明使用程序包格式如下。

use 库名．程序包名．all；

（或 use 库名．程序包名．子程序名；）

因此，在一个 VHDL 源程序开始部分，经常会见到这样语句。

library ieee；

use ieee. std _ logic _ 1164. all；

use ieee. std _ logic _ arith. all；

use ieee. std _ logic _ unsigned. all；

3）实体（entity）。其是 VHDL 设计中最基本的两个组成部分之一（另一个是结构体），实体是 VHDL 语言的硬件抽象说明，它类似于原理图中的一个器件符号，只是显示全部输入/输出信号端口，并不描述其具体功能，是外界可以看到的部分，一个实体可以拥有一个或多个结构体。实体格式如下。

entity 实体名 is

[generic（类属参数说明）]；

（port（端口说明）；）；

end [entity] [实体名]；

entity、is、generic、port 和 end 是关键字，实体名是用户给实体命名的标识符（不能与关键字重复）。一个基本设计单元的实体从 "entity 实体名 is" 开始，至 "end [entity][实体名]" 结束。

注意： 用户可根据标识符规则自由命名实体名，实体名必须与 VHDL 文件名相同，否则编译会出错；方括号表示其中的项可以省略。

其中各选项说明如下。

➤ generic(类属参数说明)。generic 必须放在端口说明之前,主要用于指定参数,可以定义端口的大小、实体中元件数目和实体的定时特性等。类属参数说明的一般格式为。

generic (常数名 1:数据类型[: = 设定值];

    …

        常数名 n:数据类型[: = 设定值]);

例:generic (wide:int: = 15;   --说明宽度为 15

         tmp:int: = 10ns);   --说明延迟为 10ns

注意: 对常数进行设定数据类型及设定值,是为了在后面的结构体中使用常数。

➤ 端口说明。其是对每一个输入/输出信号端口的引脚名称、数据类型、输送方向(输入和输出)的描述。每个端口(port)必须确定端口名、端口模式(mode)和数据类型(type)。
端口说明的一般格式为:

port (端口名 1:端口模式 数据类型;

    …

        端口名 n:端口模式 数据类型);

其中各选项说明如下:

端口名表示每个外部引脚的名称,端口名在实体中必须是唯一的,其端口名应是正确的标识符;端口模式作为器件的引脚,其工作模式共有 4 种类型:输入类型(in)、输出类型(out)、双向输入输出类型(inout)和缓冲类型(buffer)。端口模式即确定器件引脚为哪一种类型。其默认模式为输入模式。端口说明 4 种模式类型如表 2-5 所示。

表 2-5   端口模式说明

端 口 模 式	解 释 含 义
in(输入)	信号从外部进入实体内部,不能反向
out(输出)	信号从实体内部输出,实体内部不能反馈
inout(双向)	信号即可从外部进入实体内部,又可从实体内部输出到外部
buffer(缓冲)	信号从实体内部输出外部,同时又可在实体内部反馈

【例 2-1】本项目是 3-8 译码器的设计,其工作原理和 2-4 译码器,4-16 译码器是相同的,其共同特点是 n 个输入,2^n 个输出。这些译码器除了端口数目有区别外,其他方面都一样,因此可用类属语句进行统一的描述。

…

entity yimaqi is

generic (n:positive);

    port (a:in bit _ vector(1 to n);

        b:out bit _ vector(1 to 2^n));

end yimaqi;

…

其中 yimaqi 是实体名，positive(正整数)是 n 的数据类型，在实体中定义端口时，n 为输入端口的个数，输出端口的个数为 2^n，符合译码器输入和输出端口的对应关系。

➤ 数据类型。在 VHDL 设计中，任何数据对象的取值范围必须严格限定，这样有利于检错和排错。在 VHDL 中标准数据类型有 10 种，在逻辑电路中常用的有 bit、bit_vector 、std_logic 和 std_logic_vetor 类型(在后面进行具体说明)。

注意：当使用 std_logic 和 std_logic_vetor 类型时，在程序中必须写出库说明语句和程序包说明语句。

【**例 2-2**】 三输入与非门的端口如图 2-10 所示，编辑其实体语句。

三输入与非门的实体说明如下所示。

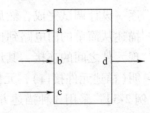

```
…
entity and_3 is
    port(a,b,c:in bit;
            d:out bit);
end and_3;
…
```

图 2-10 三输入与非门端口框图

其中 bit(位)数据类型的取值范围是逻辑位'0 '和'1 '，bit 数据类型参与逻辑运算后的结果仍是 bit 数据类型。

4) 结构体。结构体(architecture)用来描述被设计实体的具体功能及如何实现这些功能。结构体是 VHDL 设计的核心，一个实体可以有多个结构体，每个结构体都表示该实体功能的不同实现方法。结构体的一般格式如下。

architecture 结构体名 of 实体名 is

　　　[定义语句(元件例化)；]

begin

　　功能描述语句；

end[architecture] [结构体名]；

其中各选项说明如下。

➤ 结构体名。由用户命名，是结构体的唯一名称，of 后面的实体名称表明该结构体属于哪些设计实体。一个设计实体可以有一个或几个结构体。

➤ 定义语句。该语句位于 architecture 和 begin 之间，用于对结构体内部使用的类型、信号、元器件和子程序等进行定义。

注意：结构体的定义语句有效范围在结构体内部有效。

➤ begin 与 end 该两条语句表示功能描述语句的位置的开始与结束，功能描述语句主要描述实体的硬件结构。

一个结构体的组织结构从"architecture 结构体名 of 实体名 is"开始，到"end 结构体名"结束。

注意：结构体不能离开实体而单独存在。

VHDL 的结构体主要表达设计实体的逻辑功能，这种逻辑功能在结构体中可用不同的语句类型和描述方式来表达。VHDL 的描述方式可以总结为 3 种：行为描述、数据流描述和结构描述。这 3 种描述是从不同出发点对结构体的逻辑功能进行描述。在 VHDL 实际应用中，用户往往要兼顾整个设计的功能、性能和资源等方面的考虑因素，故通常将 3 种描述方式混合使用。

> 行为描述。其只描述设计实体的功能，不直接指明或涉及相关的硬件结构（比如硬件特性、电路连线、信号逻辑关系等），又称为行为方式描述。

> 数据流描述。其也称为 RTL 描述（RTL 是寄存器传输语言的英文简称），是以设计中的各种寄存器形式为特征，然后插入组合逻辑于寄存器之间。

> 结构描述。结构描述方式采用结构化、模块化的思想，将系统设计分为若干子模块，逐一设计调试完成，然后利用结构描述方法将它们组装起来，形成整体设计，结构描述从简单的门电路到比较复杂的元件来描述整个系统，通过元件端口的定义来实现元件之间的连接，其风格最接近实际的硬件结构。结构描述步骤一般为：元件说明（描述元件接口），元件例化（放置元件），元件配置（指定元件所用设计实体）。

【例 2-3】 采用 3 种描述方式实现二选一数据选择器的 VHDL 源程序设计，其电路图如图 2-11 所示。

方法一：二选一数据选择器的行为描述。

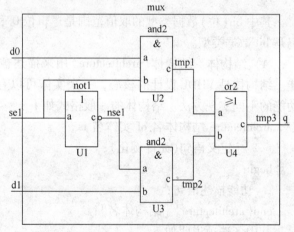

图 2-11 二选一数据选择器电路图

```
library ieee;
use ieee. std _ logic _ 1164. all;
entity mux is
        port(a,b:in bit;
             sel:in bit;
                 q:out bit);
end mux;
architecture behave of mux is
begin
process(a,b,sel)
begin
if sel ='0' then
     q < = a;
 else
     q < = b;
end if;
end process;
end behave;
```

方法一是行为描述方式的源程序，其描述方式是根据功能表进行描述。

方法二：二选一数据选择器的数据流描述。

```
library ieee;
use ieee. std _ logic _ 1164. all;
```

```
entity mux is
        port( d0 , d1 : in bit;
                sel : in bit;
                    q : out bit) ;
end mux;
architecture dataflow of mux is
signal tmp1 , tmp2 , tmp3 , nsel : bit;
begin
    process( d0 , d1 , sel )
    begin
        nsel < = not sel;
        tmp1 < = d0 and sel;
        tmp2 < = d1 and nsel;
        tmp3 < = tmp1 or tmp2 ;
        q < = tmp3 ;
    end process;
    end dataflow;
```

方法二是数据流描述的源程序，其描述方式是完全按照电路原理图 2-12 的具体电路进行描述。

方法三：二选一数据选择器的结构描述。

```
libraryi eee;
use ieee. std _ logic _ 1164. all;
entity mux is
        port( a , b : in bit;
                sel : in bit;
                    q : out bit) ;
end mux;
architecture stu of mux is
signal tmp1 , tmp2 , tmp3 , nsel : bit;
component and2
    port( a : in bit;
        b : in bit;
        c : out bit) ;
end component;
component not1
    port( a : in bit;
            c : out bit) ;
end component;
component or2
```

```vhdl
        port(a,b:in bit;
                c:out bit);
    end component;
    begin
    u1:not1 port map(a = > sel,c = > nsel);
    u2:and2 port map(d0,sel,tmp1);
    u3:and2 port map(d1,nsel,tmp2);
    u4:or2 port map(tmp1,tmp2,tmp3);
    q < = tmp3;
    end stru;
```

方法三是结构描述方式的源程序,其描述方式采用结构化、模块化的思想,将一个大的设计划分为几个小模块,逐一设计调试完成并组装起来,形成复杂的设计。图 2-12 中的 not1、and2 和 or2 分别为本设计中的 3 个小模块。

【例 2-4】 设计一个三输入与非门的 VHDL 源程序。三输入与非门的逻辑表达式为 D = A * B * C,输入信号为 a、b 和 c,输出信号为 d。

```vhdl
    library ieee;
    use ieee. std _ logic _ 1164. all;
    entity and _ 3 is
        port(a,b,c:in std _ logic;
                d:out std _ logic);
    end and _ 3;
    architecture behave of and _ 3 is
        begin
        process(a,b,c)
            variable tmp:std _ lobic _ vector(2 downto 0);
            begin
                tmp: = a & b & c;
                    case tmp is
                        when "000" = > d < = '1';
                        when "001" = > d < = '1';
                        when "010" = > d < = '1';
                        when "011" = > d < = '1';
                        when "100" = > d < = '1';
                        when "101" = > d < = '1';
                        when "110" = > d < = '1';
                        when "111" = > d < = '0';
                        when others = > d < = 'x';
                        end case;
                end process;
```

116

        end behave;

本例是根据功能表的 8 种输入状态及其对应的输出结果进行描述。

5）配置（configuration）。其作用是把结构体与实体进行关联，通常在比较复杂的 VHDL 程序中用到配置，配置语句可以为实体指定一个结构体，也可以为例化的各元件实体指定相对应的结构体，从而形成一个由例化元件层次构成的设计实体。配置语句的一个格式如下：

configuration 配置名 of 实体 is;

              配置说明;

 end 配置名;

每个实体可以拥有多个不同的结构体，而每个结构体的地位是同等的，在此情况下，利用配置说明为实体指定相应的一个结构体。

【例 2-5】 设计一个判断两位二进制数是否相等的数值比较器 VHDL 源程序。

本例采用两种不同的方法进行描述，即在设计中有两个结构体，采用配置语句为实体指定结构体。实体 equ_2 有两个结构体，如何解决选择结构体的问题用配置语句解决，选择结构体 equation_1，则用配置语句 1，选择结构体 equation_2，则用配置语句 2。

library ieee;

use ieee. std_logic_1164. all;

use ieee. std_logic_unsigend. all;

entity equ_2 is

    port（a,b:in std_logic_vector（1 downto 0）;

          equ: out std_logic）;

end equ_2;

architecture equation_1 of equ_2 is   ——结构体 1,用布尔方程实现

  begin

      equ <=（a(0) xor b(0)）nor(a(1)xor b(1)）;

end equation_1;

architecture equation_2 of equ_2 is   ——结构体 2,用行为描述实现

  begin

      equ <='1' when a=b else'0';

end equation_2;

configuration a1 of equ_2 is   ——配置语句 1

for equation_1

end for;

end a1;

configuration a2 of equ_2 is   ——配置语句 2

for equation_2

end for;

end a2;

（3）VHDL 语言文字规则

VHDL 语言与其他高级语言有很多相类似之处，VHDL 语言除具有一定的语法结构之

外，还定义了常数、变量和信号等数据对象，每个数据必须有相应的数据类型，而每个数据类型都有特定的物理含义。VHDL 语言有自己的文字规则，在编程中需要注意，VHDL 文字主要包括数值和标识符。数值型文字主要包括数字型、字符和字符串型。

1）数字型文字。主要包括如下 4 种类型的文字。

① 整数文字。其为十进制数。

例：10、0、123E3（=123000）、123 _ 456 _ 789（=123456789）

> **注意:** 下划线是提高可读性，无实际意义。

② 实数文字。实数文字是必须带小数点的十进制数。

例：12.3E-2 =（0.123）、123 _ 45.6 _ 789 =（12345.6789）、1.0、0.0

③ 数制基数文字。数制基数文字格式如下。

基数#基于该基的数字#E 指数

其各选项功能为：基数是用十进制数表述数制进位的数，2 为二进制基数，8 为八进制基数，10 为十进制基数，16 为十六进制基数；#键是数字分隔作用；基于该基数的数字的指数部分为空时，用相应进制的数表达数字；指数部分有数字时，二者结合表达数字；指数是用十进制表示的指数部分。

例：2#110#;   --二进制表示，数值为 6

  8#123#;   --八进制表示，数值为 83

  10#123#;   --十进制表示，数值为 123

  16#E#;   --十六进制表示，数值为 14

  16#E#E1;   --十六进制表示，数值为 224

④ 物理量文字（VHDL 综合器不接受物理量文字）。

例：10s（10 秒）、100m（100 米）、10kΩ（1 万欧姆）、100A（100 安培）

2）字符和字符串符。字符是用单引号括起来，如 'A'，字符在使用时需要注意区分大小写。字符可以是字母（A~Z）、数字（0~9）、空格以及一些特殊字符（@，%，$）等。字符串包括文字字符串和数位字符串：

① 文字字符串。其是用双引号括起来的一串文字。

例："ERROR"、"A AND B"、"A $ DF"

② 数位字符串。也称为位矢量，是用字符形式表示的多位数字。它们代表二进制、八进制或十六进制的数组，其格式为。

基数符号"数值"

其中各选项说明如下。

➤ 基数符号为 B，O 和 X，B：二进制基数符号，表示二进制数位 0 或 1；O：八进制基数符号，表示八进制数位 0~7；X：十六进制基数符号，表示十六进制数位 0~F。

➤ 数值为相对应进制数表示的值。

例：B"11110000"--二进制数数组，位矢量长度为 8

  O"157"   --八进制数数组，位矢量长度为 9，一位八进制数对应三位二进制数

  X"AF"--十六进制数数组，位矢量长度为 8，一位十六进制数对应四位二进制数

3）标识符（identifiers）。其是最常用的操作符，用来为常量、变量、信号、端口、子程

序、标号或参数等命名。其两种格式如下。

标识符(表达式)　　　　　　——下标名

标识符(表达式 方向 表达式)　　——下标段名

其各选项说明如下。

➢ 标识符必须是数组型变量或信号的名字。

➢ 括号内表示的是数组下标范围内的一个值或一段值。

例：a(2)　--可计算型下标表示，对应一个可计算的值，可以很容易进行综合

　　b(n)　--不可计算型下标表示，对应一个不可计算的值，在特定的情况下综合，

　　　　　　--且耗费资源较大

　　c(0 to 2)　--标识段由小到大表示，其值是可计算的立即数，并且不超出范围

　　d(4 downto 1)　--标识段由大到小表示，其值是可计算的立即数，并且不超出范围

标识符书写遵守以下规则。

➢ 有效组成字符：英文字母(a~z,A~Z)，数字(0~9)和下划线"_"。

➢ 第一个字符必须是字母。

➢ 英文字母不区分大小写，大小写混用。

➢ 最后一个字符不能是下划线，并且下划线不能连续出现。

➢ 关键字不能作标识符。

➢ 长度最长不超过32个字符。

➢ 标识符中间不允许有空格。

4）关键字(keyword)。其是 VHDL 中表示特殊作用的单词，只能作专有功能使用，如将关键字用做其他用途，则编译会产生错误。VHDL 语言常用关键字如表2-6所示。

表2-6　常用关键字

abs	downto	library	postponed	srl
access	else	linkage	procedure	subtype
after	elsif	literal	process	then
alias	end	loop	pure	to
all	entity	map	range	transport
and	exit	mod	record	type
architecture	file	nand	register	unaffected
array	for	new	reject	units
assert	function	next	rem	until
attribute	generate	nor	report	use
begin	generic	not	retuen	variable
block	group	null	rol	wait
body	guarded	of	ror	when
buffer	if	on	select	while
bus	impure	open	severity	with
case	in	or	signal	xnor
component	inertial	others	shared	xor
configuration	inout	out	sla	
constant	is	package	sll	
disconnect	label	port	sra	

（4）数据对象

在 VHDL 中，数据对象（data objects）主要有常量（constant）、变量（variable）和信号（signal）。数据对象是可以赋予值的对象。常量和变量与计算机高级语言中的常量和变量有相似的语言行为，信号是具有较多硬件特征的特殊数据对象。

1）常量（constant）。其是指在 VHDL 程序中一旦赋值，其值就不再发生变化的量，其值可以是任何数据类型。常量在实体、结构体、程序包、块、进程和子程序等设计单元中使用。常量在硬件电路中具有一定的物理意义，经常用来定义电源电压值、地线、计数器模的大小、数据组数据的位宽和循环次数等物理量，常量使程序具有很强的可读性，修改常量值非常容易。常量在使用之前必须要进行说明，其格式如下。

constant 常数名［,常数名…］：数据类型：＝表达式

例：constant vcc：real：＝12.0；

　　 constant delag_time：time：＝20 ns；--20 和 ns 之间必须有空格

　　 constant number：interger：＝60；

注意：常量一旦赋值就不能再发生变化，如果在 VHDL 程序中试图修改常量的值，将被视为非法操作。

常量使用范围如下。

➢ 常量定义的位置决定常量的使用范围，常量定义在程序包中，此常量为全局常量，任何调用此程序包的设计实体都可以使用。

➢ 常量定义在实体，此常量的有效范围为这个实体定义的所有结构体。

➢ 常量定义在结构体，此常量的有效范围只能用在此结构体。

➢ 常量定义在结构体的某一单元，此常量的使用范围只能在这一单元（如进程等）。

2）变量（variable）。变量是指 VHDL 程序中所赋值可以发生变化的量。主要用于存储中间数据，变量是一个局部量，只能在进程语句、函数语句和过程语句中使用，并且使用范围是对它作出定义的当前结构体。变量的赋值是直接的，分配后变量的值立即成为当前值，不存在任何延迟行为，变量不能像常量表达存储元器件或"连线"等。变量的格式如下。

VARIABLE 变量名：数据类型［：＝设置值］；

例：variable a：integer：＝2；

　　 variable b,c：integer：＝5；

　　 variable d：interger range 0 to 15；

上面例子中分别定义变量 a 的值为 2，变量 b 和变量 c 的值为 5，变量 d 的值范围为 0 到 15。第 3 条语句变量 integer 没有指定初值，则取默认值为 0（变量初值的默认值为该类型数据的最小值或最左端值）。

注意：变量是局部量，在其定义语句的使用范围内，同一变量的值将随着赋值语句的改变而变化。

3）信号（signal）。通常认为信号是电路中一根连接线，信号是描述硬件系统的基本数据对象，是设计实体中并行语句模块间的信息交流通道。

信号有类似触发器的记忆功能。它不但可以存储当前值，也可以保持历史值。信号的使用及应用范围是实体、结构体和程序包。在进程和子程序中不允许定义信号。信号具有全局

性特性。例如在程序包中定义的信号，其应用有效范围是所有调用此程序包的设计实体；在实体中定义的信号，其应用有效范围是其对应的结构体。信号格式如下。

signal 信号名：数据类型[：=初始值]；

例：signal a：integer：=5；--定义整数类型信号，赋值为5

signal ground：bit；   --定义一个位（bit）的信号 ground

当信号定义后，在 VHDL 中就能对信号进行赋值，信号赋值格式如下。

目标信号名 < = 表达式；

其中各选项说明如下。

➤ 表达式：可以是一个运算表达式，也可以是变量、信号或常量。

➤ 目标信号：获得输入的数据并不是即时的，存在延时特性。

【例2-6】 信号 a 和信号 b 进行互换的部分源程序。

…

```
signal a,b:integer;
process（a,b）
begin
a< =40;
b< =30;
a< =b;
b< =a;
```

…

这里 a，b 均为信号，实现了信号 a 与 b 数值的互换。

4）信号与变量的区别。由于信号与变量有某些相似之处，用户常常混淆二者。通常，信号和变量的主要区别在以下几个方面。

➤ 变量赋值符号"：="，信号赋值符号"< ="，二者类型可以完全一致，也允许二者之间相互赋值，但需注意类型要匹配。

➤ 变量赋值具有立即性，无延迟；信号赋值有延迟，即使不作任何延时设置，也要经历一个特定的 δ 延时。

➤ 变量应用范围为进程、过程和函数，信号具有全局特征。

➤ 变量只保存当前值；信号即保存当前值，还有历史值等相关历史信息。

➤ 对于进程语句，进程只对信号敏感，对变量不敏感；在进程中，信号的赋值在进程结束时起作用，而变量赋值是立即起作用。

➤ 信号是硬件中连线的抽象描述。变量没有类似的对应关系，它们大多用于计算中。

（5）数据类型

在对数据对象（常量、变量和信号）定义时，每一个定义都需要确定数据类型。VHDL 对数据类型有着很强的结束性，位长相同的同类数据类型才可以计算，否则 EDA 工具在编译、综合过程中会报告类型错误。VHDL 中数据类型有很多种，按照数据类型的性质可以分为 4 大类。

1）标量类型（scalar type）。其是最基本的数据类型，通常用于描述单个数值数据对象，即表示某个数值的数据类型。标量类型包括：实数类型、整数类型、枚举类型和物理类型。

2）复合类型（composite type）。其是由一个或几个基本数据类型复合而成的数据类型，也可由标量类型复合而成。复合类型主要有数组类型和记录类型。

3）存取类型（access type）。即指针类型（使用比较少），在 VHDL 中为相关的数据类型的数据对象提供存取方式。

4）文件类型（file type）。其是用于多值存取的数据类型。

VHDL 中的数据类型按照数据来源可分为 VHDL 语言预定义的标准数据类型和用户自定义的数据类型两大类。VHDL 语言预定义的标准数据类型是 VHDL 最基本最常用的数据类型，该数据类型已在 VHDL 标准程序包 standard、std＿logic＿1164 及其他的标准程序包中进行了定义，使用时无需说明就可以直接调用。用户自定义的数据类型必须在 VHDL 中先声明再使用。具体细分如表 2-7 所示。

表 2-7　数据类型对比表（根据数据来源）

VHDL 语言标准及 IEEE 库预定义数据类型	用户自定义数据类型
整数类型、实数类型、位类型、位矢量类型、字符类型、字符串类型、布尔类型、时间类型、错误等级类型、标准逻辑位类型和标准逻辑位相量类型	枚举类型、数组类型、记录类型、存取类型、文件类型、子类型

① VHDL 的预定义数据类型。

➤ 整数类型（integer）。其定义与数学中整数的定义相同，在 VHDL 中，整数取值范围是 $-(2^{13}-1) \sim (2^{13}-1)$，即 $-2147483647 \sim +2147483647$，在 VHDL 设计中，用户会使用关键字 range 和 subtype 约束整数的取值范围，否则整数取值范围太大，VHDL 综合器工作时会耗费过多的芯片资源或无法进行综合。

例：variable a：integer：= 100；
　　constant b：integer：= + 155；
　　signal i0：integer range（0 to 100）；

➤ 自然数类型（natural）和正整数类型（positive）。自然数与正整数都是整数的子类型，自然数指零和正整数，正整数指整数中的非零和非负数。

例：variable a：natural：= 100；
　　variable b：positive；

➤ 实数类型（real）。在 VHDL 设计中，实数类型定义类似数学中的实数，实数类型也称为浮点类型（float point），其取值范围为 $-1.0e38 \sim +1.0e38$，由于实数类型的实现相当复杂，只能被 VHDL 仿真器接受，VHDL 综合器不支持实数，故实数类型很少使用。

➤ 位类型（bit）。其属于枚举类型，取值为'0'和'1'，表示逻辑 0 和逻辑 1，位类型数据对象运算后结果仍是位类型。

例：variable a：bit：='1'； --值为 1 的位类型变量 a
　　variable b：bit：='0'； --值为 0 的位类型变量 b

注意： 值必须用单撇号括起来。

➤ 位矢量类型（bit＿vector）。位矢量是基于位数据类型的数组，它使用双引号括起来的一组数据，可以表示二进制或十六进制的位矢量。如 "10110100"，H "ABCD"，H

表示十六进制，使用位矢量必须声明位宽，即数组中元素的个数和排列顺序。

例：signal a：bit _ vector(7 downto 0)；--信号 a 定义为具有 8 位位宽的矢量，

--最左位是 a(7)，最右位是 a(0)。

- 布尔量类型(boolean)。布尔量只有 true 和 false 两种取值，与位数据不同的是它没有数值的含义，不能进行算术运算，只能进行关系运算，表示信号的状态或者总线上的情况。布尔量初值通常定义为 false。

例：当 a < b 时，在 IF 语句中的关系运算表达式(a < b)的结果是布尔量 true，反之为 false。综合器会把它变为信号值为 0 或 1。

- 字符类型(character)。字符类型中的字符指大写英文字符(A ~ Z)，小写英文字母(a ~ z)，数字(0 ~ 9)，空格和一些特殊字符($,%,@ 等)，该字符用单引号括起来。

注意： 大小写字符是有区别的。

- 字符串类型(string)：又称字符串数组或字符串相量，字符串必须用双引号括起来，字符串类型主要应用程序的提示或程序说明。
- 时间类型(time)。其是 VHDL 中唯一预定义的物理量类型，完整的时间类型包括整数和单位两部分，整数与单位之间至少有一个空格，如 15 ns，26 ms，30 min。VHDL 中以千进制关系定义了时间，单位依次减小的顺序是：1hr(时) = 60min，1min(分) = 60sec，1sec(秒) = 1000ms，1ms(毫秒) = 1000μs，1μs(微妙) = 1000ns，1ns(纳秒) = 1000ps，1ps(皮秒) = 1000fs，其中 fs(飞秒)是最小时间单位。
- 错误等级类型(severity level)。错误等级数据用来表示系统的工作状态，共有 note(注意)、warning(警告)、error(错误)和 failure(失败)4 种工作状态。这 4 种工作状态在系统仿真时是用来提示当前系统的工作情况，可根据系统的工作状态随时了解系统运行情况并采取相应对策。
- IEEE 预定义的标准逻辑位(std _ logic)。标准逻辑位(std _ logic)与标准逻辑矢量(std _ logic _ vector)是两个非常重要的数据类型，它们定义在 IEEE 库的程序包 std _ logic _ 1164 中。在 VHDL 语言中，标准逻辑位数据共用 9 种逻辑值，如表 2-8 所示。

表 2-8　标准逻辑位数据逻辑值

逻 辑 值	含　义
U(uninitialized)	未初始化的
X(forcing unknown)	强未知的
0(forcing 0)	强 0
1(forcing 1)	强 1
Z(high impendance)	高阻态
W(weak unknown)	弱未知的
L(weak 0)	弱 0
H(weak 1)	弱 1
-(don't care)	忽略态

在 VHDL 设计如果使用此数据类型,需要加入下面的语句:

library ieee;

use ieee. ste _ logic _ 1164. all;

std _ logic 对于仿真和综合是非常重要的,可以使用户精确模拟线路情况(如未知和高阻态)。这 9 个值对于仿真具有重要意义;对于综合器只能在数字器件实现 4 个值:0、1、X 和 Z,对于综合器高阻态和忽略态可用于三态的描述。

> 标准逻辑相量(std _ logic _ vector)。其数据类型主要用于描述总线语言,使用时需注意总线中每个信号都必须定义为同一种数据类型(std _ logic)。std _ logic _ vector 是 std _logic _ 1164 程序包中的标准一维数组,该数组中的每个元素采用的数据类型都是 std _ logic 中定义的 9 种逻辑值。标准逻辑矢量数据类型的定义语句如下:

type std _ logic _ vector is array(natural range < >) of std _ logic;

② 用户自定义类型。VHDL 中除了一些标准的预定义数据类型外,还允许用户根据实际需要自行定义新的数据类型,用户自定义类型给用户进行设计时提供了极大的自由度,用户自定义类型主要包括枚举类型(enumeration types)、整数类型(integer types)、数组类型(array types)、记录类型(record types)、时间类型(time types)、实数类型(real types)等。用户自定义数据类型采用类型定义语句 type,语句格式如下:

type 数据类型名 is 数据类型定义 of 基本数据类型;

(或者 type 数据类型名 is 数据类型定义;)

其中各选项功能为,数据类型名是由用户自行设定(不能使用关键字);数据类型定义是用来定义该数据类型的表达方式和表达内容;基本数据类型是指已有的预定义数据类型,如 std _ logic 等。

例:type s1 is array(0 to 10) of std _ logic;

其中 s1 为数据类型,s1 是一个具有 10 个元素的数组型数据类型,这 10 个元素都是 std _ logic 型。下面介绍几种常用的用户自定义数据类型。

> 枚举类型。枚举类型是用符号来代替数字的数据类型,即可以用符号来代替实际的二进制数。具体格式如下:

type 数据类型名 is(枚举元素 1,枚举元素 2,…);

例:type state1 is (st0,st1,st2,st3);

该例中 state1 为数据类型名,st0、st1、st2 和 st3 为枚举元素,枚举元素可自动进行编码设置,第一枚举元素为 0,其余依次进行二进制表示。由于本例枚举元素共 4 个,4 个符号可自动由二位二进制数表示,即 st0 = "00",st1 = "01",st2 = "10",st3 = "11"。

> 数组类型。其是将相同类型的数据集合在一起,作为一个数据对象进行处理。数据类型可以是一维的,如字符列表和数字,也可以是多维的,如数值表格。由于多维数组不能生成逻辑电路,只能在 VHDL 仿真器中应用,而 VHDL 综合器只支持一维数组,故在此只讲解一维数组,前面讲述的位矢量和标准逻辑位矢量都是一维数组。

数组类型是必须由用户自己在使用前先定义。数组的定义格式如下:

type 数组类名 is array 约束范围 of 数据类型;

其中各选项功能为，数组类型名由用户自己定义名称；约束范围可以采用增量（关键字为 to）或减量（关键字为 downto），在范围之内的数值必须在数值前面说明数据类型，当数据类型为整数类型时可以省略；基本类型为用户已经定义好的类型或 VHDL 预定义类型。

例：type number is array (10 downto 0) of std _ logic；

➤ 记录类型。记录类型与数组类型都属于数组，记录类型是由不同数据类型的元素构成的数组。其语句格式如下：

type 记录类型名 is record

  元素名 1：数据类型名；

  …

  元素名 n：数据类型名；

end record［记录类型名］；

例：type example is record

  year：integer range 0000 to 3000；

  month：integer range 1 to 12；

  data：integer range 1 to 31；

  end record example；

（6）运算符

VHDL 语言中表达式由运算符和运算对象组成，其中运算符也称为操作符，运算对象也称操作数。在 VHDL 中，运算符主要有：算术运算符（arithmetic operator）、逻辑运算符（logic operator）、关系运算符（relation operator）、赋值运算符、关联运算符等。具体说明如表 2-9 所示，VHDL 运算符的优先级如表 2-10 所示。

表 2-9 运算符具体说明

类型	操作符	说明	适用操作数类型
算术运算符	+	加	整数
	－	减	整数
	*	乘	整数和实数（包括浮点数）
	/	除	整数、实数（包括浮点数）
	mod	取模	整数
	rem	求余	整数
	sll	逻辑左移	bit 或 boolean 型一维数组
	srl	逻辑右移	bit 或 boolean 型一维数组
	sla	算术左移	bit 或 boolean 型一维数组
	sra	算术右移	bit 或 boolean 型一维数组
	rol	逻辑循环左移	bit 或 boolean 型一维数组
	ror	逻辑循环右移	bit 或 boolean 型一维数组
	* *	乘方	整数
	abs	取绝对值	整数

125

类型	操作符	说明	适用操作数类型
关系运算符	=	相等	任何数据类型
	/ =	不相等	任何数据类型
	<	小于	枚举与整数类型，对应的一维数组
	>	大于	枚举与整数类型，对应的一维数组
	< =	小于等于	枚举与整数类型，对应的一维数组
	> =	大于等于	枚举与整数类型，对应的一维数组
逻辑运算符	and	与	bit，boolean，std_logic
	or	或	bit，boolean，std_logic
	not	非	bit，boolean，std_logic
	nand	与非	bit，boolean，std_logic
	nor	或非	bit，boolean，std_logic
	xnor	同或非	bit，boolean，std_logic
	xor	异或	bit，boolean，std_logic
赋值运算符	< =	信号赋值	信号（注意：同一符号有两种不同的含义）
	: =	变量赋值	变量
关联运算符	= >	等效于	信号（注意：同一符号有两种不同的含义）
其他运算符	+	正	整数（注意：同一符号有两种不同的含义）
	−	负	整数（注意：同一符号有两种不同的含义）
	&	连接	一维数组

表 2-10　VHDL 运算符的优先符

运算符	优先符
not，abs，＊＊	最高
＊，／，mod，rem	
+（正号），−（负号）	
+，−，&	↑
sll，sla，srl，sra，rol，ror	
=，/ =，<，< =，>，> =	
and，or，nand，nor，xor，xnor	最低

注意： 矢量赋值用双引号，单比特常量用单引号。

运算符的使用注意事项如下。

➢ 运算对象的数据类型必须与运算对象要求的数据类型一致。

➢ 在一个表达式中，运算符之间的操作数必须是相同数据类型。

➢ 注意运算符的优先级别。

➤ 在一个表达式中，如果是 and、or、xor 这 3 个运算符中的一种，则不需要使用括号。

➤ 在一个表达式中，如果运算符不同或有除 and、or、xor 运算符之外的运算符，必须加括号。

➤ 在一个表达式中，数组类型(std_logic_vector)数据对象的相互作用是按位进行。

➤ 信号或变量通过运算符的运算，可以构成组合电路。

(7) VHDL 顺序描述语句

在 VHDL 中，一个设计实体是通过结构体来实现其行为和结构，在结构体中则采用一些基本语句的组合描述。VHDL 语言是一种硬件描述语言，从执行顺序上划分，可以分为顺序描述语句(sequential statements)和并行描述语句(concurrent statements)。顺序描述语句是指执行语句时，语句的执行顺序是根据语句的书写顺序依次执行的，例如 if 语句和 loop 循环语句等。并行描述语句是指执行语句时，语句的执行顺序与语句的书写顺序无关，所有语句是并行执行的，例如进程语句(process)、块语句(block)和生成语句(generate)等。

VHDL 语句拥有和其他高级语言(如 C 语言)一样的顺序描述语句，特点是每一条语句的执行(指仿真执行)顺序与其书写顺序基本一致。只能出现在进程、过程、块和子程序中。在 VHDL 中顺序语句有以下几种：赋值语句(信号赋值语句和变量赋值语句)、if 语句、case 语句、loop 语句、next 语句、exit 语句、null 语句、wait 语句、子程序调用语句和返回语句等。

1) 赋值语句。其是 VHDL 语言中进行系统行为描述的常用语句，包括信号赋值语句和变量赋值语句。其功能就是将一个值或一个表达式的运算结果传给某一个数据对象，主要用来实现 VHDL 对端口外部数据的读写以及设计实体内的数据传递。

① 信号赋值语句。其功能是将右边表达式的值(运算结果)赋予左边的目标信号，但语句两边的数据类型和位长必须相同。信号赋值语句格式为：

目标信号 < = 表达式；

例：常用的与非和或非赋值。

temp0 < = a nand b；--与非

temp1 < = c nor d；--或非

【例 2-7】 半加器的部分源程序。

…

```
entity bjq is
    port (a,b:in bit;        --实体部分定义了半加器的输入信号 a,b
            s,c0:out bit);    --实体部分定义了半加器的输出信号 s,c0
end bjq;
architecture half_adder of bjq is
signal c,d:bit;
begin
    c < = a or b;
    d < = a nand b;
    c0 < = not d;
    s < = c and d;
```

end half _ adder;
…

其中 a 和 b 是半加器的输入,输出 s 是半加器的和,c0 是加法后的进位,只有在 a 和 b 都是 1 的情况下 c0 才有输出。

注意:信号赋值语句" < = "与关系运算符中的小于等于符号" < = "相同,二者应按照程序的上下文进行区别。信号赋值语句具有全局特征,信号赋值语句不是立即发生的,它发生在一个进程结束时,信号赋值存在延时,这正反映了硬件系统的某些重要特性,如一根传输导线等,当信号赋值语句在进程或子程序中时,它是顺序执行,在进程之外是并发执行。

② 变量赋值语句。其功能是将右边表达式的值赋给左边的目标变量,语句两边的数据类型必须相同,在 VHDL 程序中,目标变量的数据类型、范围和初始值都应该先给出,右边表达式可以是变量和信号字符。变量赋值语句具有局部特征。只能应用在进程或子程序中。变量赋值语句的格式为:

目标变量: = 表达式;

与信号赋值语句的延时特性相比,变量赋值是立即发生的,是一种时延为零的赋值。

注意:因为信号赋值发生在进程结束时,为变量赋值时,变量值会立即改变,直到被赋予新的值,在同一进程中多次为一个信号赋值,只有最后一个赋予的值才会起作用。

例:temp0 = a;

emp1 = c/5;

2) if 语句。VHDL 语句中的 IF 语句和其他高级语言中的 IF 语句一样,是选择分支语句,IF 语句只能用在进程当中,其语句有 3 种形式。

① 单 if 语句。其语句格式为:

if 条件 then

顺序处理语句;

end if;

执行单 if 语句时,当条件满足(条件成立)时,执行中间顺序处理语句,当条件不满足(条件不成立)时,程序跳出单 if 语句,执行 if 后继语句。

【例 2-8】 d 触发器的 VHDL 源程序。

```
library ieee;
use ieee. std _ logic _1164. all;
entity dcf is
    port( clk,d:in std _ logic;
            q,qn:out std _ logic) ;
end dcf;
architecture rtl of dcf is
  begin
    process( clk)
        begin
```

```
            if clk 'event and clk ='1 'then    --该语句在属性部分介绍
                  q < = d;
                  qn < = not d;
            end if;
        end process;
    end rtl;
```

本例中 if 语句的发生条件是时钟信号 clk 由 0 变为 1, 当条件满足时, 执行下面两条语句 q < = d 和 qn < = not d; 当条件不满足时, 不执行 if 和 end if 之间语句, q、qn 端维持原来的输出值。

② 二路选择 if 语句。其语句格式为:

```
if 条件 1 then
  顺序处理语句 1;
else
  顺序处理语句 2;
end if;
```

程序执行两路选择 if 语句时, 如果条件成立, 程序执行顺序处理语句 1, 条件不成立, 程序执行顺序处理语句 2, 该语句常常用来描述具有两个分支控制的逻辑功能电路。

【例 2-9】 三态门的部分源程序。

...

```
architecture rtl of tristate _ gate is
    begin
      process(din,en)
        begin
                  if( en ='1 ') then dout < = din;
                    else   dout < ='z';
                  end if;
        end process;
end rtl;
```

...

③ 多路选择 if 语句。其语句格式为:

```
if 条件 1 then
        顺序处理语句 1;
    elsif 条件 2 then
        顺序处理语句 2;
    ...
    elsif 条件 n then
        顺序处理语句 n;
    else
        顺序处理语句 n + 1;
```

end if;

多路选择 if 语句包含多个条件和多个顺序处理语句，多路选择 if 语句从上往下判断，当条件 1 成立时，执行顺序处理语句 1；当条件 2 成立时，执行顺序处理语句 2；依次类推，当条件 n 成立时，执行顺序处理语句 n；当 n 个条件都不满足时，执行顺序处理语句 n + 1。这种多路选择 if 语句应用的经典逻辑电路就是多选一数据选择器电路。下面例举一个常用四选一数据选择器的部分 VHDL 源程序。

【例 2-10】　四选一数据选择器的部分 VHDL 源程序。

…

```
architecture rtl of mux4 is
    begin
        process(input, sel)
            begin
                if(sel = "00")   then
                    y < = input(0);
                elsif (sel = "01")   then
                    y < = input(1);
                elsif (sel = "10")   then
                    y < = input(2);
                elsif (sel = "11")   then
                    y < = input(3);
                end if;
        end process;
end rtl;
```

…

④ if 语句的嵌套结构。if 语句可以进行多层嵌套，但嵌套层数不宜过多。if 语句嵌套结构的完整格式为：

```
if 外部条件 then
        if 内部条件 1 then
            顺序处理语句 1;
        end if;
else
        if 内部条件 2 then
        顺序处理语句 2;
        end if;
end if;
```

if 语句的嵌套主要用解决具有复杂控制功能的逻辑电路描述问题。

3）case 语句。case 语句是一种分支控制语句，其语句格式为：

```
case 控制表达式 is
    when 选择值 1 = >顺序处理语句 1;
```

when 选择值 2 = > 顺序处理语句 2;

　　...

　　when 选择值 n = > 顺序处理语句 n;

end case;

该语句表示先计算控制表达式的值,判断其值与哪个选择值相等,就执行相应选择值后面的顺序处理语句。when 语句之间是并列关系,when 后面的选择值在同一时刻只能有一个为真。

case 语句中选择值可以有如下几种形式:

when 值 = > 顺序处理语句。

when 值 1/值 2/…/值 n = > 顺序处理语句(用于多个值相或)。

when 小值 to 大值 = > 顺序处理语句(用于一个连续的整数范围)。

when 大值 downto 小值 = > 顺序处理语句(用于一个连续的整数范围)。

when others = > 顺序处理语句(用于其他所有的默认值)。

> **注意:** 当控制表达式的值不等于任何选择值,则执行"others"后面的语句;" = >"仅仅表达选择值与顺序处理语句的一一对应关系,相当于"then"的作用。

【例 2-11】 四选一数据选择器的部分 VHDL 源程序。

```
...
architecture rtl of mux4 is
  begin
    process( s,a0,a1,a2,a3 )
      begin
        case s is
          when "00 " = > y < = a0;
          when "01 " = > y < = a1;
          when "10 " = > y < = a2;
          when   others = > y < = a3;
          end case;
      end process;
end rtl;
...
```

4) loop 语句。loop 语句称为循环语句,用于实现重复操作。它有两种形式:一种是 for 模式,另一种是 while 模式。

① for loop 语句。for loop 语句格式为:

[标号:] for 循环变量 in 循环次数范围 loop

　　　　顺序处理语句;

　　　　end loop[标号];

其中各选项说明如下。

➤ 标号:表示 loop 语句的唯一标示符,中括号标示该标号是可选项。

➤ 循环变量：循环变量不必事先说明，是一个局部的临时变量，不能被赋值。

➤ 循环次数范围：循环次数范围有两种表达式"小值(初值) to 大值(终值)"和"大值(初值)downto 小值(终值)"，表示 loop 语句循环次数。

➤ 顺序处理语句：顺序处理语句用来描述 loop 语句的具体功能，循环变量每变化一次就执行一次顺序语句。

for loop 语句工作过程：循环变量从"初值"开始，每执行一次顺序处理语句，循环变量的值就自动加1(或减1)，直到循环变量的值超过终值，循环结束，程序执行 end loop 后面的语句。

【例 2-12】 设计奇偶校验器中奇校验，输入六位二进制数，当检测到数据中 1 的位数为奇数时，输出 q 为 1，否则为 0。

```
library ieee;
use ieee. std _ logic _ 1164. all;
use ieee. std _ logic _ arith. all;
use ieee. std _ logic _ unsigned. all;
entity jjy is
    port (d:in std _ logic _ vector(5 downto 0);    --输入 d 是六位二进制数
            y:out std _ logic);
end jjy;
architecture bhv of jjy is
begin
    process (d)
    variable tmp:std _ logic;                        --定义临时变量 tmp
    begin
        tmp: = '0';
        for i in 5 downto 0 loop
            tmp: = tmp xor d(i);                     --变量赋值语句是立即赋值
        end loop;
            y < = tmp;                               --结果输出
    end process;
end bhv;
```

② while loop 语句。while loop 语句是一种当型循环，循环次数为循环条件控制。while loop 语句格式为：

```
[标号:]while 循环条件 loop
            顺序处理语句;
        end loop [标号];
```

while loop 工作过程：当判断循环条件成立时，进行一次循环，然后进行再次判断和循环，当判断循环条件不成立时立即结束循环。

【例 2-13】 六位奇偶校验源程序。

```
library ieee;
```

```
use ieee. std _ logic _ 1164. all;
use ieee. std _ logic _ arith. all;
use ieee. std _ logic _ unsigned. all;
entity jjy is
    port (d:in std _ logic _ vector(5 downto 0);
            y:out std _ logic
            ynot:out std _ logic);
end jjy;
architecture bhv of jjy is
    begin
        process (d)
        variable tmp:std _ logic;
        variable a:integer;
    begin
        tmp: = '0';
          a: = 0;
        while (a < 5) loop
          tmp: = tmp xor d(i);
              a: = a + 1;
        end loop;
            y < = tmp;
          ynot < = not tmp;
      end process;
  end bhv;
```

5）next 语句。next 语句为跳出本次循环语句，用来在 for loop 和 while loop 循环语句中跳出本次循环，去执行下次循环并重新开始，它只用在 loop 语句的内部进行有条件或无条件的转向控制。其语句格式为：

next［循环标号］［while 条件表达式］;

其中各选项说明如下。

➢ 循环标号：循环标号用来表示结束本次循环后下一次循环的起始位置。

➢ 条件表达式：条件表达式是跳出本次循环的条件。

循环标号和条件表达式都是可选项，当二者省略时，next 语句表示立即无条件跳出本次循环，并从 loop 语句的起始位置重新开始循环；当只有循环标号而无条件表达式时，next 语句表示立即无条件跳出本次循环，从标号指定的位置开始执行程序；当只有条件表达式而无标号时，next 语句根据条件表达式是否成立来判断跳出循环，条件表达式成立（为真）则跳出本次循环，条件表达式不成立（为假）则继续执行本次循环。

【例 2-14】 采用外部信号控制 6 位奇偶校验电路源程序。

```
library ieee;
use ieee. std _ logic _ 1164. all;
```

```
use ieee. std _ logic _ arith. all;
use ieee. std _ logic _ unsigned. all;
entity jjy is
port (d:in std _ logic _ vector(5 downto 0);--输入 d 是六位二进制数
        control:in std _ locic;
        y:out std _ logic
        ynot:out std _ logic);
end jjy;
architecture bhv of jjy is
begin
        process (d,control)
        variable tmp:std _ logic;
            begin
                tmp: = '0';
                for i in 5 downto 0 loop
                    next when control ='0';        --外部信号 ccontrol 为逻辑低电平
                    tmp: = tmp xor d(i);
                    wait for 200ms;                --程序等待 200ms
                end loop;
                y < = tmp;
                ynot < = tmp;
        end process;
end bhv;
当 control = '0'时,跳出循环。
```

6) exit 语句。其只用在 loop 语句内部的循环控制语句, exit 语句作用是跳出循环, 即提前结束 loop 语句循环, 接着执行循环后面的语句。当程序需要处理保护、出错状态和警告等情况时, 该语句就是一种非常快捷的手段。

exit 语句的格式为:

exit [循环标号][when 条件表达式];

循环标号和条件表达式都是可选项。当二者省略时, 则 exit 语句表示立即无条件跳出循环, 不再执行此循环体; 当只有循环标号而无条件表达式时, exit 语句表示立即退出循环体, 并从循环体标号指定的开始执行程序; 当只有条件表达式而无循环标号时, exit 语句根据条件表达式是否成立来判断退出循环, 条件表达式成立则立即退出循环, 条件表达式不成立则继续执行循环。

注意: exit 语句与 next 语句的不同点: 执行 exit 语句是结束循环, 直接从循环中跳出, 不再执行此循环体; next 语句是仅仅结束循环执行过程中的某一次循环, 并没有跳出本循环体, 依然重新执行本循环体的下次循环。

【例 2-15】 已知正方形边长求面积, 当面积大于 150 时跳出循环的部分源程序。

…

```vhdl
architecture behave _ s of s is
begin
        process ( clk)
        variable area _ tmp:real: = 1.0;
            begin
                for i in 0 to 20 loop
                    area _ tmp: = real(i) * real(i);        --数据类型转换
                    if integer( area _ tmp) >150 then
                    exit;                                   --当条件成立则提前退出循环
                    end if;
                end loop;
            end process;
end bhv;
```
…

7）null 语句。在 VHDL 语句中，null 语句表示空操作，当程序执行到 null 语句时不进行任何操作，而是使程序执行下一条语句，null 语句可以为对应的信号值赋一个空值，也常用在 case 语句中，利用 null 来表示 case 语句中不需要条件选择值的顺序处理语句，从而满足 case 语句中例举全部条件选择值的要求。

【例 2-16】 null 语句的典型应用。
…

```vhdl
architecture behave of and _ 2 is
    begin
    process( a,b)
        variable tmp:std _ logic _ vector(1 downto 0);
        begin
        tmp: = a & b;
            case tmp is
                when "00 " = >d < ='1 ';
                when "01 " = >d < ='1 ';
                when "10 " = >d < ='1 ';
                when "11 " = >d < ='1 ';
                when others = >null;
            end case;
        end process;
            d < = tmp;
    end behave;
```
    …

8）等待(wait)语句。其只用于进程(或过程)内部，执行程序遇到 wait 时，程序将被挂起，直到满足此语句设置的结束挂起条件后，将重新开始执行程序。

wait 语句的一般格式为：

wait [on 信号表][until 条件表达式][for 时间表达式]；

根据 wait 语句中的可选项，wait 语句有 4 种格式。

➤ wait：无限等待，一般不用。

➤ wait on 信号表：-该语句是敏感信号等待语句，当敏感信号表中的任一信号发生变化时，才会进入到执行状态，激活运行程序。

➤ wait until 条件表达式：条件表达式成立时，激活运行程序。

➤ wait for 时间表达式：一段时间到，运行程序继续进行。

对于多条件 wait 语句，条件必须同时满足，进程(或过程)才会由等待状态转到工作状态，去执行等待语句后的下一条语句；如果多个条件中有一个条件不满足，那么程序将处于等待状态。

注意：wait 语句通常在仿真中使用。

例：process
    begin
        wait a，b，c；
        y < = a and b and c；
      end process

表示当 a、b 或 c 信号中任一信号发生变化时，就结束等待状态，执行此语句的下一条语句，否则就处于等待状态。

9) assert 语句。assert 语句为断言语句，主要功能是在程序仿真或者调试中进行人机对话，report 象 C 语言中的 print 语句，可以输出一个文字串警告和错误信息输出，文字串应用双引号括起来。

assert 语句和 report 语句格式为：

assert <条件表达式>

[report 输出信息]

[severity 出错级别]；

severity 后面的出错级别主要分为 4 个级别：note(注意)、warning(警告)、error(错误)和 failure(失败)。

当程序执行到该语句时，首先要对条件表达式是否成立进行判断，如果成立则程序跳出断言语句部分，执行后继的下一条语句；如果不成立则程序执行断言语句中的输出信息操作，输出错误信息和错误严重程度的级别。

例：assert 语句常见应用语句。

…

architecture rtl of s is
    begin
        assert(a > b)
           report " the judgement is：a < = b. "

```
                    severity note;
                q < = a;
    end rtl;
    ...
```

10）子程序调用语句。其存在形式为过程和函数的子程序，子程序调用可分为过程调用语句和函数调用语句，像其他高级语言一样，调用过程调用语句执行过程体，调用函数调用语句执行函数体。

过程调用语句的格式：

过程名［（实参表）］；

函数调用语句的格式：

函数名［（实参表）］；

11）子程序返回语句。return 语句（子程序返回语句）和 C 语言中的 return 语句类似。作用是结束一段子程序并返回主程序，它只能用于函数和过程体内。

过程返回语句的格式：

return；

函数返回语句的格式：

return 表达式；

> **注意：** 过程里的 return 语句必须是无条件的，一定不能有表达式；而函数里的 return 语句必须有表达式，并且函数结束必须用 return 语句。

（8）VHDL 语言的并行语句

在一般的计算机语言中，大多数语言（例如 C 语言）都是顺序执行的，但 VHDL 语言设计的电路具有和实际电路系统一样的特性：几乎所有的操作都是并发执行的，即一旦事件触发，操作就会同时立即执行。因此，VHDL 语言必须提供能并行工作的描述语句。在 VHDL 中，并行语句有多种语句格式，这些并行语句在系统中是同时执行的，它们在语句中的书写顺序不会影响执行的先后。在系统执行过程中，并行语句之间可以相互影响或相互独立。下面介绍几种常见的并行语句。

1）并行处理语句。

① 简单并行信号赋值语句。其是最基本的并行语句，它与前面介绍的信号赋值语句的语法结构是完全一样的，主要应用在结构体中进程和子程序之外。结构体中的多条并行信号赋值语句是并行执行的，与书写顺序前后无关。

并行信号赋值语句的主要格式为：

目标信号 < = 表达式；

目标信号 < = 表达式 after 延迟时间；

> **注意：** 目标信号和右边的表达式的数据类型必须一致。

例：简单并行信号赋值语句。下面结构体中的 3 条信号赋值语句的执行是并发执行的。

```
...
architecture    rtl of abc is
signal a,b,c,d,e:std _ logic;
```

```
begin
    output1 < = a and b;
    e < = b + c;
    d < = e;
end rtl;
…
```

② 条件并行信号赋值语句。其是信号名的值可以根据条件的不同而赋值不同，其格式如下：

```
目标信号 < = 表达式 1 when 条件 1 else
            表达式 2 when 条件 2 else
            …
            表达式 n when 条件 n else
            表达式 n + 1;
```

条件并行信号赋值语句一般用户较难掌握，进行设计时首先考虑进程语句、if 语句和 case 语句。

注意：该语句不能在进程和子程序中使用；该语句对条件判断有优先级区分，位于前面的条件具有较高的优先级；该语句不能进行嵌套，因而不能生成锁存器；该语句的前 n 条中的 else 一定要有，最后一条没有 when 表达式。

【例 2-17】 四选一数据选择器电路的源程序。
```
library ieee;
use ieee. std _ logic _ 1164. all;
entity sxy is
    port(s1,s0,a,b,c,d:in std _ logic;
            y:out std _ logic );
end sxy;
architecture bhv of sxy is
    signal s:std _ logic _ vector(0 to 1);
    begin
            s < = s0 & s1;
        y < = a when s = "00" else
            b when s = "01" else
            c when s = "10" else
            d when s = "11" else
            'x';
end bhv;
```

③ 选择并行信号赋值语句。其是一个类似 case 语句功能的分支控制型并行语句，可应用在进程之外（case 语句用在进程和子程序内），该语句首先对选择条件表达式进行处理判断，根据其值符合哪个选择条件，就将该条件前面的表达式赋值给目标信号。其格式为：

with 选择条件表达式 select

目标信号 < = 表达式 1 when 选择条件 1,

表达式 2 when 选择条件 2,

…

表达式 n when 选择条件 n;

【例 2-18】 四选一数据选择器电路的源程序。

```
library ieee;
use ieee. std _ logic _ 1164. all;
entity sxy is
    port( s1,s0,a,b,c,d:in std _ logic;
                    y:out std _ logic );
end sxy;
architecture rtl of sxy is
    signal s:std _ logic _ vector(0 to 1);
    begin
  s < = s0 & s1;
with s select
y < = a when s = "00",
      b when s = "01",
      c when s = "10",
      d when s = "11",
      'z' when others;
end rtl;
```

注意: 该语句不能在进程和子程序中使用; 该语句的选择条件必须覆盖全面; 该语句对选择条件比较是同时进行的; 该语句表达式后面必须有 when 子句。

2) 进程(process)语句。VHDL 中, 进程语句是使用非常频繁、应用非常广泛的最基本并行语句, 主要描述硬件电路系统的并发行为。在进行较大电路系统设计时, 通常将一个系统划分为多个模块, 并对各个模块分别进行 VHDL 设计, 这些模块的功能是并发的, 即进程语句是在结构体中用来描述特定电路功能的程序模块, 一个结构体中可以包含多个进程语句, 各个进程语句是并行执行的, 进程之间可以通过信号量进行相互通信。但每一个进程语句内部的各个语句是顺序执行的, 即进程语句同时具有并行描述语句和顺序描述语句的特点。进程语句的语法结构格式为:

[进程名称:]process [信号量 1,信号量 2,…][is]

[进程说明语句]——说明用于该进程的常数,变量和子程序

begin

变量和信号赋值语句;

顺序语句;

end process [进程名称];

> **注意**：进程语句从 process 开始至 end process 结束；进程中的信号量必须是进程中使用的一些信号，而不能是进程中的变量；当某个信号量的值发生变化时，立即启动进程语句，执行 begin 和 end process 中间部分，直到信号值稳定不变为止。也可以用 wait 语句来启动进程；在进程说明区只能定义常数、变量和子程序等，不能在进程内部定义信号，信号只能在结构体说明部分定义；在进程中的语句是顺序语句，包括变量和信号赋值语句、if 语句、case 语句和 loop 语句等。

【例 2-19】 四位十进制计数器的部分 VHDL 源程序。

```
…
process( clk, rd)
    begin
if ( rd = '0 ') then
  y < = "0000";
  elsif ( clk 'event and clk = '1 ')then
  if( en = '1 ') then
      y < = y + 1;
    end if;
  end if;
end process;
…
```

在敏感信号表中，信号 clk，rd 都是敏感信号，当此两个信号其中一个发生变化时，此进程就执行。

3）元器件定义语句和端口映射语句。在一个较大的电路系统中，经常用到芯片，电路系统板上的芯片就相当于 VHDL 中的元器件。将预先设计好的设计实体定义为一个元件，然后利用特定的语句将本元件与当前的设计实体相关的端口或信号进行连接，相关的端口或信号相当于电路系统板的插座。在 VHDL 程序设计中，把设计好的程序定义为一个元件。这些元件设计好后保存在当前工作目录中，其他设计体可以通过端口映射的处理来调用这些元件。元件定义语句和端口映射语句就是在某个结构体中定义元件和实现元件调用的两条语句，端口映射语句也称为元件例化语句，元件定义语句可在 architecture、package 和 block 语句的说明部分使用，指出要调用的是元件库中的哪一个已定义的逻辑描述模块。端口映射语句是把库中已设计的元件端口信号映射成高层次设计电路（比如对应实际的电路系统板）的信号，各个元件之间、各个模块之间的信号连接关系就是用端口映射语句来描述。两种语句的格式如下。

① 元件定义语句(componet)。其格式如下所示。

```
component 元件名称   is        --元件定义语句
    generic （类属表）;        --对元件的参数进行说明
    port（端口名表）;          --元件端口说明与该元件源程序实体中的 port 部分相同,描
                              述该元件输入和输出端口
end componet 元件名称;
```

② 端口映射语句(port map)。其格式如下所示。

标号名：元件名称 port map(信号1,信号2,… 信号n);

注意： 标号名不能省略，在结构体中是唯一的。

语句中的 port map 是端口映射的意思，表示元件端口与结构体之间交换数据的方式(元件调用时要进行数据交换)。端口映射有端口位置映射和端口名称映射两种映射方式。位置映射是指被调用元件端口说明中信号的书写顺序及位置和 port map 语句中实际信号的书写顺序及位置一一对应。名称映射是指将库中已有的模块的端口名称赋予设计中的信号名。

注意： 在输出信号没有连接的情况下，对应端口的描述可以省略。

4) 块(block)语句。在进行实际电路设计时，我们常常将一个电路系统分解成若干个子模块，每一个模块可以是一个具体的电路图(如常见的电源模块)。在进行 VHDL 设计时，一个设计实例的结构体相当于电路系统，block 语句就相当于子模块。块语句是一种并行语句的组合方式，可以使程序更加有层次、更加清晰。块语句的格式如下。

块标号：block[(块保护表达式)]

　　　　说明语句；

　　begin

　　　　并行描述语句；

　　end block [块标号];

5) 生成语句。在一个电路系统中，经常会看到重复的电路设计，为了提高 VHDL 的简洁性，VHDL 设计中采用生成语句来处理重复电路。生成语句是一种循环语句，具有复制电路的功能，利用生成语句能复制一组完全相同的并行元件或设计单元电路结构，避免多段相同结构的重复书写，以简化设计。生成语句有 for 工作模式和 if 工作模式两种。

① for 工作模式的生成语句。其格式如下所示。

[生成标号:]for 循环变量　in 取值范围 generate

　　　　并行处理语句；

　　　　end generate [生成标号];

for 工作模式常常用来进行一些有规律的重复结构描述。其循环变量是一个局部变量，取值范围可以选择递增(表达式 to 表达式)和递减(表达式 downto 表达式)两种形式。

注意： for 工作模式的生成语句结构中不能使用 exit 和 next 语句。

② if 工作模式的生成语句。其格式如下所示。

[生成标号:]if 条件 generate

　　　　并行处理语句；

　　　　end generate [生成标号];

if 工作模式的生成语句常用来描述带有条件选择的结构。条件选择的结构主要指例外情况的结构。该语句中只有 if 条件为 ture(真)时，才执行结构体内部的并行处理语句，否则不执行该语句。

由于两种工作模式各有特点，因此在实际的硬件数字电路设计中，两种工作模式常常可以同时使用。

6）子程序（subprogram）。通过 VHDL 设计一个结构比较复杂、功能比较丰富的电子电路系统，可以采用多进程子结构方式或者多块子结构方式，也可以采用多个子程序子结构方式。子程序的含义和其他高级语言的子程序概念相似，是指在主程序调用它以后能将处理结果返回主程序的程序模块，它可以重复调用。子程序有两种类型：过程（procedure）和函数（function）。其中"过程"和"函数"和其他高级语言中的子程序和函数类似。子程序必须在包集合（package）中先定义然后才能调用，在调用前还必须重新初始化，因此子程序内部的值不能保持，当子程序返回后才能被再次调用。

① 过程语句（procedure）。在 VHDL 中，过程语句构成的子程序结构的书写格式如下：
procedure 过程名（参数1；参数2；…参数 n）is

　　　［定义语句］；　－－定义变量等

　　　begin

　　　　　…

　　　　　　顺序处理语句；--过程的语句

　　　　　…

end［procedure］［过程名］；

在 procedure 中，过程语句中的语句是顺序执行的，调用者在调用过程前先将初始值传递给过程的输入参数，然后过程语句启动，按顺序自上而下执行过程结构中的语句，执行结束，将输出值复制到调用者的输出和双向定义的变量或信号中。

例：在程序包中定义和调用的部分 VHDL 源程序。

library ieee；

use ieee. std _ logic _ 1164. all；

package page is

procedure jfq（d1：in integer range 0 to 31；

　　　　　　d2：in integer range 0 to 31；

　　　　　　dout：out integer range 0 to 31）is

begin

…

② 函数语句（function）。

在 VHDL 中，函数语句构成的子程序结构的书写格式如下：

function 函数名（参数 1；参数 2；…参数 n）　 return 数据类型 is

　　　[定义语句]；

　　begin

　　　…

　　　顺序处理语句；

　　　…

　　return [返回变量名]；

end [function] [函数名]；

函数名一般都以函数语句的功能来表示。如果没有特别的说明，参数列表都按常数处理。

> **注意：** 函数语句可以没有返回值，也可以有一个返回值；过程语句没有返回值；函数语句的参数列表都是输入信号；过程语句参数列表可以是输入信号、输出信号和双向信号。

例：在结构体中定义和调用函数的部分 VHDL 源程序。

```
library ieee ;
use ieee. std _ logic _ 1164. all ;
entity function1 is
    port ( a ,b,c:in bit;
            d,e,f:in bit;
                set:in bit;
        dataout:out bit _ vector( 2 downto 0 ) ) ;
end function1 ;
architecture q of function1 is
function max ( i:bit _ vector( 2 downto 0 ) ;
            k:bit _ vector( 2 downto 0 ) ) return bit _ vector is
varibele tmp:bit _ vector( 2 downto 0 ) ;
    begin
        if( i > k )then tmp: = j;
                    else
                    tmp: = k;
            end if;
            return tmp;
end max;
…
```

5. 任务评价

项目评价由过程评价和结果评价两大部分组成，任务 1 的评价是属于项目 2 的过程评价之一，如表 2-11 所示。

表 2-11　项目 2 中任务 1 的检查及评价单

任务检查及评价单	任务名称		项目承接人		编　号
	VHDL 语言程序输入与编译				
检查人	检查开始时间	检查结束时间	评价开始时间		评价结束时间

评 分 内 容	标准分值	自我评价(20%)	小组评价(30%)	教师评价(50%)
1. 创建 VHDL 工程	10			
2. 新建 VHDL 文件	10			
3. VHDL 基本结构	15			
4. VHDL 语言要素	10			
5. VHDL 基本语句	15			
6. 源程序保存	10			
7. 源程序修改及编译	20			
8. 译码器概念	10			

9. 总分(满分 100 分)：

教师评语：

被检查及评价人签名	检查人签名	日期	组长签名	日期	教师签名

2.3.2　任务 2　电路仿真及功能下载

1. 任务描述

源文件编译通过后，利用 Quartus Ⅱ对电路进行电路仿真，即建立仿真通道文件和设计仿真，得到译码器的仿真波形，并将编译后的文件下载到芯片中。

2. 任务目标与分析

通过本任务操作，使用户熟练使用 Quartus Ⅱ软件进行电路仿真，掌握仿真具体步骤。如果源文件错误，能根据仿真波形修改源文件，能够熟练使用 Quartus Ⅱ软件进行引脚锁定和编程下载具体操作，具有将功能表和仿真波形对比分析能力。

仿真是 EDA 技术的重要组成部分，也是对设计电路进行功能和性能测试的有效手段，为编程提供有力的可实施证据。用户在源文件能够正确编译后，建立仿真通道文件，设计仿真，得到仿真波形。然后进行引脚锁定和编程下载，完成项目。VHDL 设计编辑、编译和仿真目的是将正确程序下载到应用系统中的芯片里。用户应该熟练掌握引脚锁定、硬件通信和编程下载，将程序下载到目标芯片中。

3. 任务实施过程

(1) 电路仿真(仿真步骤和项目一相同)

1) 建立通道文件。创建一个仿真波形文件；设置仿真时间；输入信号节点；编辑输入节点的波形。

2）设计仿真。启动仿真，选择菜单"Processing"→"Start Simulation"，或单击按钮 ⚡ 来启动仿真器，完成设计仿真，并观察结果；仿真分析（图2-12是3-8译码器的仿真结果）。从图2-12可以看出3-8译码器输入引脚和输出引脚之间的关系符合功能表的逻辑，单击右栏仿真波形报告，能够查看仿真波形报告、仿真总结等信息。

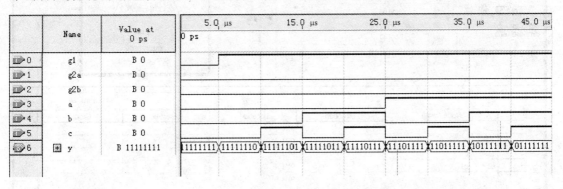

图 2-12　3-8 译码器的仿真波形

（2）应用 RTL 电路图

VHDL 设计方法与原理图设计方法类似，主要区别在于设计输入，应用 RTL 电路图观察器具体步骤参考项目 1。选择菜单"Tool"→"Netlist Viewers"→"RTL Viewers"，可生成如图 2-13 所示的基于 VHDL 描述的 3-8 译码器电路对应的 RTL 电路图。

（3）引脚锁定和程序下载

1）引脚锁定。工程编译仿真都通过后，就可以将配置的数据下载到 EDA 实验箱相关芯片，下载之前首先进行引脚锁定，锁定后"Pin Planner"窗口如图 2-14 所示。

2）程序下载。将编译产生的 sof 下载文件配置进 FPGA 中，编程下载，当"Progress"显示为 100% 时，下载结束。

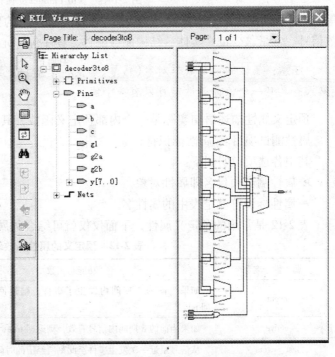

图 2-13　基于 VHDL 描述的 3-8 译码器电路对应的 RTL 电路图

4. 任务学习指导

（1）属性描述与定义语句

VHDL 语言的属性描述语句在应用中有许多重要作用，可用于对信号或其他项目的多种属性检测或统计。例如获取一般数值的邻值和极限值；获取数组中的值和数组的长度；获取块、信号或子类型中的数据；获取未约束的数据类型的范围；检出时钟的边沿；定时检查

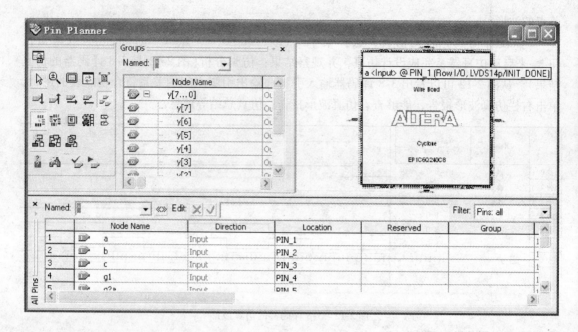

图 2-14　"Pin Planner" 窗口

等。VHDL 允许用户定义属性。VHDL 中可以具有属性的项目为：类型、子类型；过程、函数信号、常量、变量；实体、结构体、配置、程序包；元器件；语句标号。

注意：属性的值与数据对象(信号、常量和变量)的值不同，在某一时刻，一个数据对象只能具有一个值，属性却可以有多个值。

预定义属性描述语句实际是一个内部预定义函数，其格式为：

属性测试项目名′属性标识符；

其中各选项说明如下：

➢ 属性测试项目名即属性对象。

➢ 属性标识符就是表中的属性名。

表 2-12 是常用的预定义属性，下面仅仅就可综合的属性项目使用方法进行说明。

表 2-12　预定义的属性函数表

属 性 名	功能与函数	使 用 范 围
event	如果当前的 δ 期间内发生了事件，则返回 true，否则返回 false	信号
active	如果当前的 δ 期间内信号有效，则返回 true，否则返回 false	信号
last_event	从信号最近一次发生事件至此刻所经历的时间	信号
last_value	最近一次事件发生之前信号的值	信号
last_active	返回自信号前面一次事件处理至此刻所经历的时间	信号
delayed[(time)]	建立和参考信号同类型的信号，该信号紧跟着参考信号之后，并有一个可选的时间表达式指定延迟时间	信号
stable[(time)]	每当在可选的时间表达式指定的时间内信号无事件时，该属性建立一个值为 true 的布尔型信号	信号

属 性 名	功能与函数	使用范围
quiet[(time)]	每当参考信号在可选的时间内无信号处理时，该属性建立一个值为 true 的布尔型信号	信号
transaction	在此信号上有事件发生，或每个事件处理中它的值翻转时，该属性建立一个 bit 型的信号（每次信号有效时，重复返回 0 或 1 的值）	信号
left[(n)]	返回类型或子类型的左边界，用于数组时，n 表示二维数组行序号	类型、子类型
right[(n)]	返回类型或子类型的右边界，用于数组时，n 表示二维数组行序号	类型、子类型
high[(n)]	返回类型或子类型的上限值，用于数组时，n 表示二维数组行序号	类型、子类型
low[(n)]	返回类型或子类型的下限值，用于数组时，n 表示二维数组行序号	类型、子类型
length[(n)]	返回数组范围的总长度（数组内元素的个数），用于数组时，n 表示二维数组行序号	数组
range[(n)]	返回指定排序区间范围，参数 n 指定二维数组的第 n 行	数组
reverse_range[(n)]	返回指定逆序区间范围，参数 n 指定二维数组的第 n 行	数组
structure[(n)]	如果块或结构体只含有元件例化语句或被动进程语句时，属性 strcuture 返回 true	块、结构体
behavior	如果由块标志指定块或者由结构体名指定结构体，又不含有元件例化语句，则属性 behavior 返回 true	块、结构体
pos(value)	参数 value 的位置序号	枚举类型
val(value)	参数 value 的位置值	枚举类型
succ(value)	比 value 的位置序号大的一个相邻位置值	枚举类型
pred(value)	比 value 的位置序号小的一个相邻位置值	枚举类型
leftof(value)	在 value 左边位置的相邻值	枚举类型
rightof(value)	在 value 右边位置的相邻值	枚举类型

注：① left、right、length 和 low 用来得到类型或者数组的边界

② pos、val、succ、pred、leftof 和 rightof 用来管理枚举类型

③ active、event、last_active、last_event 和 last_value 当事件发生时用来返回有关信息

④ delayed、stable、quiet 和 transaction 建立一个新信号，该新信号为有关的另一个信号返回信息

⑤ range 和 reverse_range 在该类型恰当的范围内用来控制语句

1）信号类属性。'event 是最常用的信号类属性，下面例子就是 event 的实际应用。

例：对信号 clock 的上升沿进行检测。

…

```
process ( clock )
    if ( clock 'event and clock = '1' ) then
            a < = data;
        end if;
end process;
...
```

该例表示对信号 clock 的上升沿进行检测。一旦检测到 clock 有一个上升沿时,在一个极小的时间段 δ 后检测到 clock 为 1,则 if 语句返回 true,执行下一条语句 a < = data,并保持此值在 a 端。同理,以下表达式表示对信号 clock 下降沿的测试:

clock 'event and clock = '0'

2) 数值区间类属性。数值区间类属性有' range[(n)] 和' reverse _ range[(n)]。这类属性函数主要对属性项目取值区间进行测试,返回的内容是一个区间(不是一个具体值)。' range[(n)] 和' reverse _ range[(n)] 返回的区间次序相反,前者与原项目次序相同,后者相反。

3) 数值类属性。该类函数主要有' left, ' right, ' high, ' low,它们主要是对属性测试目标的一些数值特性进行测试。

例:对数值类属(右边界、左边界、最大值和最小值)进行测试。

a1 < = obj 'right;

a2 < = obj 'left;

a3 < = obj 'high;

a4 < = obj 'low;

a1、a2、a3 和 a4 获得的赋值分别是 obj 的右边界值、左边界值、最大值和最小值。

4) 数组属性。数组属性常用' LENGTH,此函数是对数组的宽度或元素的个数进行测定。

例:对数组的元素的个数进行测定。

...

```
type number array ( 0 to 7 ) of bit;
variable weth : integer;
weth : = number 'length;  --weth = 8
...
```

5) 用户定义属性。用户定义属性格式如下。

attribute 属性名:数据类型;

attribute 属性名 of 对象名:对象类型 is 值;

VHDL 综合器和仿真器通常使用自定义的属性实现一些特殊的功能, 定义一些 VHDL 综合器和仿真器所不支持的属性是没有意义的。

(2) 逻辑门电路的 VHDL 设计

本项目中将在项目 2 中介绍的 VHDL 语言的语法、语句、程序结构等内容与电子电路设计结合起来,介绍组合逻辑电路的 VHDL 语言描述方法。先从基本的逻辑门电路设计开始,再到组合逻辑电路的设计,使用户能够从浅入深的理解并掌握数字逻辑电路设计的方法和操作过程。

在 VHDL 语言中，通常将与非门、或非门、反相器、异或门、同或门等逻辑门电路组织成基本元件的形式，用户在设计时可以根据需要直接调用。这些基本元件存放在 Quartus Ⅱ 软件安装目录下的 altera \ Quartus Ⅱ \ libraries \ primitives \ logic 文件夹中，在此详细介绍这些基本元件的 VHDL 语言描述方法，是复杂电路设计的基础。

1）二输入与非门电路。二输入与非门电路符号，存在于 Quartus Ⅱ 软件的指定目录 c：\ altera \ 72 \ quartus \ libraries \ primitives \ logic 中，其电路符号如图 2-15 所示，其逻辑方程为 Y = AB，在原理图设计输入方法中可以直接调用。使用文本输入方法设计二输入与非门电路时，先在项目工程中新建文本文件，再输入相应程序。使用 VHDL 语言描述二输入与非门时，可使用如下两种编程代码。

图 2-15　二输入与非门电路符号

a）Quartus Ⅱ 软件中的符号　b）国际标准符号

① 二输入与非门的 VHDL 语言行为级描述。

```
library ieee;
use ieee. std _ logic _ 1164. all;
entity yfm2 is
    port( a,b:in std _ logic;
        y:out std _ logic);
end entity yfm2;
architecture one of yfm2 is
begin
    y < = a nand b;
end architecture one;
```

② 二输入与非门的 VHDL 语言结构描述。

```
library ieee;
use ieee. std _ logic _ 1164. all;
entity yfm22 is
    port( a,b:in std _ logic;
        y:out std _ logic);
end entity yfm22;
architecture one of yfm22 is
begin
process( a,b)
variable yfm:std _ logic _ vector( 1 downto 0);
```

```
begin
    yfm: = a & b;
    case yfm is
    when "00" = > y < = '1';
    when "01" = > y < = '1';
    when "10" = > y < = '1';
    when "11" = > y < = '0';
    when others = > null;
    end case;
end process;
end architecture one;
```

二输入与非门电路功能仿真波形如图 2-16 所示。

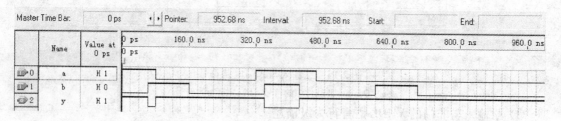

图 2-16　二输入与非门电路功能仿真波形

2) 二输入或非门电路。二输入或非门电路符号，存在于 Quartus Ⅱ 软件的指定目录 c：\ altera \ 72 \ quartus \ libraries \ primitives \ logic 中，其电路符号如图 2-17 所示，其逻辑方程为 Y = $\overline{A + B}$，在原理图设计输入方法中可以直接调用。使用文本输入方法设计二输入或非门电路时，先在项目工程中新建文本文件，再输入相应程序。使用 VHDL 语言描述二输入或非门时，可使用如下两种编程代码。

图 2-17　二输入或非门电路符号

a) Quartus Ⅱ 软件中的符号　b) 国际标准符号

① 二输入或非门的 VHDL 语言行为级描述。

```
library ieee;
use ieee. std _ logic _ 1164. all;
entity nor22 is
    port(a,b:in std _ logic;
        y:out std _ logic);
end entity nor22;
```

150

```
architecture one of nor22 is
begin
    y < = a nor b;
end architecture one;
```

② 二输入或非门的 VHDL 语言结构描述。

```
library ieee;
use ieee. std _ logic _ 1164. all;
entity nor222 is
    port(a,b:in std _ logic;
        y:out std _ logic);
end entity nor222;
architecture one of nor222 is
begin
process(a,b)
variable hfm:std _ logic _ vector(1 downto 0);
begin
    hfm: = a & b;
    case hfm is
    when "00" = > y < ='1';
    when "01" = > y < ='0';
    when "10" = > y < ='0';
    when "11" = > y < ='0';
    when others = > null;
    end case;
end process;
end architecture one;
```

二输入或非门电路功能仿真波形如图 2-18 所示。

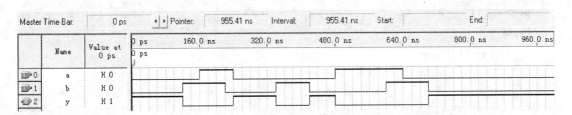

图 2-18　二输入或非门电路功能仿真波形

3) 反相器电路。反相器电路符号，存在于 Quartus Ⅱ 软件的指定目录 c：\ altera \ 72 \ quartus \ libraries \ primitives \ logic 中，其电路符号如图 2-19 所示，其逻辑方程为 $Y = \overline{A}$，在原理图设计输入方法中可以直接调用。使用文本输入方法设计反相器电路时，先在项目工程中新建文本文件，再输入相应程序。使用 VHDL 语言描述反相器电路时，可使用如下两种编程代码。

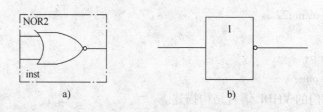

图 2-19　反相器电路符号

a）Quartus Ⅱ 软件中的符号　b）国际标准符号

① 反相器电路的 VHDL 语言行为级描述。

library ieee;

use ieee. std _ logic _ 1164. all;

entity not1 is

　　port(a:in std _ logic;

　　　　y:out std _ logic);

end entity not1;

architecture one of not1 is

begin

　　y < = not a;

end architecture one;

② 反相器电路的 VHDL 语言结构描述。

library ieee;

use ieee. std _ logic _ 1164. all;

entity not2 is

port(a:in std _ logic;

　　y:out std _ logic);

end entity not2;

architecture one of not2 is

begin

process(a)

begin

　　if(a ='1 ') then

　　　　y < ='0';

　　else

　　　　y < ='1';

　　end if;

end process;

end architecture one;

反相器电路功能仿真波形如图 2-20 所示。

4）二输入异或门电路。二输入异或门电路符号，存在于 Quartus Ⅱ 软件的指定目录c:\ altera\72\quartus\libraries\primitives\logic 中，电路符号如图 2-21 所示，逻辑方程为 Y = A ⊕

152

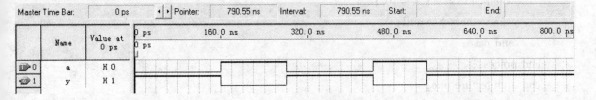

图 2-20　反相器电路功能仿真波形

B，在原理图设计输入方法中可以直接调用。使用文本输入方法设计二输入异或门电路时，先在项目工程中新建文本文件，再输入相应程序。使用 VHDL 语言描述二输入异或门电路时，可使用如下两种编程代码。

① 二输入异或门的 VHDL 语言行为级描述。

```
library ieee;
use ieee. std _ logic _ 1164. all;
entity yh1 is
    port(a,b:in std _ logic;
        y:out std _ logic);
end entity yh1;
architecture one of yh1 is
begin
    y < = a xor b;
end architecture one;
```

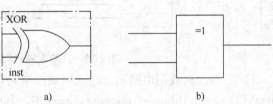

图 2-21　二输入异或门电路符号
a) Quartus Ⅱ 软件中的符号　b) 国际标准符号

② 二输入异或门的 VHDL 语言结构描述。

```
library ieee;
use ieee. std _ logic _ 1164. all;
entity yh2 is
    port(a,b:in std _ logic;
        y:out std _ logic);
end entity yh2;
architecture one of yh2 is
begin
process(a,b)
variable yhm:std _ logic _ vector(1 downto 0);
begin
    yhm: = a & b;
    case yhm is
    when "00" = > y < ='0';
    when "01" = > y < ='1';
    when "10" = > y < ='1';
```

when "11 " = > y < = '0 ';

when others = > null;

end case;

end process;

end architecture one;

二输入异或门电路功能仿真波形如图 2-22 所示。

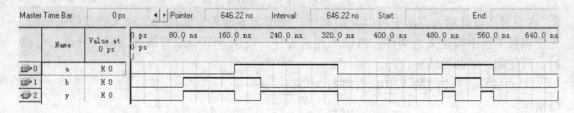

图 2-22　二输入异或门电路功能仿真波形

5）二输入同或门电路。二输入同或门电路符号，存在于 Quartus Ⅱ软件的指定目录 c：\ altera\72\quartus\libraries\primitives\logic 中，其电路符号如图 2-23 所示，其逻辑方程为 Y = A⊙B，在原理图设计输入方法中可以直接调用。使用文本输入方法设计二输入同或门电路时，先在项目工程中新建文本文件，再输入相应程序。使用 VHDL 语言描述二输入同或门电路时，可使用如下两种编程代码。

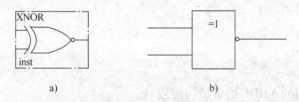

a)　　　　　　　　　　　　　　　　b)

图 2-23　二输入同或门电路符号

a）Quartus Ⅱ软件中的符号　b）国际标准符号

① 二输入同或门的 VHDL 语言行为级描述。

library ieee;

use ieee. std _ logic _ 1164. all;

entity th1 is

　　port(a,b:in std _ logic;

　　　y:out std _ logic);

end entity th1;

architecture one of th1 is

begin

　　y < = not(a xor b);

end architecture one;

② 二输入同或门的 VHDL 语言结构描述。

library ieee;

use ieee. std _ logic _ 1164. all;

```
entity th2 is
    port(a,b:in std _ logic;
        y:out std _ logic);
end entity th2;
architecture one of th2 is
begin
process(a,b)
variable thm:std _ logic _ vector(1 downto 0);
begin
    thm: = a & b;
    case thm is
    when "00 " = > y < = '1 ';
    when "01 " = > y < = '0 ';
    when "10 " = > y < = '0 ';
    when "11 " = > y < = '1 ';
    when others = > null;
    end case;
end process;
end architecture one;
```

二输入同或门电路功能仿真波形如图 2-24 所示。

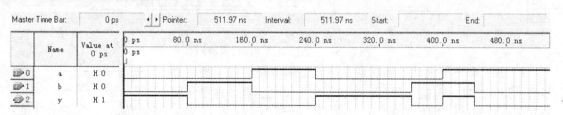

图 2-24　二输入同或门电路功能仿真波形

（3）常用组合逻辑电路的 VHDL 设计

组合逻辑电路的输出信号只与当时的输入信号有关，在此介绍三态门、加/减法器、数据选择器、编码器等常用的组合逻辑电路的 VHDL 语言描述方法。

1）三态门电路设计。三态门电路是数字逻辑电路中常用的接口电路，具有缓冲数据、增强线驱的功能，通过三态门，可以将总线与功能器件连接起来。三态门具有 3 个输出状态，即高电平、低电平和高阻状态，还有一个输出控制使能端，用于控制三态门电路的连接与断开状态。

三态门电路符号在 Quartus Ⅱ 软件的 c:\altera\72\quartus\libraries\primitives\buffter 目录中，其电路符号如图 2-25 所示，当输出控制使能端 en = 1 时，输入与输出连通，en = 0 时，输入与输出断开即呈现高阻状态。当在原理图设计输入方法中可以直接调用。使用 VHDL 语言描述三态门电路时，先在项目工程中新建文本文件，再输入相应程序。使用三态门电路时，具体程序可使用如下编程代码。

```
library ieee;
use ieee. std _ logic _ 1164. all;
entity stm1 is
    port(in1,en:in std _ logic;
        out1:out std _ logic);
end entity stm1;
architecture one of stm1 is
begin
process(in1,en)
begin
    if en ='1' then out1 < = in1;
    else out1 < ='z';
    end if;
end process;
end architecture one;
```

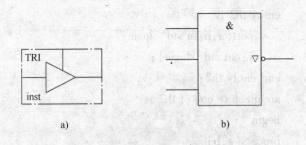

图 2-25　三态门电路符号

a) Quartus Ⅱ 软件中的符号　b) 国际标准符号

三态门电路功能仿真波形如图 2-26 所示。

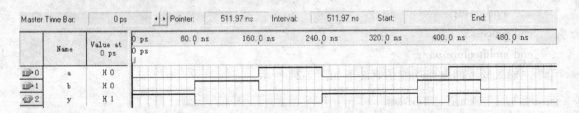

图 2-26　三态门电路功能仿真波形

2）加法器电路设计。加法器是组合逻辑电路中的一种，具有算术运算功能，包括半加器、全加器和多位全加器，这里介绍全加器电路的设计方法。

全加器电路在 Quartus Ⅱ 软件中的电路符号如图 2-27 所示，其真值表如表 2-13 所示，a 是加数，b 是被加数，d 是输入法的低位进位信号，h 是输出和数，g 是输出的进位信号。使用 VHDL语言描述全加器电路时，先在项目工程中新建文本文件，再输入相应程序，具体程序可使用如下编程代码。

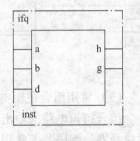

图 2-27　全加器电路符号

表 2-13　全加器的真值表

输　　　　入			输　　出	
a	b	d	h	g
0	0	0	0	0
0	0	1	1	0
0	1	0	1	0

输　　入			输　　出	
0	1	1	0	1
1	0	0	1	0
1	0	1	0	1
1	1	0	0	1
1	1	1	1	1

```
library ieee;
use ieee. std _ logic _ 1164. all;
use ieee. std _ logic _ unsigned. all;
entity jfq is
port( a,b,d:in std _ logic;
    h,g:out std _ logic);
end entity jfq;
architecture one of jfq is
begin
    h < = a xor b xor d;
    g < = ( a and b) or ( a and d) or ( b and d);
end architecture one;
```

全加器电路功能仿真波形如图 2-28 所示。

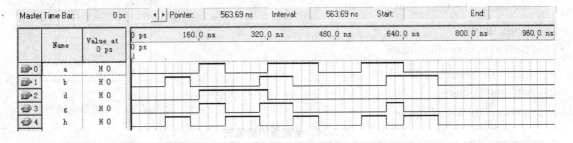

图 2-28　全加器电路功能仿真波形

用户还可以在 Quartus Ⅱ软件中自行定制加/减法电路，即如图 2-29 所示的位于 c：\altera\72\quartus\libraries\primitives\storage 目录下的 altfp _ add _ sub 模块，单击"OK"按钮后根据系统提示进行具体功能的设计，在这里不再详细介绍。

3）减法器电路设计。减法器也是组合逻辑电路中的一种，具有算术运算功能，包括半减器、全减器和多位全减器，这里介绍全减器电路的设计方法。

全减器电路在 Quartus Ⅱ软件中的电路符号如图 2-30 所示，其真值表如表 2-14 所示，a是被减数，b 是减数，d 是低位的借位信号，c 是输出差数值，g 是输出的借位信号。使用VHDL 语言描述全减器电路时，先在项目工程中新建文本文件，再输入相应程序，具体程序可使用如下编程代码。

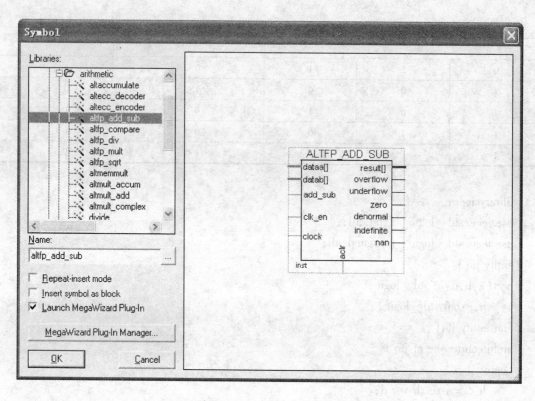

图 2-29　自定制加减法器 altfp_add_sub 模块对话框

library ieee;

use ieee. std_logic_1164. all;

use ieee. std_logic_unsigned. all;

entity qjq is

port(a,b,d:in std_logic;

　　c,g:out std_logic);

end entity qjq;

architecture one of qjq is

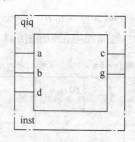

图 2-30　全减器电路符号

表 2-14　全减器的真值表

输　　　入			输　　　出	
a	b	d	c	g
0	0	0	0	0
0	0	1	1	1
0	1	0	1	1
0	1	1	0	1
1	0	0	1	0
1	0	1	0	0
1	1	0	0	0
1	1	1	1	1

```
signal sub：std＿logic＿vector(1 downto 0)；
begin
    sub < = ('0'& a)-b-d；
    c < = sub(0)；
    g < = sub(1)；
end architecture one；
```
全减器电路功能仿真波形如图 2-31 所示。

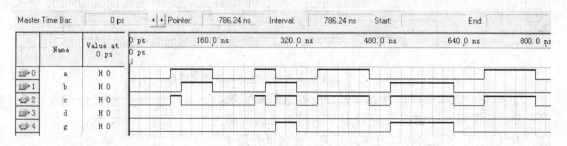

图 2-31　全减器电路功能仿真波形

4）数据选择器电路设计。数据选择器实现数据的选择输出功能，相当于多个输入的单刀多掷开关，具备这种功能的电路称为数据选择器电路。在这里介绍 2 选 1 数据选择器电路的设计方法，其实现在一个选通信号控制下对两个输入信号进行切换输出的功能，其他数据选择器以此类推即可。

2 选 1 数据选择器电路在 Quartus Ⅱ 软件中的电路符号如图 2-32 所示，a、b 是输入信号，x 是选通信号，y 是输出信号。使用 VHDL 语言描述 2 选 1 数据选择器电路时，先在项目工程中新建文本文件，再输入相应程序，具体程序可使用如下编程代码。

```
library ieee；
use ieee. std＿logic＿1164. all；
entity xzq is
port(a,b:in std＿logic；
    x:in std＿logic；
    y:out std＿logic)；
end entity xzq；
architecture one of xzq is
begin
mux21:process(a,b,x)
    begin
    case x is
    when '0' = > y < = b；
    when '1' = > y < = a；
    when others = > y < ='0'；
    end case；
```

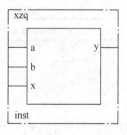

图 2-32　2 选 1 数据选择器电路符号

end process mux21;

end architecture one;

2选1数据选择器电路功能仿真波形如图2-33所示,当选通信号值发生变化时,输出信号也发生了变化。

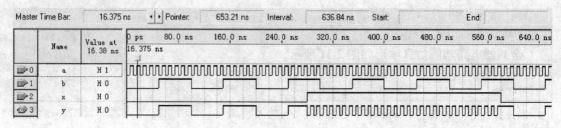

图2-33 2选1数据选择器电路功能仿真波形

5) 数据分配器电路设计。数据分配器电路是实现将一个数据根据实际情况分配到多个不同的通道的功能,相当于一个多输出的单刀多掷开关,在这里介绍1对4数据分配器的设计方法,其他数据分配器以此类推即可。

1对4数据分配器电路在 Quartus Ⅱ 软件中的电路符号如图2-34所示,其真值表如表2-15所示,a是输入信号,b是两位地址信号,y0、y1、y2、y3是4个数据通道。使用 VHDL 语言描述1对4数据分配器电路时,先在项目工程中新建文本文件,再输入相应程序,具体程序可使用如下编程代码。

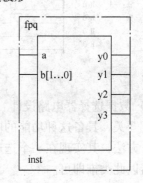

图2-34 1对4数据分配器电路符号

表2-15 1对4数据分配器的真值表

输入地址选择		输 出			
b1	b0	y3	y2	y1	y0
0	0	0	0	0	a
0	1	0	0	a	0
1	0	0	a	0	0
1	1	a	0	0	0

```
library ieee;
use ieee. std _ logic _ 1164. all;
entity fpq is
port(a:in std _ logic;
    b:in std _ logic _ vector(1 downto 0);
    y0,y1,y2,y3:out std _ logic);
end entity fpq;
architecture one of fpq is
```

```
begin
fpq14:process(a,b)
begin
y0 < = '0';y1 < = '0';y2 < = '0';y3 < = '0';
case b is
    when "00" = > y0 < = a;
    when "01" = > y1 < = a;
    when "10" = > y2 < = a;
    when "11" = > y3 < = a;
    when others = > null;
end case;
end process fpq14;
end architecture one;
```

1 对 4 数据分配器电路功能仿真波形如图 2-35 所示，当地址码取不同值时，在相应的通道上输出相应数据信号。

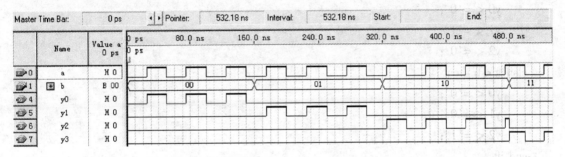

图 2-35　1 对 4 数据分配器电路功能仿真波形

6）数值比较器电路设计。数值比较器也是数字电路中比较常用的一种电路单元，实现比较两个数值大小的功能，在这里介绍 4 位数值比较器电路的设计方法，其他数据比较器以此类推即可。

4 位数值比较器电路在 Quartus Ⅱ 软件中的电路符号如图 2-36 所示，其真值表如表 2-16 所示，a 和 b 分别是两个 4 位数据输入信号，y0、y1、y2 是 3 个结果输出端。使用 VHDL 语言描述 4 位数值比较器电路时，先在项目工程中新建文本文件，再输入相应程序，具体程序可使用如下编程代码。

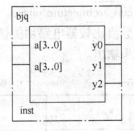

图 2-36　1 对 4 数值比较器电路符号

表 2-16　4 位数据比较器的真值表

输入	输出		
a　b	y2	y1	y0
a > b	1	0	0
a < b	0	1	0
a = b	0	0	1

```
library ieee;
use ieee. std _ logic _ 1164. all;
entity bjq is
port(a,b:in std _ logic _ vector(3 downto 0);
    y0,y1,y2:out std _ logic);
end entity bjq;
architecture one of bjq is
begin
bjq4:process(a,b)
begin
if a > b then
    y0 < = '1';
    y1 < = '0';
    y2 < = '0';
elsif a = b then
    y0 < = '0';
    y1 < = '1';
    y2 < = '0';
elsif a < b then
    y0 < = '0';
    y1 < = '0';
    y2 < = '1';
end if;
end process bjq4;
end architecture one;
```

数值比较器电路功能仿真波形如图 2-37 所示,当 a 和 b 分别取不同值时,输出端会有比较结果输出。

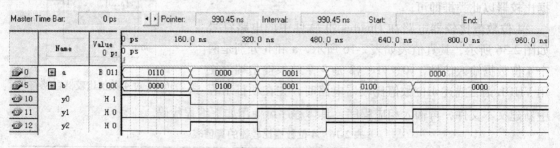

图 2-37　数值比较器电路功能仿真波形

7)单向总线缓冲器电路设计。总线缓冲器用于缓冲数据总线、增强地址总线和控制总线的驱动能力,连接 CPU 和电路板上的其他外设模块等。总线缓冲器分为单向缓冲器和双向缓冲器,单向缓冲器用于驱动地址总线和控制总线,其通常由多个三态门构成,即高电平、低电平和高阻状态,其输入和输出端均为总线形式。在通用的 74/54 系列规模集成电路中，74240、74241、74244 都是单向总线缓冲器，并存放于 Quartus Ⅱ软件的 c：\altera\72\quartus\libraries\others\maxplus2 目录中，用户可直接调用。

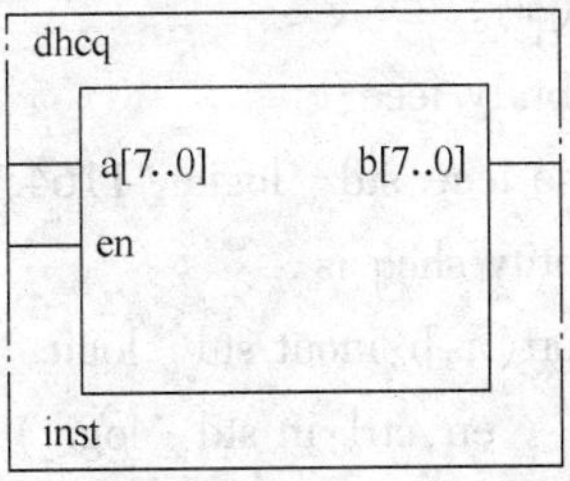

单向总线缓冲器电路在 Quartus Ⅱ软件中的电路符号如图 2-38 所示，a 是位数据输入端，b 是数据输出端，en 是使能端。使用 VHDL 语言描述单向总线缓冲器电路时，先在项目工程中新建文本文件，再输入相应程序，具体程序可使用如下编程代码。

図 2-38 单向总线缓冲器电路符号

```
library ieee;
use ieee. std _ logic _ 1164. all;
entity dhcq is
port( a：in std _ logic _ vector(7 downto 0);
      en： in std _ logic;
      b： out std _ logic _ vector(7 downto 0));
end entity dhcq;
of dhcq is
begin
process( en,a)
begin
    if en ='1' then b < = a;
    else b < = " zzzzzzzz";
    end if;
end process;
end architecture one;
```

单向总线缓冲器功能仿真波形如图 2-39 所示。

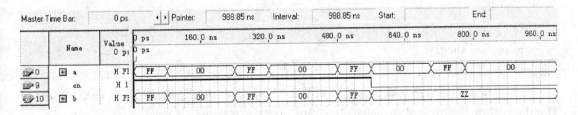

图 2-39 单向总线缓冲器电路功能仿真波形

8）双向总线缓冲器电路设计。双向总线缓冲器用于驱动数据总线和某引起特殊的控制总线，其他是由多个三态门构成，在通用的 74/54 系列规模集成电路中，74245 是一个典型的双向总线缓冲器，并存放于 Quartus Ⅱ软件的 c：\ altera \ 72 \ quartus \ libraries \ others \ maxplus2 目录中，用户可直接调用。

双向总线缓冲器电路在 Quartus Ⅱ软件中的电路符号如图 2-40 所示，a 是位数据输入端，b 是数据输出端，en 是使能端，ctrl 是数据传输方向控制端。使用 VHDL 语言描述双向总线缓冲器电路时，先在项目工程中新建文本文件，再输入相应程序，具体程序可使用如下编程代码。

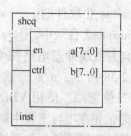

图 2-40　双向总线缓冲器电路符号

```
library ieee;
use ieee. std _ logic _ 1164. all;
entity shcq is
port(a,b:inout std _ logic _ vector(7 downto 0);
    en,ctrl:in std _ logic);
end entity shcq;
architecture one of shcq is
signal aa,bb:std _ logic _ vector(7 downto 0);
begin
shcq1:process(en,a,ctrl)
begin
  if ((en ='0') and(ctrl ='1')) then
    bb < = a;
  else
    bb < = "zzzzzzzz";
  end if;
  b < = bb;
end process shcq1;
shcq2:process(en,b,ctrl)
begin
  if ((en ='0') and(ctrl ='0')) then
    aa < = b;
  else
    aa < = "zzzzzzzz";
  end if;
  a < = aa;
end process shcq2;
end architecture one;
```

双向总线缓冲器电路功能仿真波形如图 2-41 所示,由仿真结果波形可以看出,当 en = 1 且 ctrl = 1 时,b 是输出信号端;当 en = 1 且 ctrl = 0 时,a 是输出信号端。

9)编码器电路设计。编码器是对一组输入信号进行编码,不同的输入信号对应不同的码值,在电路中可以有效地分辨出相应的输入信号。74147、74148 等是优先编码器,存放于 Quartus Ⅱ软件的 c:\altera\72\quartus\libraries\others\maxplus2 目录中,用户可直接调用。在此介绍 8 线-3 线编码器电路的设计方法,其他编码器以此类推即可。

8 线-3 线编码器电路在 Quartus Ⅱ软件中的电路符号如图 2-42 所示,其真值表如表 2-17 所示,a[7...0]是位信号输入端,b[2...0]是信号输出端。使用 VHDL 语言描述 8 线-3 线编码器电路时,先在项目工程中新建文本文件,再输入相应程序,具体程序可使用如下编程代码。

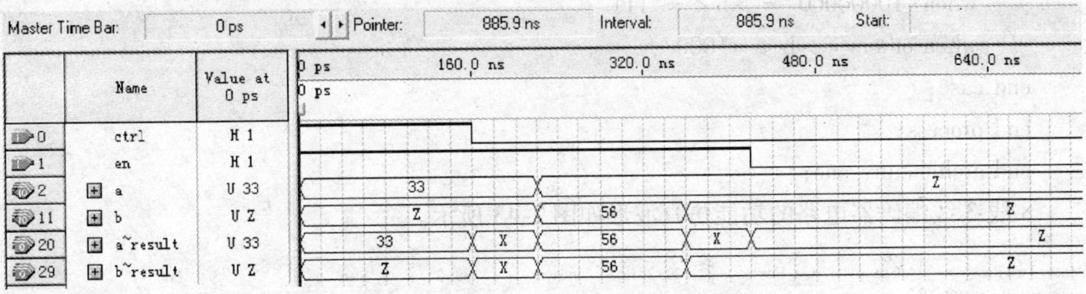

	Name	Value at 0 ps					
0	ctrl	H 1					
1	en	H 1					
2	a	U 33	33			Z	
11	b	U Z	Z	56		Z	
20	a~result	U 33	33	X	56	X	Z
29	b~result	U Z	Z	X	56		Z

Master Time Bar: 0 ps　　Pointer: 885.9 ns　　Interval: 885.9 ns　　Start:
0 ps　　160.0 ns　　320.0 ns　　480.0 ns　　640.0 ns

图 2-41　双向总线缓冲器电路功能仿真波形

library ieee;

use ieee. std _ logic _ 1164. all;

entity bmq is

port(a:in std _ logic _ vector(7 downto 0);

b:out std _ logic _ vector(2 downto 0));

end entity bmq;

of bmq is

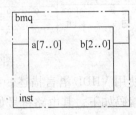

图 2-42　8 线-3 线编码器电路符号

表 2-17　8 线-3 线编码器的真值表

输　　入								输　　出		
a7	a6	a5	a4	a3	a2	a1	a0	b2	b1	b0
0	0	0	0	0	0	0	1	0	0	0
0	0	0	0	0	0	1	0	0	0	1
0	0	0	0	0	1	0	0	0	1	0
0	0	0	0	1	0	0	0	0	1	1
0	0	0	1	0	0	0	0	1	0	0
0	0	1	0	0	0	0	0	1	0	1
0	1	0	0	0	0	0	0	1	1	0
1	0	0	0	0	0	0	0	1	1	1

begin

process(a)

begin

case a is

　　　when " 00000001 " = > b < =" 000 ";

　　　when " 00000010 " = > b < =" 001 ";

　　　when " 00000100 " = > b < =" 010 ";

　　　when " 00001000 " = > b < =" 011 ";

　　　when " 00010000 " = > b < =" 100 ";

　　　when " 00100000 " = > b < =" 101 ";

　　　when " 01000000 " = > b < =" 110 ";

when"10000000"= >b < ="111";

when others = >b < ="000";

end case;

end process;

end architecture one;

8 线-3 线编码器电路的功能仿真波形如图 2-43 所示。

Master Time Bar:		0 ps		Pointer:	989.23 ns	Interval:	989.23 ns	Start:		End:	

	Name	Value at 0 ps	0 ps 0 ps	160.0 ns	320.0 ns	480.0 ns	640.0 ns	800.0 ns	960.0 ns
0	⊞ a	B 0010000	00100000	00010000	10000000	00000001	00000010	C0000000
9	⊞ b	B 101	101	100	111	000	001	000

图 2-43　8 线-3 线编码器电路的功能仿真波形

使用 VHDL 语言描述 8 线-3 线优先编码器电路的
程序编码如下，其电路符号如图 2-44 所示。

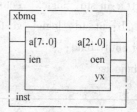

```
library ieee;
use ieee. std _ logic _ 1164. all;
entity xbmq is
port( a:in std _ logic _ vector( 7 downto 0);
    ien: in std _ logic;
    b: out std _ logic _ vector( 2 downto 0);
    oen, yx: out std _ logic);
end entity xbmq;
architecture one of xbmq is
begin
process( a, ien)
begin
if ien ='1' then
b < ="111"; yx < ='1'; oen < ='1';
else
    if a(7) ='0' then b < ="000"; yx < ='0'; oen < ='1';
    elsif a(6) ='0' then b < ="001"; yx < ='0'; oen < ='1';
    elsif a(5) ='0' then b < ="010"; yx < ='0'; oen < ='1';
    elsif a(4) ='0' then b < ="011"; yx < ='0'; oen < ='1';
    elsif a(3) ='0' then b < ="100"; yx < ='0'; oen < ='1';
    elsif a(2) ='0' then b < ="101"; yx < ='0'; oen < ='1';
    elsif a(1) ='0' then b < ="110"; yx < ='0'a; oen < ='1';
    elsif a(0) ='0' then b < ="111"; yx < ='0'; oen < ='1';
    elsif a ="11111111" then b < ="111"; yx < ='1'; oen < ='0';
    end if;
```

图 2-44　8 线-3 线优先编码器电路符号

end if;

end process;

end architecture one;

8 线-3 线优先编码器电路的功能仿真波形如图 2-45 所示，当 ien = 1 时，不论输入端为何状态，输出端 b、优先标志位 yx 和使能端 en 都为高电平，编码器处于非工作状态；当 ien = 0 时且至少有一个输入端为低电平时，优先标志位 yx 为 0，编码器处于工作状态。

Master Time Bar:		0 ps	Pointer:	993.72 ns	Interval:	993.72 ns	Start:		End:	

图 2-45　8 线-3 线优先编码器电路的功能仿真波形

10）译码器电路设计。译码器是对一个有效的编码方式进行解码，不同编码对应不同的输出信号，常用于总线地址分配、外部存储器选通等。74154、74138、7442 等都是译码器并存放于 Quartus Ⅱ 软件 c：\ altera \ 72 \ quartus \ libraries \ others \ maxplus2 目录中，用户可直接调用。在此介绍 3 线-8 线译码器电路的设计方法，其他译码器以此类推即可。

3 线-8 线译码器电路在 Quartus Ⅱ 软件中的电路符号如图 2-46 所示，a[2..0] 是位信号输入端，b[7..0] 是信号输出端，en1、en2、en3 是 3 个使能端。使用 VHDL 语言描述 8 线-3 线编码器电路时，先在项目工程中新建文本文件，再输入相应程序，具体程序可使用如表 2-18 所示的编程代码。

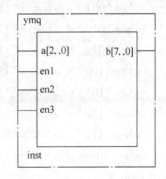

图 2-46　3 线-8 线译码器电路符号

表 2-18　3 线-8 线译码器的真值表

输　　入						输　　出							
en1	en2	en3	a2	a1	a0	b7	b6	b5	b4	b3	b2	b1	b0
x	1	x	x	x	x	1	1	1	1	1	1	1	1
x	x	1	x	x	x	1	1	1	1	1	1	1	1
0	x	x	x	x	x	1	1	1	1	1	1	1	1
1	0	0	0	0	0	1	1	1	1	1	1	1	0
1	0	0	0	0	1	1	1	1	1	1	1	0	1
1	0	0	0	1	0	1	1	1	1	1	0	1	1
1	0	0	0	1	1	1	1	1	1	0	1	1	1
1	0	0	1	0	0	1	1	1	0	1	1	1	1
1	0	0	1	0	1	1	1	0	1	1	1	1	1
1	0	0	1	1	0	1	0	1	1	1	1	1	1
1	0	0	1	1	1	0	1	1	1	1	1	1	1

library ieee;

```
use ieee. std _ logic _ 1164. all;
entity ymq is
port( a:in std _ logic _ vector( 2 downto 0);
    b: out std _ logic _ vector( 7 downto 0);
    en1, en2, en3: in std _ logic);
end;
architecture one of ymq is
begin
process( a,en1,en2,en3)
begin
if en1 ='0' then b < ="11111111";
elsif en2 ='1' or en3 ='1' then b < ="11111111";
else
case a is
    when "000" = >b < ="11111110";
    when "001" = >b < ="11111101";
    when "010" = >b < ="11111011";
    when "011" = >b < ="11110111";
    when "100" = >b < ="11101111";
    when "101" = >b < ="11011111";
    when "110" = >b < ="10111111";
    when "111" = >b < ="01111111";
    when others = >b < ="11111111";
end case;
end if;
end process;
end;
```

3 线-8 线译码器电路的功能仿真波形如图 2-47 所示。

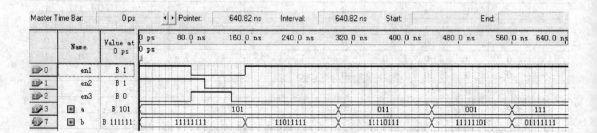

图 2-47　3 线-8 线译码器电路的功能仿真波形

5. 任务评价

项目评价由过程评价和结果评价两大部分组成，任务 2 的评价属于项目 2 的过程评价之一，如表 2-19 所示。

表 2-19　项目 2 中任务 2 的检查及评价单

任务检查及评价单	任务名称		项目承接人	编　　号
	电路仿真及功能下载			
检查人	检查开始时间	检查结束时间	评价开始时间	评价结束时间

评　分　内　容	标准分值	自我评价（20%）	小组评价（30%）	教师评价（50%）
1. 创建仿真波形文件	10			
2. 设置仿真时间	10			
3. 输入信号节点	10			
4. 编辑输入节点的波形	10			
5. 启动仿真	10			
6. 应用 RTL 电路图观察器	10			
7. 引脚锁定	10			
8. 编程下载	15			
9. 功能表、仿真结果和芯片输出对比分析	15			

10. 总分（满分 100 分）：

教师评语：

被检查及评价人签名	检查人签名	日期	组长签名	日期	教师签名

2.4　项目评价

项目评价由过程评价和结果评价两大部分组成，表 2-20 是属于项目 2 的结果评价。

表 2-20　项目 2 检查及评价单

项目检查及评价单	项目名称		项目承接人	编　　号
	3-8 译码器设计			
检查人	检查开始时间	检查结束时间	评价开始时间	评价结束时间

评　分　内　容	标准分值	自我评价（20%）	小组评价（30%）	教师评价（50%）
1. 衣冠整洁、大方，遵守纪律，座位保持干净	5			
2. 工作认真细致，培养一丝不苟的敬业精神	10			

项目检查及评价单	项目名称	项目承接人	编　号
	3-8 译码器设计		
3. 严格遵守操作规程，符合安全文明生产要求	15		
4. 检查方法是否正确	10		
5. 是否能如实填报检查单	5		
6. 项目实施是否独立完成	25		
7. 是否在规定的时间内完成项目	10		
8. 请简练描述本项目的整个工作过程	20		

9. 总分(满分100分)：

教师评语：

被检查及评价人签名	检查人签名	日期	组长签名	日期	教师签名

2.5　项目练习

2.5.1　填空题

1. VHDL 语言设计思想大多采用＿＿＿＿＿＿和＿＿＿＿＿＿逐层分解的结构化思想。VHDL 语言主要用于描述数字电路与系统的＿＿＿＿＿、＿＿＿＿＿、＿＿＿＿＿和＿＿＿＿＿。

2. 一个完整的 VHDL 程序(设计实体)通常包括＿＿＿＿＿、＿＿＿＿＿、＿＿＿＿＿、＿＿＿＿＿和＿＿＿＿＿5 部分。

3. 库(LIBRARY)是用于存放预先编译好的＿＿＿＿＿和＿＿＿＿＿的集合体。用＿＿＿＿＿语句进行调用库中不同的程序包，以便＿＿＿＿＿共享使用。

4. VHDL 语言中库可分为两类：资＿＿＿＿＿和＿＿＿＿＿。

5. TEXTIO 程序包在实际设计中需要调用时，在 VHDL 程序的开始部分必须添加如下说明语句：＿＿＿＿＿、＿＿＿＿＿。

6. 在每段 VHDL 代码中都隐含下面 3 条语句：＿＿＿＿＿；＿＿＿＿＿；＿＿＿＿＿。

7. 程序包由＿＿＿＿＿和＿＿＿＿＿组成。

8. 端口说明是对每一个输入/输出信号端口的＿＿＿＿＿、＿＿＿＿＿、＿＿＿＿＿的描述。每个端口(PORT)必须确定＿＿＿＿＿、＿＿＿＿＿和＿＿＿＿＿。

9. VHDL 的描述方式可以总结为 3 种：＿＿＿＿＿、＿＿＿＿＿和＿＿＿＿＿。这 3 种描述是从不同出发点对结构体的＿＿＿＿＿进行描述。

10. 行为描述只描述_____，不直接指明或涉及相关的_____，则称为行为描述或行为方式的描述。

11. 数据流描述，也称为_____，是以设计中的_____为特征，然后插入组合逻辑于寄存器之间。

12. 结构描述方式采用_____、_____的思想，为系统设计分为若干子模块，逐一设计调试完成，然后利用结构描述方法将它们组装起来，形成整体设计。

13. 在 VHDL 中，数据对象（DATA OBJECTS）主要有_____、_____和_____。

14. VHDL 中数据类型有很多种，按照数据类型的性质可以分为 4 大类：_____、_____、_____和_____。

15. 用户自定义类型主要包括_____、_____、_____、_____、_____、_____。

16. VHDL 语言是一种硬件描述语言，从执行顺序上划分，可以分为_____和_____。

17. 顺序描述语句是指执行语句时，语句的执行顺序是根据_____依次执行的，并行描述语句是指执行语句时，语句的执行顺序与_____无关，所有语句是_____。

18. VHDL 中顺序语句有_____、_____、_____、_____、_____、_____、_____、_____和_____等几种。

19. SEVERITY 后面的出错级别主要分为 4 个级别：_____、_____、_____和_____。

20. 子程序有两种类型：_____、_____。

21. VHDL 语言的属性描述语句在应用中有许多重要作用，可用于对信号或其他项目的多种属性_____或_____。

2.5.2 简答题

1. 什么是译码器？
2. 简述 VHDL 语言的基本特点。
3. 根据 WAIT 语句中的可选项判断，WAIT 语句有几种格式。
4. 简述 CASE 语句中选择值的几种形式。
5. 运算符使用的注意事项是什么？
6. 什么是顺序处理语句？什么是并行处理语句？其各自特点是什么？
7. CASE 语句和 IF 语句有什么不同？
8. 在 VHDL 程序中，如何描述时钟信号的上升沿或下降沿？
9. 常用的库有哪些？常用的程序包有哪些？
10. 简述信号和变量的语句格式、定义位置及作用范围。
11. 信号和变量的区别是什么？

2.5.3 综合题

1. 分析下面程序, 说明所设计电路的功能。

```
library ieee;
use ieee. std _ logic _ 1164. all;
entity and _ 3 is
    port(a,b,c:in std _ logic;
            d:out std _ logic);
end and _ 3;
architecture sjl of and _ 3 is
    begin
        d <= not( a ang b and c);
end sjl;
```

2. 用 VHDL 设计一个四位十进制 LED 七段数码显示译码器。
3. 用 VHDL 设计一个四位二进制数数值比较器。

项目 3 八位数字频率计设计

本项目以任务引领的方式，通过可编程逻辑器件实现八位数字频率计功能的实际工作过程，对本项目实现过程中涉及的 Quartus Ⅱ 混合设计输入方法、门电路和触发器电路设计等相关知识和技能加以介绍。通过本项目的学习，用户能够掌握可编程逻辑器件的设计流程与相关理论知识，可以根据实际设计要求，使用 Quartus Ⅱ 软件的混合设计输入方法进行可编程逻辑器件的设计与编程配置操作，培养用户进行可编程逻辑器件设计的实际操作技能与相关职业能力。

3.1 项目描述

3.1.1 项目要求

要求使用 Quartus Ⅱ 软件创建项目工程 plj8，采用标准时钟作为系统信号频率，使用自底向上的混合编辑方法设计一个简易 8 位数字频率计。它可以测量 1 ~ 999999999Hz 的信号频率，并将被测信号的频率在 8 个数码管上显示出来，如图 3-1 所示。对项目工程进行编译及修改，选择 Cyclone Ⅱ 系列的 EP2C8Q208C8 器件并进行引脚分配、项目编译、仿真、生成目标文件，进行器件的编程和配置，使用 EDA 实验箱配置八位数字频率计的功能（其中所用的数码管都为十进制显

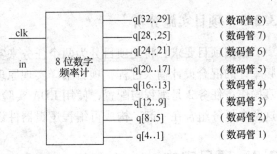

图 3-1 plj8 项目的顶层设计框图

示,其中各引脚功能分别如下。clk：基准频率输入端；in：被测频率输入端；q[32..29]：驱动数码管 8，显示千万位值；q[28..25]：驱动数码管 7，显示百万位值；q[24..21]：驱动数码管 6，显示十万位值；q[20..17]驱动数码管 5，显示万位值；q[16..13]驱动数码管 4，显示千位值；q[12..9]：驱动数码管 3，显示百位值；q[8..5]：驱动数码管 2，显示十位值；q[4..1]：驱动数码管 1，显示个位值）。

3.1.2 项目能力目标

1）能使用 Quartus Ⅱ 软件创建项目工程、原理图文件并设置其环境参数。

2）能正确使用混合设计输入方法设计 PLD 功能。

3）能正确进行可编程逻辑器件的引脚分配、项目编译、仿真、生成目标文件，器件的编程和配置等操作。

4）能按照 EDA 实验箱和配套硬件的基本操作规则正确使用 EDA 实验箱。

3.2 项目分析

3.2.1 项目设计分析

频率是信号的一个基本参量，信号的频率直接影响到电子系统的性能。测量信号频率的工具即频率计是电子系统测量的常用工具。方波信号的频率就是在确定的闸门时间 Tw（通常为 1s）内，记录被测信号的变化周期或脉冲个数 N，则被测信号的频率为 F = N/Tw。简易的数字频率计的测频原理如图 3-2 所示，本设计采用一个标准时钟，使用自底向上的混合设计输入方法来完成。其中 clk 是基频输入端，in 是输入信号端，q 是频率输出端。八位数字频率计由 3 个子电路构

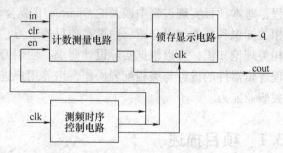

图 3-2　项目工程的功能框图

成，即含有时钟使能及进位扩展输出的计数测量电路(8 位十进制计数器)、测频时序控制电路、锁存显示电路，还包括一个由这 3 个电路符号构成的顶层电路文件。

3.2.2 项目实施分析

根据项目要求，将此项目分为两个任务来实施。任务 1 是混合设计输入，实现八位数字频率计的混合设计输入过程，项目编译实现原理图的约束输入、分析与综合、布局布线、仿真操作；任务 2 是编程与配置，使用 EDA 实验箱进行八位数字频率计功能验证的实际操作。这两个任务组合在一起，构成可编程逻辑器件设计与编程配置的完整操作流程。

3.3 项目实施

3.3.1 任务1　混合设计输入

1. 任务描述

使用 Quartus Ⅱ软件创建项目工程 plj8，并在此工程中创建 3 个原理图文件 sxkz. bdf、jsq8. bdf、scxs. bdf 并生成相对应的电路符号 sxkz. bsf、jsq8. bsf 和 scxs. bsf；创建顶层设计文件 plj8. bdf，使用混合设计输入方法实现简易八位数字频率计的功能；进行项目工程的分配器件、分析与综合、布局布线、仿真等操作，保证八位频率计功能的正确性。

2. 任务目标与分析

通过本任务操作，使用户能够熟悉可编程逻辑器件的设计流程；能使用混合设计输入方法在 QuartusⅡ软件中设计项目工程；能正确的在原理图文件中设计 PLD 功能。

测频时序控制电路 sxkz. bdf 用于产生测频所需要的各种控制信号。此电路只需要一个输入信号，即标准时钟，其输出端提供 3 个控制信号：EN、LOCK、CLR，即计数、锁存、清零的完整测频过程。

计数测量电路 jsq8. bdf 用于在单位时间内对输入信号的脉冲进行计数，此电路有计数允许、异步清零等端口，以便于测频时序控制电路对其进行控制。

锁存显示电路 scxs. bdf 是测频模块测量完成后，在 LOCK 信号的上升沿时刻将测量值锁存到寄存器中，然后输出并在数码管上显示出相应的数值。

3. 任务实施过程

（1）在 Quartus Ⅱ 软件中创建项目工程 plj8

指定目标器件为 Cyclone Ⅱ 系列中的 EP2C8Q208C8 器件。

（2）设计计数测量电路 jsq8. bdf

1）设计一个一位十进制计数器文件 cnt10. vhd。

新建一个 VHDL 文件 cnt10. vhd，其程序清单如下：

```
library ieee;
use ieee. std _ logic _ 1164. all;
use ieee. std _ logic _ unsigned. all;
entity cnt10 is
    port( clr,clk ,en:in std _ logic;
        cout:out std _ logic;
        q:out std _ logic _ vector(3 downto 0) );
end cnt10;
architecture behv of cnt10 is
begin
process( clr,en,clk)
variable cqi:std _ logic _ vector(3 downto 0);
begin
        if clr ='1' then cqi: = "0000";
            elsif clk 'event and clk ='1' then
                if en ='1' then
                    if cqi <9 then cqi: = cqi +1;cout <='0';
                    elsif cqi =9 then
                    cqi: = "0000";
                    cout <='1';
                    end if;
            elsif en ='0' then cqi: = "0000";
            end if;
end if;
q <= cqi;
end process;
end behv;
```

➢ 选择菜单 "Processing" → "Start" → "Start Analysis & Elaboration"，检查当前电路中的错误并修改。

- 生成电路符号 jsq2. bsf，如图 3-3 所示。
- 在左侧目录窗口的 cnt10. vhd 文件名处单击鼠标右键，在弹出的快捷菜单中选择 Set as Top-Level Entity 选项，即在将当前设计文件设置为顶层文件；新建一个矢量波形文件 cnt10. vwf 并保存在当前项目工程中，按如图 3-4 所示来添加输入引脚及其波形；选择菜单"Processing"→"Generate Functional Simulation Netlist"，生成功能仿真网络表；再选择菜单"Processing"→"Start Simulatoin"，进行功能仿真操作用于验证当前电路的逻辑功能，仿真结果如图 3-4 所示。

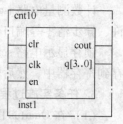

图 3-3　一位十进制计数器电路符号 cnt10. bsf

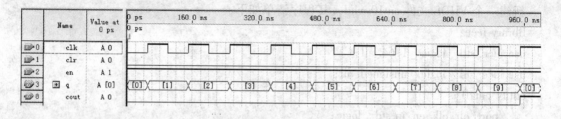

图 3-4　功能仿真文件 cnt10. vwf

2）设计一个八位十进制计数器文件 jsq8. bdf。

- 在当前项目工程中新建一个原理图文件 jsq8. bdf，按如图 3-5 所示在原理图中放置 cnt10. bsf 电路符号、输入/输出引脚 INPUT/OUTPUT。
- 用鼠标拖动的方法，排列原理图编辑窗口中各元件位置。
- 使用工具栏中 ⌐ 和 ⌐ 图标，连接原理图中各元件。
- 命名输入引脚的名称分别是 EN、CLK、CLR，命名输出引脚的名称分别是 q[3..0]、q[7..4]、q[11..8]、q[15..12]、q[19..16]、q[23..20]、q[27..24]、q[31..28]，命名相应的节点名称分别是 q[3..0]、q[7..4]、q[11..8]、q[15..12]、q[19..16]、q[23..20]、q[27..24]、q[31..28]。
- 将当前文件 jsq8. bdf 保存到当前项目工程中。
- 选择菜单"Assignments"→"Settings"，在弹出的对话框中设置编译操作的相关参数，使用系统默认参数。
- 选择菜单"Processing"→"Start"→"Start Analysis & Elaboration"，先执行编译操作以检查当前电路中的错误并修改。
- 生成电路符号 jsq8. bsf，如图 3-6 所示。
- 在左侧目录窗口的 jsq8. bdf 文件名处单击鼠标右键，在弹出的快捷菜单中选择"Set as Top-Level Entity"选项，即在将当前设计文件设置为顶层文件；新建一个矢量波形文件 jsq8. vwf 并保存在当前项目工程中，按图 3-7 所示来设计输入引脚的波形；选择菜单"Processing"→"Generate Functional Simulation Netlist"，生成功能仿真网络表；再选择菜单"Processing"→"Start Simulatoin"，进行功能仿真操作用于验证当前电路的逻辑功能，仿真结果如图 3-7 所示。

（3）设计测频时序控制电路文件 sxkz. bdf

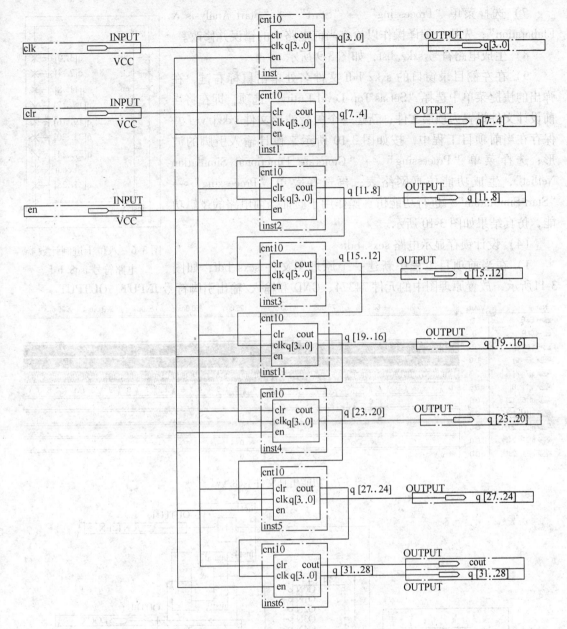

图 3-5　八位十进制计数器文件 jsq8. bdf

1）在当前项目工程中新建一个原理图文件 sxkz. bdf，如图 3-8 所示，放置原理图中的元件 7493、74953、AND2、NOT、NAND、GND 和输入/输出引脚符号 INPUT、OUTPUT。

2）用鼠标拖动的方法，排列原理图编辑窗口中各元件的位置。

3）使用工具栏中图标 ◥，连接原理图中各元件。

4）命名输入引脚名称是 CLK，命名输出引脚的名称分别是 CNT-EN、LOCK、CLR。

5）将当前文件 sxkz. bdf 保存到当前项目工程中。

6）选择菜单"Assignments"→"Settings"，在弹出的对话框中设置编译操作的相关参数，使用默认值。

7）选择菜单"Processing"→"Start"→"Start Analysis & Elaboration"，先执行编译操作以检查当前电路中的错误并修改。

8）生成电路符号 sxkz. bsf，如图 3-9 所示。

9）在左侧目录窗口的 sxkz. bdf 文件名处单击鼠标右键，在弹出的快捷菜单中选择"Set as Top-Level Entity"选项，即在将当前设计文件设置为顶层文件；新建一个矢量波形文件 sxkzj. vwf 并保存在当前项目工程中，按如图 3-10 所示来设计输入引脚的波形；选择菜单"Processing"→"Generate Functional Simulation Netlist"，生成功能仿真网络表；再选择菜单"Processing"→"Start Simulatoin"，进行功能仿真操作用于验证当前电路的逻辑功能，仿真结果如图 3-10 所示。

（4）设计锁存显示电路 scxs. bdf

1）在当前项目工程中新建一个原理图文件 scxs. bdf，如图 3-11所示，放置原理图中的元件 74374、GND 和输入/输出引脚符号 INPUT、OUTPUT。

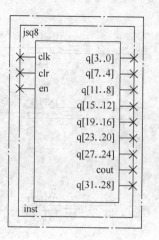

图 3-6　八位十进制计数器
电路符号 jsq8. bsf

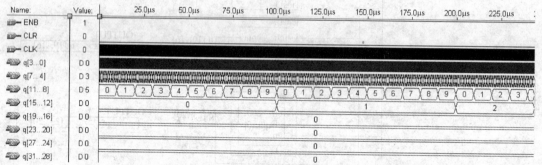

图 3-7　功能仿真文件 jsq8. vwf

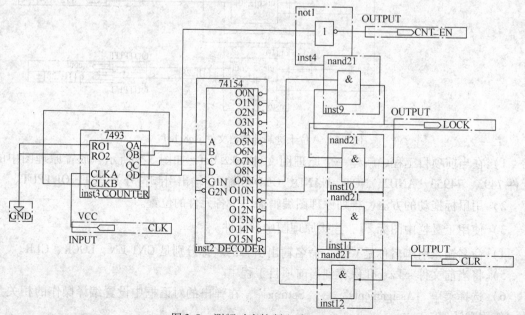

图 3-8　测频时序控制电路 sxkz. bdf

178

2）用鼠标拖动的方法，排列原理图编辑窗口中各元件的位置。

3）使用工具栏中的 ⌐ 和 ¬ 图标，连接原理图中的各元件。

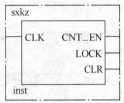

图 3-9　测频时序控制
电路符号 sxkz. bsf

4）命名输入引脚的名称分别是 q[3..0]、q[7..4]、q[11..8]、q[15..12]、q[19..16]、q[23..20]、q[27..24]、q[31..28]，命名输出引脚的名称分别是 OUT[3..0]、OUT[7..4]、OUT[11..8]、OUT[15..12]、OUT[19..16]、OUT[23..20]、OUT[27..24]、OUT[31..28]，命名相应的节点名称分别是 q[3..0]、q[7..4]、q[11..8]、q[15..12]、q[19..16]、q[23..20]、q[27..24]、q[31..28]、OUT[3..0]、OUT[7..4]、OUT[11..8]、OUT[15..12]、OUT[19..16]、OUT[23..20]、OUT[27..24]、OUT[31..28]。

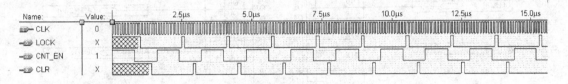

图 3-10　功能仿真文件 sxkz. vwf

5）将当前文件 scxs. bdf 保存到当前项目工程中。

6）选择菜单"Assignments"→"Settings"，在弹出的对话框中设置编译操作的相关参数，使用默认值。

7）选择菜单"Processing"→"Start"→"Start Analysis & Elaboration"，先执行编译操作以检查当前电路中的错误并修改。

8）生成电路符号 scxs. bsf，如图 3-12 所示。

9）在左侧目录窗口的 scxs. bdf 文件名处单击鼠标右键，在弹出的快捷菜单中选择"Set as Top-Level Entity"选项，即在将当前设计文件设置为顶层文件；新建一个矢量波形文件 scxs. vwf 并保存在当前项目工程中，按如图 3-13 所示来设计输入引脚的波形；选择菜单"Processing"→"Generate Functional Simulation Netlist"，生成功能仿真网络表；再选择菜单"Processing"→"Start Simulatoin"，进行功能仿真操作用于验证当前电路的逻辑功能，仿真结果如图 3-13 所示。

（5）设计顶层设计文件 plj8. bdf

1）在当前项目工程中新建一个原理图文件 plj8. bdf，左侧目录窗口的 plj8. bdf 文件名处单击鼠标右键，在弹出的快捷菜单中选择"Set as Top-Level Entity"选项，即在将当前设计文件设置为顶层文件。如图 3-14 所示，放置原理图中的 jsq8 电路符号、scxs 电路符号、sxkz 电路符号和输入/输出引脚符号 INPUT、OUTPUT。

2）用鼠标拖动的方法，排列原理图编辑窗口中各元件的位置。

3）使用工具栏中的 ⌐ 和 ¬ 图标，连接原理图中的各元件。

4）命名输入引脚的名称分别是 in、clk，命名输出引脚的名称分别是 COUT、OUT[3..0]、OUT[7..4]、OUT[11..8]、OUT[15..12]、OUT[19..16]、OUT[23..20]、OUT[27..24]、OUT[31..28]，命名节点的名称分别是 EN、CLR、IN。

5）将当前文件 plj8. bdf 保存到当前项目工程中。

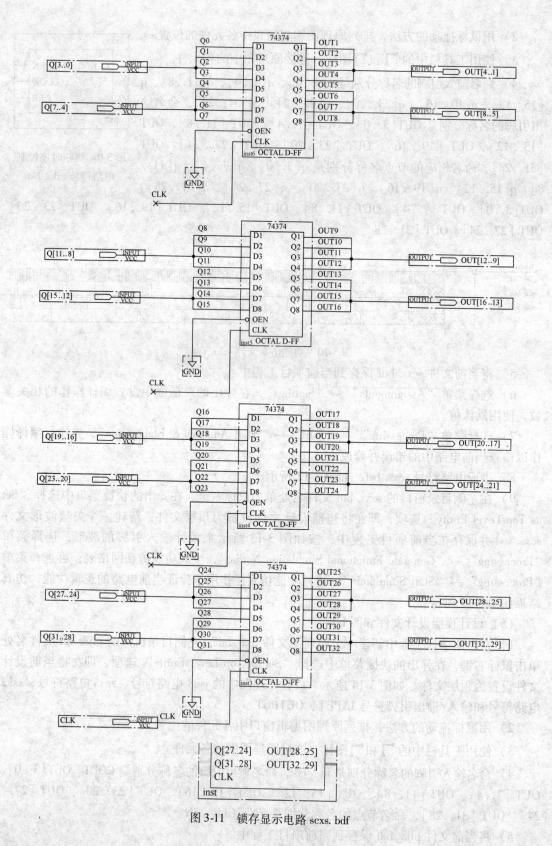

图 3-11 锁存显示电路 scxs. bdf

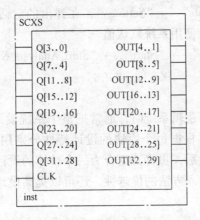

图 3-12 锁存显示电路符号 scxs. bsf

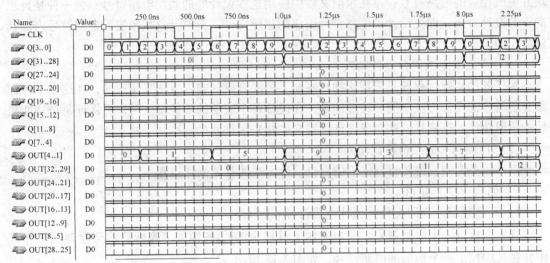

图 3-13 锁存显示电路仿真结果

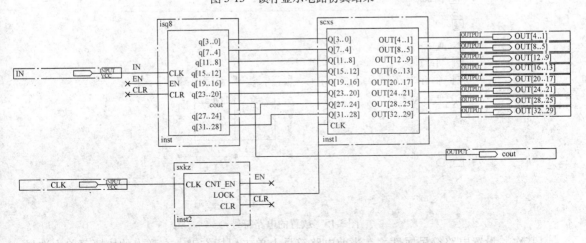

图 3-14 顶层设计文件 plj8. bdf

6）选择菜单"Assignments"→"Settings"，在弹出的对话框中设置编译操作的相关参数，使用时序仿真功能，其余使用系统默认值。

7）选择菜单"Processing"→"Start"→"Start Analysis & Elaboration"，检查当前电路中的错误并修改。

4. 任务学习指导

当用户设计较复杂的数字逻辑系统时，通常把整个系统设计划分为多个功能模块电路，先分别设计这些功能模块，再根据每个模块的设计特性分别用不同的设计输入方法进行设计，当各个功能模块检验通过后，再将其组合为一个整体的设计。这种混合输入的设计方法不仅可以充分发挥各种设计输入方法的优越性，还可以提高设计速度，从而缩短产品开发时间，是一种先进的设计方法。

混合设计输入方法分为两种，一种是自底向上的设计方法，即先设计底层的各个功能模块并生成相应的电路符号，再在顶层文件中应用这些设计好的底层电路符号；另一种是自顶向下的设计方法，即先设计由电路符号组成的顶层文件，再设计这些顶层的电路符号内部具体的功能。

（1）自底向上的混合设计输入

本任务的实施过程即是采用这种自底向上的混合设计输入方法来实现的，在这里不再详细介绍具体的操作方法。需要注意的是，在设计各个底层的功能模块时，要保证每个功能模块的逻辑功能的正确性，这对于设计顶层文件时是很重要的。

（2）自顶向下的混合设计输入

以本任务为例，说明自顶向上的混合设计方法的具体操作过程。

1）创建项目工程 plj。

2）新建顶层原理图文件并设计电路符号 plj. bdf。

首先，放置一个电路符号。单击左侧工具栏中的▢按钮，将光标移动至原理图工作区中并在其中拉出一个矩形的电路符号，如图 3-15 所示。

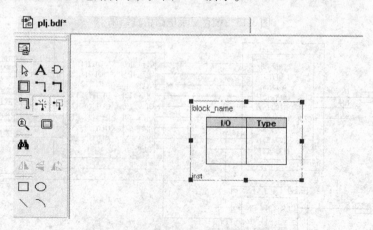

图 3-15　放置的电路符号

其次，设置电路符号属性。在当前电路符号上单击鼠标右键，在弹出的快捷菜单中选择"Block Properties"选项，弹出如图 3-16 所示的"设置电路符号属性"对话框，按此图所示添入 Name 选项内容（电路符号名称）；单击 I/Os 选项卡，弹出如图 3-17 所示的对话框，在此添加电路符号的引脚。在 Name 选项中输入一个引脚名称"clk"，在 Type 选项中选择引脚类型 INPUT 或 OUTPUT，单击"Add"按钮，将此引脚添加到下方的列表框中。用相同的方法，添加其他引脚；单击"确定"按钮，此时电路符号如图 3-18 所示。

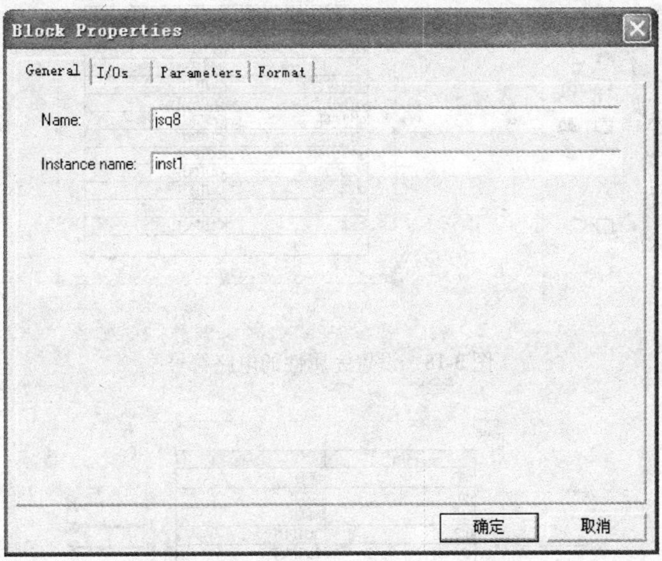

图 3-16   "设置电路符号属性"对话框的 General 选项卡

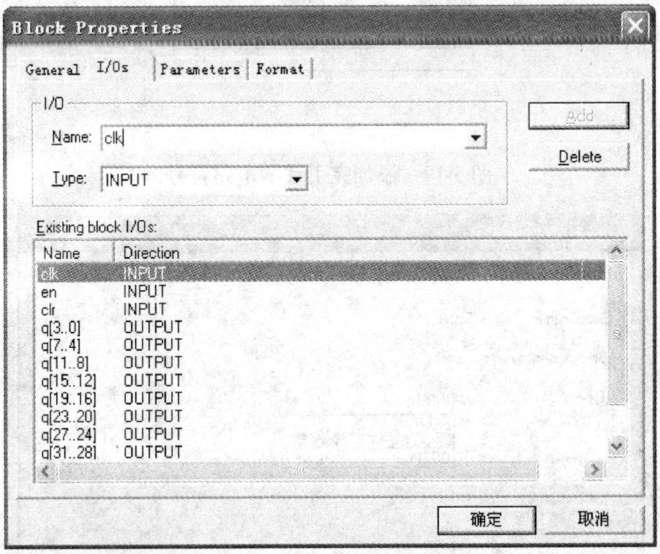

图 3-17   "设置电路符号属性"对话框的 I/Os 选项卡

最后，添加电路符号引线并设置其属性。如图 3-19 所示，为当前电路符号添加引线（注意有总线）。单击引线与电路符号相接处的 图标，弹出如图 3-20 所示的"引线属性"对话框，在 General 选项卡中设置当前引线类型（在此选择 INPUT），按图 3-21 中所示内容在 Mappings 选项卡中在 I/O on block 选项中选择引脚并在"Signals in node"选项中输入连线节点名称。用相同的方法设置其余引线属性，完成后的电路符号如图 3-22 所示。

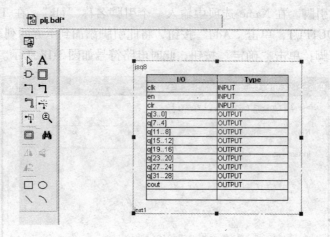

图 3-18　设置完属性的电路符号

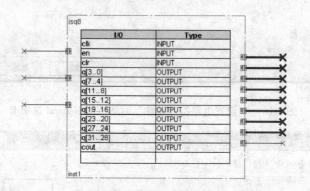

图 3-19　添加完引线的电路符号

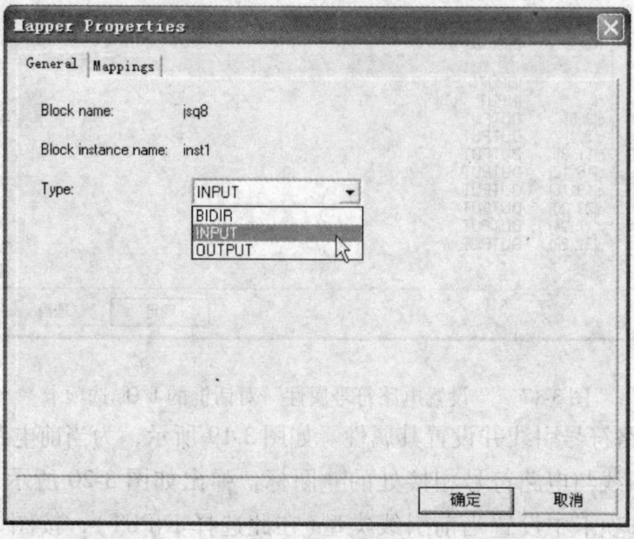

图 3-20　"引线属性"对话框的 General 选项卡

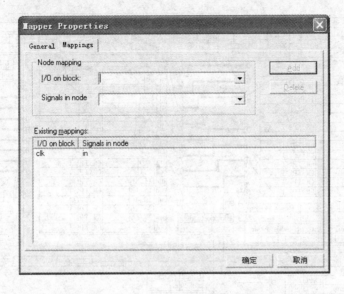

图 3-21　"引线属性"对话框 Mappings 选项卡

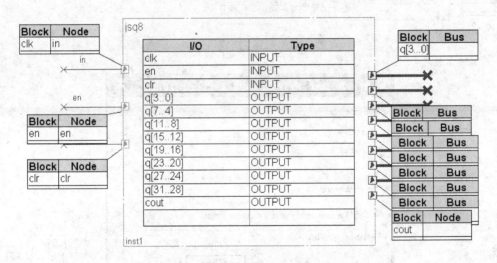

图 3-22　设置完引脚属性的电路符号

3）用与上步相同的操作方法设计本工程中其余两个电路符号 scxs. bsf、xskz. bsf。输入完 3 个电路符号的顶层文件如图 3-23 所示。

4）创建并编辑底层设计文件。在顶层文件中的 sxkz 电路符号上单击鼠标右键，在弹出的快捷菜单中选择"Create Design File form Selected Block"选项，弹出如图 3-24 所示的"创建文件"对话框，在此创建文件类型和文件名称。单击"OK"按钮后，系统会自动创建一个相应的底层设计文件，如图 3-25 所示，原理图文件中只包括引脚信息，其中具体内容要由用户自行设计完成。用相同的操作方法，将其余两个电路符号转换成其对应的底层设计文件。

当前项目工程中所有的设计文件完成后，接下来就可以进行分配器件引脚、分析与综合、布局布线、仿真和器件编程配置操作了。

（3）时序逻辑电路的触发信号

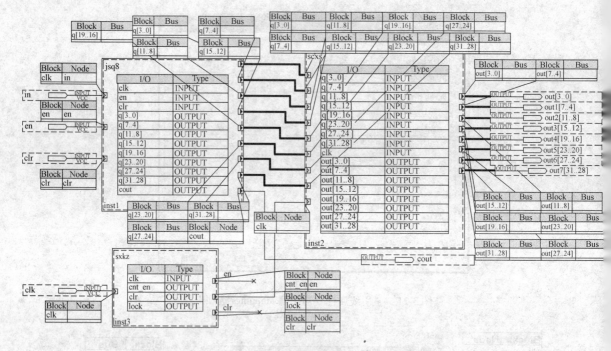

图 3-23　顶层文件设计

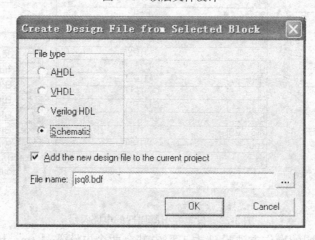

图 3-24　"创建文件"对话框

时序逻辑电路都是以时钟作为驱动信号的，因此，使用 VHDL 语言描述时序逻辑电路时，需要对时钟信号进行设计。

1）使用 VHDL 语言描述时钟信号。使用 VHDL 语言描述时钟信号的上升沿。时钟信号的上升沿是指时钟信号值多低电平变化为高电平的过程，使用 VHDL 语言描述它时通常使用如下语句。

clk ='1'and clk'event

使用 VHDL 语言描述时钟信号的下降沿。时钟信号的上下降高是指时钟信号值多高电平变化为低电平的过程，使用 VHDL 语言描述它时通常使用如下语句。

clk ='0'and clk'event

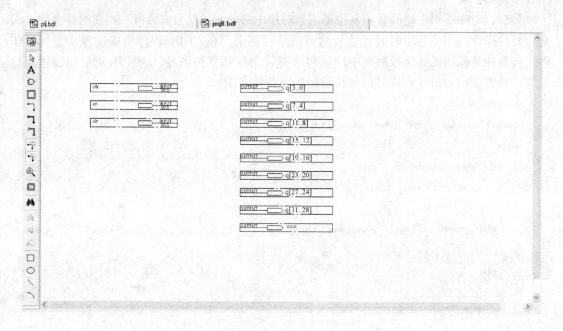

图 3-25 由电路符号生成的原理图设计文件

时钟作为敏感信号时的 VHDL 语言描述方法。显示表示时钟敏感信号是指时钟信号显式地出现在进程语句 process 后面的敏感信号列表中，即 process(clock _ signal)语句。当时钟信号发生变化时，即时钟信号的上升沿或下降沿到来作为进程启动的条件；隐式表示时钟敏感信号是指进程语句 process 后面的敏感信号列表中没有时钟信号，而是用 wait 语句来控制进程的执行，即只有当时钟信号发生变化且满足时钟边沿条件时进程才能被触发启动。

2）使用 VHDL 语言描述复位信号。时序逻辑电路的初始状态都是由复位信号来触发而设置的，根据复位信号对时序电路的复位方式不同，又分为同步复位方式和异步复位方式。

第一，时序逻辑电路的同步复位是指当电路的复位信号有效且时钟信号边沿到来时，时序电路就进行复位操作。在 VHDL 程序中描述同步复位操作时，通常是在以时钟信号作为敏感信号的进程中定义，同时使用 if 语句描述复位条件。例如：

```
…
process( clock _ signal)
begin
    if( clock _ signal _ condition ) then
        if ( reset _ condition)   then
          signal <= reset _ value;
          temp: = reset _ value;
        else
          …
        end if;
    end if;
end process;
…
```

第二，时序逻辑电路的异步复位是指当时序电路的复位信号有效时，当前时序电路立即进行复位操作，而不管当时时钟信号的边沿是否到来。在 VHDL 程序中描述异步复位操作时，通常在进程的敏感信号列表中同时包含时钟信号和复位信号，再使用 if 语句描述复位条件，接着使用 elsif 子句描述时钟信号的边沿条件。例如：

```
…
process(clock _ signal,reset _ condtiton)
begin
    if( reset _ condition ) then
        signal <= reset _ value;
        temp: = reset _ value;
    elsif ( clock _ signal _ condition) then
        …
    else
        …
    end if;
end process;
…
```

（4）触发器设计

触发器是构成时序逻辑电路的基本单元，是能够存储一位二进制码的逻辑电路，主要用于数据暂存、计数、延时、分频和产生波形等实际电路中。触发器按电路结构分为基本 RS 触发器、边沿触发器、同步触发器、主从触发器，按电路功能分为 RS 触发器、JK 触发器、D 触发器、T 触发器。在这里介绍按电路功能划分的常用 4 种触发器的 VHDL 语言描述方法。

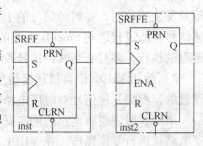

图 3-26　Quartus II 软件中的 SRFF、SRFFE 触发器电路符号

1）RS 触发器。RS 触发器由两个与非门组成，且两个与非门的输入端与输出端交叉相接，其真值表如表 3-1 所示。RS 触发器电路在 QuartusII软件的 c：\altera\72\quartus\libraries\primitives\storage 目录中且被封装成元件 SRFF、SRFFE，其电路符号如图 3-26 所示，用户可以直接调用。

表 3-1　RS 触发器的真值表

输　　　入		输　　　出	
R	S	Q	Q
0	0	0	1
0	1	1	0
1	0	不变	不变
1	1	不定	不定

使用 VHDL 语言描述的 RS 触发器电路符号如图 3-27 所示，先在项目工程中新建文本文件，再输入相应程序，具体程序可使用如下编程代码。

188

```
library ieee;
use ieee. std _ logic _ 1164. all;
use ieee. std _ logic _ unsigned. all;
entity rs is
port( r,s:in std _ logic;
    q,nq:out std _ logic);
end rs;
architecture one of rs is
signal q1,nq1:std _ logic;
begin
q1 <= s nand nq1;
nq1 <= r nand q1;
q <= q1;
nq <= nq1;
end one;
```

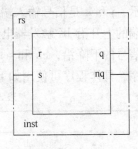

图 3-27　使用 VHDL 语言描述的 RS 触发器电路符号

RS 触发器电路的功能仿真波形如图 3-28 所示。

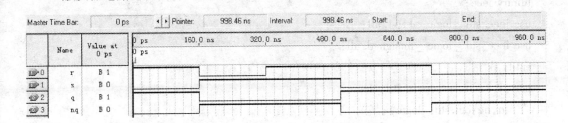

图 3-28　RS 触发器电路的功能仿真波形图

2）JK 触发器。JK 触发器是在时钟信号作用下的一种触发器，它可方便地转化为其他类型的触发器。JK 触发器电路在 Quartus Ⅱ 软件的 c：\altera\72\quartus\libraries\primitives\storage 目录中且被封装成元器件 JKFF、JKFFE，其电路符号如图 3-29 所示，用户可以直接调用。JK 触发器的种类很多，这里介绍一个带有异步置位/复位端的上升沿 JK 触发器的 VHDL 语言描述方法。

使用 VHDL 语言描述的有异步置位/复位端的上升沿 JK 触发器电路符号，如图 3-30 所

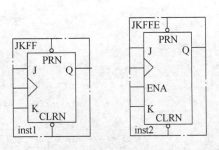

图 3-29　QuartusⅡ软件中的 JKFF、JKFFE 触发器电路符号

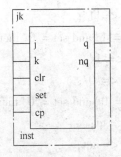

图 3-30　使用 VHDL 语言描述的有异步置位/复位端的上升沿 JK 触发器电路符号

示，j 和 k 是信号输入端，q 和 nq 是输出端，clr 是清零端，set 是置数端。有异步置位/复位端的上升沿 JK 触发器电路的真值表如表 3-2 所示，↑ 表示脉冲信号的上升沿，↓ 表示脉冲信号的下降沿，clr 和 set 都是低电平有效。先在项目工程中新建文本文件，再输入相应程序，具体程序可使用如下编程代码。

表 3-2 　有异步置位/复位端的上升沿 JK 触发器的真值表

输　入					输　出	
cp	clr	set	j	k	q	nq
x	0	1	x	x	0	1
x	1	0	x	x	1	0
↑	1	1	0	0	保持	保持
↑	1	1	0	1	0	1
↑	1	1	1	0	1	0
↑	1	1	1	1	翻转	翻转
↓	1	1	x	x	保持	保持

```
library ieee;
use ieee. std _ logic _ 1164. all;
use ieee. std _ logic _ unsigned. all;
entity jk is
port(j,k,clr,set,cp:in std _ logic;
     q,nq:out std _ logic);
end jk;
architecture one of jk is
signal qt,nqt:std _ logic;
begin
process(j,k,clr,set,cp,qt,nqt)
begin
if clr ='0' and set ='1' then
     qt <='0';
     nqt <='1';
elsif clr ='1' and set ='0' then
     qt <='1';
     nqt <='0';
elsif clr ='0' and set ='0' then
     qt <= qt;
     nqt <= nqt;
elsif cp' event and cp ='1' then
     if j ='0' and k ='1' then
```

```
          qt <='0';
          nqt <='1';
      elsif j ='1' and k ='0' then
          qt <='1';
          nqt <='0';
      elsif j ='1' and k ='1' then
          qt <= not qt;
          nqt <= not nqt;
      end if;
  end if;
  end process;
  q <= qt;
  nq <= nqt;
  end one;
```

这个带有异步置位/复位端的上升沿 JK 触发器电路的功能仿真波形，如图 3-31 所示。

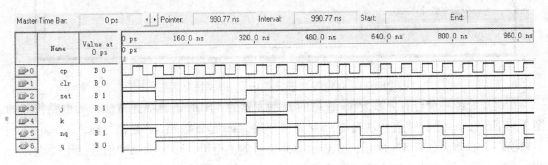

图 3-31　有异步置位/复位端的上升沿 JK 触发器电路的功能仿真波形

3）D 触发器。D 触发器也是数字逻辑电路中用得最多的一种触发器，D 触发器在 Quartus Ⅱ 软件的 c：\altera\72\quartus\libraries\primitives\storage 目录中且被封装成元件 DFF、DFFE、DFFEA，其电路符号如图 3-32 所示，用户可以直接调用。用户还可以在 Quartus Ⅱ 软件中自行定制 D 触发器电路，即如图 3-33 所示的位于 c：\altera\72\quartus\libraries\primitives\storage 目录下的 lpm_dff 模块，单击"OK"按钮后根据系统提示进行具体功能的设计，在这里不再详细介绍。

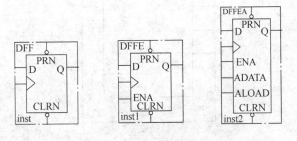

图 3-32　Quartus Ⅱ 软件中的 DFF、DFFE、DFFEA
触发器电路符号

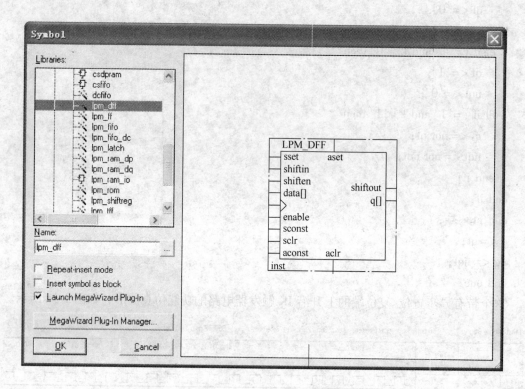

图 3-33　自定制 D 触发器 lpm_dff 模块对话框

在这里介绍一种带有异步复位/置位的 D 触发器的 VHDL 语言描述方法，其电路符号如图 3-34 所示，cp 是时钟信号输入端，clr 是清零端，set 是置数端，d 是信号输入端，q 和 nq 是输出端。真值表如表 3-3 所示，↑表示脉冲信号的上升沿，↓表示脉冲信号的下降沿，clr 和 set 都是低电平有效。先在项目工程中新建文本文件，再输入相应程序，具体程序可使用如下编程代码。

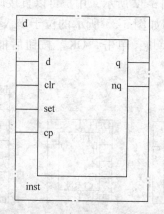

图 3-34　使用 VHDL 语言描述的有异步复位/置位的 D 触发器电路符号

表 3-3　有异步复位/置位的 D 触发器电路的真值表

输　入				输　出	
cp	clr	set	d	q	nq
x	0	1	x	0	1
x	1	0	x	1	0
↓	1	1	x	保持	保持
↑	1	1	0	0	1
↑	1	1	1	1	0

```
library ieee;
use ieee. std _ logic _ 1164. all;
use ieee. std _ logic _ unsigned. all;
entity d is
port( d,clr,set,cp:in std _ logic;
   q,nq:out std _ logic);
end d;
architecture one of d is
signal qt,nqt:std _ logic;
begin
process( clr,set,cp,qt,nqt)
begin
if clr ='0' and set ='1' then
    qt <='0';
    nqt <='1';
elsif clr ='1' and set ='0' then
    qt <='1';
    nqt <='0';
elsif clr ='0' and set ='0' then
    qt <= qt;
    nqt <= nqt;
elsif cp 'event and cp ='1' then
    qt <= d;
    nqt <= not d;
end if;
end process;
q <= qt;
nq <= nqt;
end one;
```

带有异步复位/置位的 D 触发器电路的功能仿真波形如图 3-35 所示。

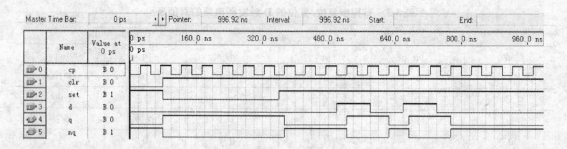

图 3-35 带有异步复位/置位的 D 触发器电路的功能仿真波形

4）T 触发器。T 触发器也是数字逻辑电路中常用的一种触发器，T 触发器在 Quartus Ⅱ 软件的 c：\altera\72\quartus\libraries\megafunctions\storage 目录中且被封装成元件 TFF、TFFE，其电路符号如图 3-36 所示，用户可以直接调用。用户还可以在 Quartus Ⅱ 软件中自行定制 T 触发器电路，即如图 3-37 所示的位于 c：\altera\72\quartus\libraries\primitives\storage 目录下的 lpm _ tff 模块，单击"OK"按钮后，根据系统提示进行具体功能的设计，在这里不再详细介绍。

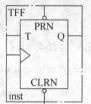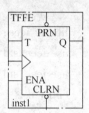

图 3-36 Quartus Ⅱ 软件中的 TFF、TFFE 触发器电路符号

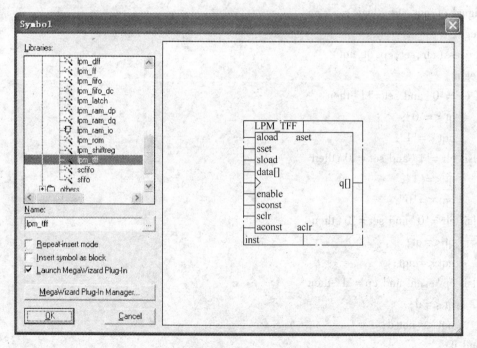

图 3-37 自定制 T 触发器 lpm _ tff 模块对话框

在这里介绍一种下降沿触发的 T 触发器的 VHDL 语言描述方法，其电路符号如图 3-38 所示，cp 是时钟信号输入端，t 是信号输入端，q 是输出端。真值表如表 3-4 所示，↑表示脉冲信号的上升沿，↓表示脉冲信号的下降沿。先在项目工程中新建文本文件，再输入相应程序，具体程序可使用如下编程代码。

表 3-4 下降沿触发的 T 触发器电路的真值表

输 入		输 出
cp	t	q
x	0	保持
↓	1	保持
↑	1	翻转

library ieee;

use ieee. std _ logic _ 1164. all;

use ieee. std _ logic _ unsigned. all;

entity t is

port(t, cp: in std _ logic;

  q: out std _ logic);

end t;

architecture one of t is

signal qt: std _ logic;

begin

process(cp)

begin

if cp ' event and cp = ' 1 ' then

  if t = ' 1 ' then

    qt < = not qt;

  else

    qt < = qt;

  end if;

end if;

end process;

q < = qt;

end one;

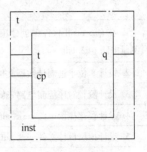

图 3-38 使用 VHDL 语言描述的下降沿触发的 T 触发器电路符号

下降沿触发的 T 触发器的功能仿真波形如图 3-39 所示。

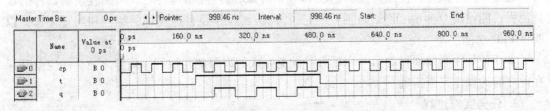

图 3-39 下降沿触发的 T 触发器的功能仿真波形

5. 任务评价

项目评价由过程评价和结果评价两大部分组成，任务 1 的评价是属于项目 3 的过程评价之一，如表 3-5 所示。

表 3-5　项目 3 中任务 1 的检查及评价单

任务检查及评价单	任务名称		项目承接人	编　号
	混合设计输入			
检查人	检查开始时间	检查结束时间	评价开始时间	评价结束时间

评　分　内　容	标准分值	自我评价（20%）	小组评价（30%）	教师评价（50%）
1. 在 Quartus Ⅱ 软件中创建项目工程 plj8，并设计计数测量电路 jsq2. bdf	5			
2. 设计 8 位十进制计数器文件 jsq8. bdf	20			
3. 设计测频时序控制电路 sxkz. bdf	15			
4. 设计锁存显示电路 scxs. bdf	15			
5. 设计顶层设计文件 plj8. bdf	10			
6. 时序逻辑电路的常用触发器的 VHDL 语言描述方法	20			
7. 检查项目工程文件	15			
8. 总分（满分 100 分）				

教师评语：

被检查及评价人签名	检查人签名	日 期	组长签名	日 期	教师签名

3.3.2　任务 2　项目编译与器件的编程配置

1. 任务描述

对项目工程 plj8 进行项目编译与仿真操作验证当前项目工程的功能，并使用 EDA 实验箱和 JTAG 模式对其配置到目标器件（Cyclone Ⅱ 系列中的 EP2C8Q208C8）中。

2. 任务目标与分析

通过本任务操作，使用户能够熟悉 FPGA/CPLD 的内部结构特点和可编程逻辑器件的设计流程；能使用 Quartus Ⅱ 软件进行项目工程的仿真操作及目标器件的编程和配置操作，以验证 PLD 功能。

本任务是在当前项目的第一个任务基础上完成的，因此在执行本任务之前，一定要确保在此之前的操作完全正确。

3. 任务实施过程

（1）分配器件引脚

选择菜单"Assignments"→"Device"，单击弹出的"目标器件与引脚选项设置"对话框中的"Device and Pin Options"按钮，并在继续弹出的对话框中选择 Unused Pins 选项卡中的 Reserve all unused pins 选项中的 As inputs tri-stated，将当前目标器件中所有未使用的引脚设置成三态。接着，按表 3-6 所示，为当前顶层设计文件 plj8. bdf 分配器件引脚。

表 3-6　顶层文件 **plj8. bdf** 的器件引脚分配表

序号	文件引脚符号名称	目标器件引脚名称	序号	文件引脚符号名称	目标器件引脚名称
1	CLK	PIN _ 5	19	OUT[16]	PIN _ 64
2	IN	PIN _ 10	20	OUT[15]	PIN _ 68
3	OUT[32]	PIN _ 11	21	OUT[14]	PIN _ 69
4	OUT[31]	PIN _ 12	22	OUT[13]	PIN _ 70
5	OUT[30]	PIN _ 15	23	OUT[12]	PIN _ 72
6	OUT[29]	PIN _ 31	24	OUT[11]	PIN _ 74
7	OUT[28]	PIN _ 33	25	OUT[10]	PIN _ 75
8	OUT[27]	PIN _ 35	26	OUT[9]	PIN _ 76
9	OUT[26]	PIN _ 39	27	OUT[8]	PIN _ 77
10	OUT[25]	PIN _ 40	28	OUT[7]	PIN _ 81
11	OUT[24]	PIN _ 41	29	OUT[6]	PIN _ 82
12	OUT[23]	PIN _ 44	30	OUT[5]	PIN _ 84
13	OUT[22]	PIN _ 45	31	OUT[4]	PIN _ 86
14	OUT[21]	PIN _ 57	32	OUT[3]	PIN _ 87
15	OUT[20]	PIN _ 58	33	OUT[2]	PIN _ 88
16	OUT[19]	PIN _ 59	34	OUT[1]	PIN _ 90
17	OUT[18]	PIN _ 60	35	cout	PIN _ 8
18	OUT[17]	PIN _ 61			

（2）设置时序约束参数

选择菜单"Assignments"→"Settings"，在弹出的"参数设置"对话框中的 Category 选项列表中，选择 Timing Analysis Settings 选项中的"Classic Timing Analyzer Settings"，按图 3-40 所示的内容来设置当前文件的时序约束参数。

（3）设置分析综合参数、布局布线参数

选择菜单"Assignments"→"Settings"，单击"Category"选项列表中的"Analysis & Synthesis Settings"选项，在这里使用系统默认值。单击"Category"选项列表中的"Fitter Settings"选项，在这里使用系统默认值。

（4）重新编译项目工程

选择菜单"Processing"→"Start Compilation"，执行项目工程编译操作，结果如图 3-41 所示。如果有红色错误信息提示，需要回到设计文件进行修改，保存后再重新执行编译操作，直到最后无误为止。

（5）时序仿真

选择菜单"Assignments"→"Settings"，将 Simulator Settings 选项中的 simulation mode 设置为 Timing，即进行时序仿真操作。在当前项目工程文件中新建矢量波形文件 plj8. vwf，

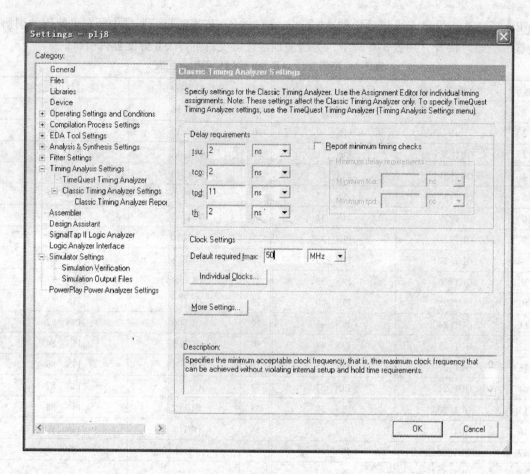

图 3-40　设置时序约束参数的窗口

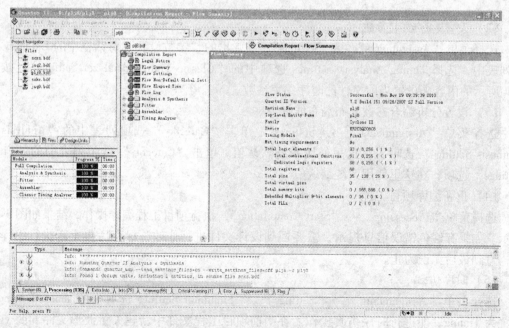

图 3-41　项目工程编译结束的窗口

添加引脚信号和节点，并编辑输入引脚的波形，如图 3-42 所示。选择菜单"Processing"→"Start Simulation"，开始执行仿真操作，仿真结果的波形如图 3-43 所示。

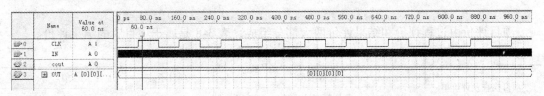

图 3-42　顶层仿真文件 plj8. vwf

图 3-43　顶层设计文件 plj8. vwf
的仿真波形图

（6）项目编程与配置

根据项目 1 任务 3 中的任务实施过程进行当前项目的连接硬件电路、配置目标器件、选择配置方式、添加配置文件、执行器件配置操作，此处不再详细描述。

4. 任务评价

任务 2 的评价是属于项目 3 的过程评价之一，如表 3-7 所示。

表 3-7　项目 3 中任务 2 的检查及评价单

任务检查及评价单	任务名称		项目承接人		编　号
	项目编译与器件的编程配置				
检查人	检查开始时间	检查结束时间	评价开始时间		评价结束时间
评　分　内　容	标准分值	自我评价（20%）	小组评价（30%）		教师评价（50%）
1. 项目编译与仿真操作	40				
1. 连接硬件电路	20				
2. 选择配置方式配置目标器件	20				
3. 添加配置文件并使用 EDA 实验箱执行器件配置操作	20				
4. 总分（满分 100 分）：					
教师评语：					
被检查及评价人签名	检查人签名	日期	组长签名	日期	教师签名

3.4 项目评价

项目评价由过程评价和结果评价两大部分组成，表 3-8 是属于项目 3 的结果评价。

表 3-8 项目 3 检查及评价单

项目检查及评价单	任务名称		项目承接人	编 号
	八位频率计设计			
检查人	检查开始时间	检查结束时间	评价开始时间	评价结束时间

评 分 内 容	标准分值	自我评价（20%）	小组评价（30%）	教师评价（50%）
1. 创建项目工程并指定目标器件	5			
2. 使用原理图设计输入方法和混合设计输入方法设计可编程逻辑器件功能	30			
3. 使用可参数化宏功能模块设计文件	10			
4. 设置时序约束条件、分析综合与布局布线参数并执行编译操作	10			
5. 设置仿真参数并执行仿真操作	10			
6. 器件编程与配置	10			
7. 连接硬件电路并使用 EDA 实验箱进行器件配置操作	25			

8. 总分(满分 100 分)：

教师评语：

被检查及评价人签名	检查人签名	日期	组长签名	日期	教师签名

3.5 项目练习

3.5.1 简答题

1. 简述自顶向下进行电路设计的操作流程。
2. 说明时序逻辑电路的时钟触发信号的 VHDL 语言描述方法。
3. 说明时序逻辑电路的复位信号的 VHDL 语言描述方法。

3.5.2 操作题

1. 分别用图形设计的输入方法和文本设计的输入方法来设计一个一位全加器，并进行项目编译、仿真与下载验证。

2. 用文本的输入方法设计一个四位十进制计数器，并进行项目编译、仿真与下载验证。

3. 使用自底向上的混合设计的输入方法设计一个智力竞赛抢答器，并进行项目编译、仿真与下载验证。

项目4 数字钟系统综合设计

本项目要求采用层次化设计方法进行数字钟系统的设计。根据数字钟系统的结构，将其分成不同的层次和功能模块分别进行设计，然后在顶层模块中将各层次、各模块电路综合，从而实现整体电路功能。通过本项目的学习，用户可掌握 EDA 技术的层次化设计思想和方法，掌握计数器、分频器的设计方法，掌握多个数码管动态显示原理和方法。

4.1 项目描述

4.1.1 项目要求

本项目要求设计一个基于 FPGA 器件的多功能数字钟，具有从 00：00：00 ~ 23：59：59 的计时、显示和闹钟的功能，同时在控制电路的作用下，能够进行校时、校分、整点报时。具体要求如下。

1）计时功能：正常工作状态下，能够进行每天 24h 计时。

2）显示功能：采用 6 位 LED 数码管分别显示小时、分钟和秒。

3）整点报时功能：在每个整点时刻的前 10s 产生"嘀嘀嘀嘀---嘟"的报时铃音，即当时钟计时到 59min51s 时开始报时，在 59min51s、53s、55s、57s 时鸣叫，鸣叫频率为 500Hz；到达 59min59s 时进行整点报时，报时频率为 1kHz，持续时间为 1s，报时结束时刻为整点。

4）校时功能：当时钟出现计时误差时能够进行校正。即通过功能设定键进入校时状态后，在"小时"校准时，时计数器以秒脉冲（1Hz）速度递增，并按 24h 循环；在"分钟"校准时，分计数器以秒脉冲（1Hz）速度递增，并按照 60min 循环。

5）闹钟功能（拓展功能）：可以设定闹钟时间，当到达预设的时间点时产生为时 20s 的"嘀嘀嘀嘀"定时提醒铃音。

4.1.2 项目能力目标

1）掌握数字钟工作原理。

2）掌握数字系统的层次化设计方法和模块化设计方法。

3）熟练掌握基于原理图和基于 VHDL 语言进行较复杂数字系统设计的方法。

4）熟练应用 Quartus II 软件进行数字系统设计与仿真、调试。

4.2 项目分析

4.2.1 项目设计分析

根据项目设计要求，确定数字钟的系统结构如图 4-1 所示。

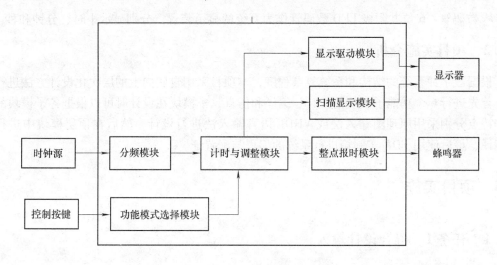

图 4-1　数字钟的结构框图

从图 4-1 可以看出，采用层次化设计方法进行数字钟的设计时，可以根据其功能将整个系统划分为一个顶层模块和系统分频模块、功能模式选择模块、计时与时间调整模块、整点报时模块、显示驱动模块和显示扫描模块共 6 个功能子模块。系统的外部输入信号为系统工作所需的时钟信号(时钟源)、工作模式选择信号及时间设置信号，系统输出外接设备为进行报时的蜂鸣器和用于时间显示的 6 位数码管显示器。

1. 各功能子模块的功能与作用

➤ 分频模块：负责将系统外部提供的时钟信号进行分频处理，分别产生 1Hz 的秒计时脉冲信号、整点报时所需的 1kHz 和 500Hz 脉冲信号。

➤ 功能模式选择模块：在外部控制按键的控制下，使数字闹钟在计时、设置闹铃、校时 3 种模式之间转换。

➤ 计时与时间调整模块：对 1Hz 的标准时钟信号进行秒、分和小时计时，并在校时模式下，接受外部调整按键的控制，进行分钟和小时的校准。

➤ 整点报时模块：在每个整点的前 10s 驱动蜂鸣器发出报时信号。

➤ 显示驱动模块：由于系统采用 LED 数码管进行显示，计时模块采用 BCD 码计数方式，显示驱动模块要将计时模块输出的小时、分钟和秒的 BCD 码进行译码，以驱动 LED 数码管显示。同时，为了节约端口资源，系统显示采用动态扫描方式，因此显示驱动模块还要完成显示数据的选择和显示顺序控制，使显示小时、分钟和秒的数码管依次以较快的速度被轮流点亮，利用人眼的视觉暂留现象进行时间显示。

➤ 显示扫描模块：在进行校准时间时，显示扫描模块使被调整位的数码管以秒速闪烁，显示当前调整位，便于进行调整。

2. 系统输入/输出设备

➤ mode 按键：功能模式选择按键，进行系统的计时模式、校准模式、清零复位功能设置。

➤ set 按键：在系统校准模式下进行手动小时、分钟的调整，每按一次使小时计数器或者分钟计数器加 1；复位模式下的清零确认。

➤ 蜂鸣器：用于发出整点报时音和闹铃音。

➢ 数码管：6 位共阴极 LED 数码管作为系统的显示装置，分别显示小时、分钟和秒。

4.2.2 项目实施分析

根据数字钟系统的结构和系统复杂程度，本项目采用自底向上的层次化设计方法进行设计。首先进行 6 个功能子模块的设计、编译和仿真，子模块在设计时可以根据各子模块的功能和特点分别采用原理图输入法或 VHDL 语言输入法进行设计，然后在顶层模块中进行统一编译，最后使用 EDA 实验箱进行系统的编程与配置证。

4.3 项目实施

4.3.1 任务1 混合设计输入

1. 任务描述

使用 Quartus Ⅱ 软件创建项目工程 digitalclock，在此工程中使用混合设计输入法完成系统分频模块、功能模式选择模块、计时与时间调整模块、整点报时模块、显示驱动模块和显示扫描模块等 6 个功能子模块的设计和仿真，同时生成相对应的电路符号；创建顶层文件，调用 6 个功能子模块，进行数字钟整体电路设计。

2. 任务目标与分析

通过本任务的实施，进一步熟练掌握 Quartus Ⅱ 软件操作方法，理解数字系统层次化设计方法的内涵，能够熟练应用原理图输入设计法、VHDL 语言输入设计法进行中等复杂程度的数字系统设计。

3. 任务实施过程

（1）系统分频模块设计

由于 EDA 实验箱中石英晶体振荡电路提供的时钟信号频率为 50MHz，而数字钟系统需要 1Hz 的秒计时脉冲信号、1000Hz 和 500Hz 的报时脉冲信号，因此需要分频电路对 50MHz 时钟进行分频，产生所需要的时钟信号。

分频模块外部引脚定义如下。

➢ clk：50MHz 脉冲信号输入端。

➢ clk1：1Hz 脉冲信号输出端。

➢ clk500：500Hz 脉冲信号输出端。

➢ clk1000：1000Hz 脉冲信号输出端。

新建项目工程 fenpin，并新建 fenpin . vhd 文件，输入所设计的分频程序，同时进行功能仿真，验证设计的正确性，并生成元件符号，以备顶层设计中使用。分频模块的电路符号如图 4-2 所示，功能仿真波形如图 4-3 所示。程序清单如下：

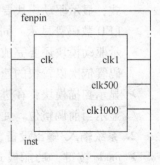

图 4-2 分频模块的电路符号

```
library ieee;
use ieee. std _ logic _ 1164. all;
use ieee. std _ logic _ unsigned. all;
entity fenpin is
```

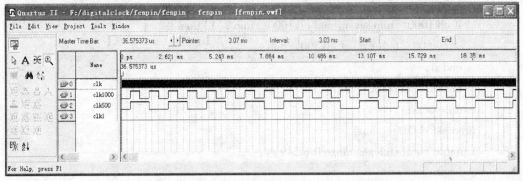

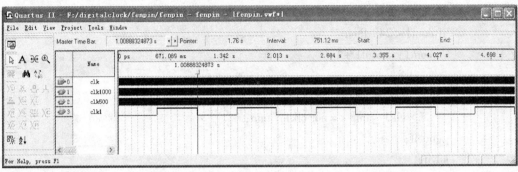

图 4-3　分频模块的功能仿真波形

```
    port( clk:in std _ logic;
        clk1,clk500,clk1000:out std _ logic);
end fenpin;
architecture a of fenpin is
    signal clk1 _ tmp,clk500 _ tmp,clk1000 _ tmp:std _ logic;
    begin
        process(clk)
        variable cont1000:integer range 0 to24999;
            begin
            if clk ' event and clk ='1 ' then
                if cont1000 <24999 then
                    cont1000: = cont1000 +1;
                    else
                        cont1000: =0;
                        clk1000 _ tmp <= not clk1000 _ tmp;
                end if;
            end if;
            clk1000 <= clk1000 _ tmp;
        end process;
        process( clk1000 _ tmp)
```

```
    begin
    if clk1000 _ tmp'event and clk1000 _ tmp = '1' then
        clk500 _ tmp <= not clk500 _ tmp;
    end if;
    clk500 <= clk500 _ tmp;
end process;
process( clk500 _ tmp )
variable cont1 : integer range 0 to249;
    begin
    if clk500 _ tmp'event and clk500 _ tmp = '1' then
        if cont1 < 249 then
            cont1 : = cont1 + 1;
            else
                cont1 : = 0;
                clk1 _ tmp <= not clk1 _ tmp;
        end if;
    end if;
    clk1 <= clk1 _ tmp;
end process;
end a;
```

（2）功能模式选择模块设计

数字钟具有计时、校时、复位 3 种工作模式，并能够进行手动校时、校分，因此系统设置了 mode、set 两个按键，分别进行工作模式选择、手动校时和系统复位。mode 按键依次按下，系统分别进入校准小时、校准分钟、清零复位和计时状态，系统初始状态为计时状态；set 按键在校准小时、校准分钟状态下进行手动调整小时和分钟，在清零复位状态下作为确认信号。

根据功能模式选择模块的作用和功能，可以通过有限状态机的方式来实现，需要有 4 个状态。S0：初始状态，即正常计时状态。S1：小时校准状态。S2：分钟校准状态。S3：系统复位状态。

功能模式选择模块外部引脚定义如下。mode：功能模式选择信号输入端。set：时间调整输入端。min：分钟调整位控制输出信号端，在分钟调整时控制分钟显示数码管以秒速闪烁显示。hour：小时调整位控制输出信号端，在小时调整时控制小时显示数码管以秒速闪烁显示。cph：小时调整进位输出端，在进行小时调整时输出小时进位信号。cpm：分钟调整进位输出端，在进行分钟调整时输出分钟进位信号。clr：系统复位清零信号输出端。

新建项目工程 gnxz，并新建 gnxz. vhd 文件，输入所设计的功能模式选择模块程序，同时进行功能仿真验证设计的正确性，并生成元件符号。功能模式选择模块的电路符号如图 4-4 所示，功

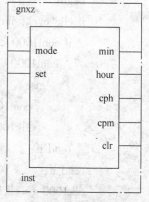

图 4-4 功能模式选择模块的电路符号

206

能仿真波形如图4-5所示。程序清单如下：

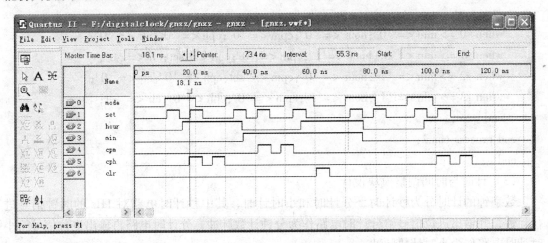

图 4-5　功能模式选择模块的功能仿真波形

```
library ieee;
use ieee. std _ logic _ 1164. all;
use ieee. std _ logic _ unsigned. all;
entity gnxz is
    port( mode,set:in std _ logic;
        min,hour:out std _ logic;
        cph,cpm,clr:out std _ logic);
end gnxz;
architecture a of gnxz is
type t _ state is ( s0,s1,s2,s3);
signal next _ state:t _ state: = s0;
begin
com1:process( mode)
begin
    if mode ' event and mode = ' 1 ' then
        case next _ state is
        when s0 => next _ state <= s1;
        when s1 => next _ state <= s2;
        when s2 => next _ state <= s3;
        when s3 => next _ state <= s0;
        when others => next _ state <= s0;
        end case;
    end if;
end process com1;
com2:process( next _ state,set)
```

```
begin
  case next _ state is
  when s0 => min <= '0';hour <= '0';cpm <= '0';cph <= '0';clr <= '0';
  when s1 => min <='0';hour <='1';cpm <= '0';cph <= set;clr <= '0';
  when s2 => min <= '1';hour <= '0';cpm <= set;cph <= '0';clr <= '0';
  when s3 => min <= '1';hour <='1';cpm <= '0';cph <='0';clr <= set;
  end case;
end process com2;
end a;
```

（3）计时与时间调整模块设计

数字钟的计时分为秒计时、分计时和小时计时，其中秒计时电路对 1Hz 的时钟信号进行计数，并输出进位信号给分计时电路作为分钟计数脉冲，分计时电路再输出进位信号给小时计时电路作为小时计数脉冲。

因此根据设计要求，计时与时间调整模块可分为时计数、分计数和秒计数 3 个子模块。其中时计数子模块为二十四进制 BCD 码计数器，分计数和秒计数子模块均为六十进制 BCD 码计数器。同时分计数子模块和时计数子模块还要接受功能模式选择模块输出的分钟调整信号和小时调整信号，进行时间校准。

1）时计数子模块设计。时计数子模块是一个二十四进制计数器，其外部引脚如下。

➢ clkh：小时计数脉冲输入端。

➢ clr：清零端。

➢ h _ high：小时计数十位信号输出端。

➢ h _ low：小时计数个位信号输出端。

新建项目工程 count _ 24，并新建 count _ 24. vhd 文件，输入所设计的时计数子模块程序，同时进行功能仿真验证设计的正确性，并将其设置成可调用元件，以备上层设计中使用。时计数子模块的电路符号如图 4-6 所示，功能仿真波形如图 4-7 所示。程序清单如下：

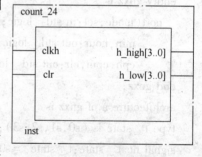

图 4-6　时计数子模块的电路符号

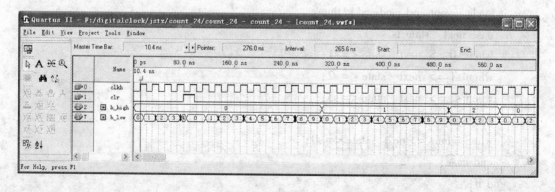

图 4-7　时计数子模块的功能仿真波形

```
library ieee;
```

208

```
use ieee. std _ logic _ 1164. all;
use ieee. std _ logic _ unsigned. all;
entity count _ 24 is
    port( clkh,clr:in std _ logic;
          h _ high,h _ low:out std _ logic _ vector(3 downto 0));
end count _ 24;
architecture a of count _ 24 is
    signal high,low:std _ logic _ vector(3 downto 0);
    signal co:std _ logic;
    begin
        com1:process( clkh,clr)
        begin
            if clr ='1' then
                low <="0000";
            elsif clkh' event and clkh ='1' then
                if ( low ="1001") or ( high ="0010" and low ="0011") then
                    low <="0000";co <='0';
                    elsif low ="1000" then
                        low <= low + 1;co <='1';
                    else
                        low <= low + 1;co <='0';
                end if;
            end if;
        end process com1;
    com2:process( co,clkh,clr)
        begin
            if clr ='1' then
                high <="0000";
            elsif clkh' event and clkh ='1' then
                if high ="0010" and low ="0011" then
                    high <="0000";
                elsif co ='1' then
                    high <= high + 1;
                end if;
            end if;
        end process com2;
    h _ high <= high;
    h _ low <= low;
end a;
```

2）分计数子模块设计。分计数子模块是一个六十进制计数器，其外部引脚如下。

➢ clkm：分钟计数脉冲输入端。

➢ cph：小时调整脉冲输入端。

➢ clr：清零端。

➢ m_high：分钟计数十位信号输出端。

➢ m_low：分钟计数个位信号输出端。

➢ com：分钟计数进位信号输出端。

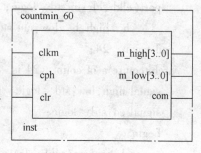

新建项目工程 countmin_60，并新建 countmin_60.vhd 文件，输入所设计的分计数子模块程序，同时进行功能仿真验证设计的正确性。分计数子模块电路符号如图 4-8 所示，功能仿真波形如图 4-9 所示。程序清单如下：

图 4-8　分计数器电路符号

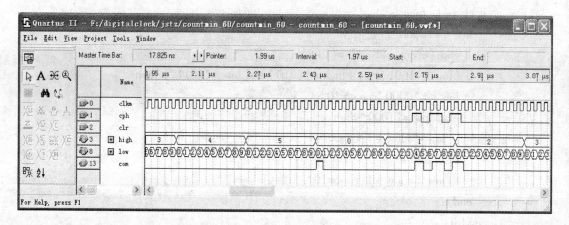

图 4-9　分计数器的功能仿真波形

```
library ieee;
use ieee. std_logic_1164. all;
use ieee. std_logic_unsigned. all;
entity countmin_60 is
port( clkm,cph,clr:in std_logic;
     m_high,m_low:out std_logic_vector(3 downto 0);
     com:out std_logic);
end countmin_60;
architecture a of countmin_60 is
signal co:std_logic;
signal high,low:std_logic_vector(3 downto 0);
begin
  process(clkm,clr)
  begin
    if clr ='1' then
```

```
                    low <="0000 "; high <="0000 ";
                elsif clkm ' event and clkm ='1 ' then
                    if high <"0101 " then
                        if low <"1001 " then
                            low <= low +1 ;
                            else
                            low <="0000 ";
                            high <= high +1 ;
                        end if;
                        co <='0 ';
                    elsif low <"1001 " then
                        low <= low +1 ;
                        co <='0 ';
                    else
                        low <="0000 "; high <="0000 ";
                        co <='1 ';
                    end if;
                end if;
            m _ high <= high ;
            m _ low <= low ;
            com <= co or cph ;
        end process ;
    end a ;
```

3）秒计数子模块设计。秒计数子模块也是一个六十进制计数器，其外部引脚如下。

➢ clks：1Hz 秒计数脉冲输入端。

➢ cpm：分钟调整脉冲输入端。

➢ clr：清零端。

➢ s_high：秒计数十位信号输出端。

➢ s_low：秒计数个位信号输出端。

➢ cos：秒计数进位信号输出端。

秒计数子模块程序与分计数子模块程序相似，不再赘述，其电路符号如图 4-10 所示。

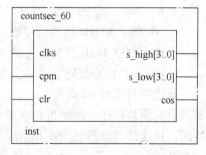

4）创建计时与时间调整模块顶层文件。创建计时与时间调整模块顶层文件 jstz. bdf，调用时计数、分计数和秒计数 3 个子模块元件，按照如图 4-11 所示完成计时与时间调整模块设计，同时进行功能仿真验证设计的正确性，并将其设置成可调用元件，电路符号如图 4-12 所示，功能仿真波形如图 4-13 所示。

图 4-10　秒计数子模块的电路符号

（4）整点报时模块设计

数字钟的整点报时功能要求在每个整点的 10s 前产生整点报时音，报时音为 "嘀嘀嘀---

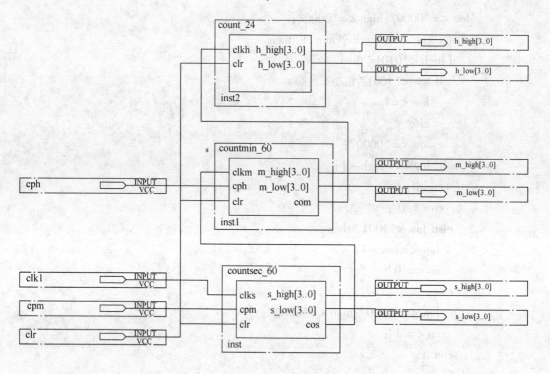

图 4-11　计时与时间调整模块顶层电路

嘟"四短一长音，即当时钟计时到 59min51s 时开始报时，在 59min51s、53s、55s、57s 时鸣叫，鸣叫频率为 500Hz；到达 59min59s 时进行整点报时，报时频率为 1kHz，持续时间为 1s，报时结束时刻为整点。整点报时模块外部引脚定义如下。

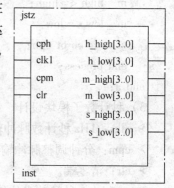

图 4-12　计时与时间调整
模块电路符号

> s_low：秒计数个位信号输入端。

> s_high：秒计数十位信号输入端。

> m_low：分钟计数个位信号输入端。

> m_high：分钟计数十位信号输入端。

> clk500：500Hz 脉冲信号输入端。

> clk1000：1kHz 脉冲信号输入端。

> buzzer：整点报时信号输出端。

新建项目工程 zdbs，并新建 zdbs.vhd 文件，输入所设计的整点报时模块程序，同时进行功能仿真验证设计的正确性。整点报时模块电路符号如图 4-14 所示，功能仿真波形如图 4-15 所示。程序清单如下：

library ieee;

use ieee. std_logic_1164. all;

use ieee. std_logic_unsigned. all;

entity zdbs is

port(s_low,s_high,m_low,m_high:in std_logic_vector(3 downto 0);

　　　clk500,clk1000:in std_logic;

　　　buzzer:out std_logic);

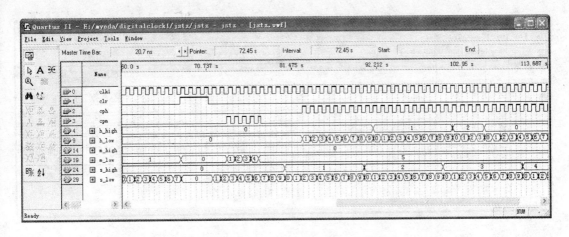

图 4-13　计时与时间调整模块的功能仿真波形

end zdbs;

architecture a of zdbs is

  begin

    process(m _ low)

    begin

     if m _ low = 9 and m _ high = 5 and s _ high = 5 then

      if s _ low = 1 or s _ low = 3 or s _ low = 5 or s _ low = 7 then

        buzzer < = clk500;

        elsif s _ low = 9 then

          buzzer < = clk1000;

        else

          buzzer < ='0 ';

        end if;

      else

        buzzer < ='0 ';

     end if;

    end process;

  end a;

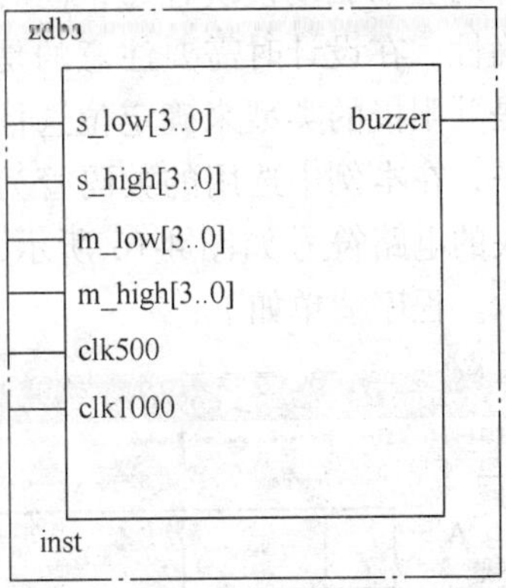

（5）显示驱动模块设计

显示驱动电路要将计时电路输出的小时、分钟和秒共 6 位 8421BCD 码转换为数码管所需要的字形码(7 位段码)，并且还要输出六位数码管的位选信号，实现 6 位数码管的动态扫描。因此显示驱动电路输出信号有 7 位段码信号、6 位数码管的位选信号，输入为计时电路输出的时、分、秒信号，此外还需要一个扫描时钟信号，用以确定数码管动态显示的速度。显示驱动模块的外部引脚定义如下。

➤ clk500：扫描时钟输入端，为 500Hz 脉冲信号。

➤ h _ high：小时计数十位信号输入端。

➤ h _ low：小时计数个位信号输入端。

图 4-14　整点报时模块的电路符号

213

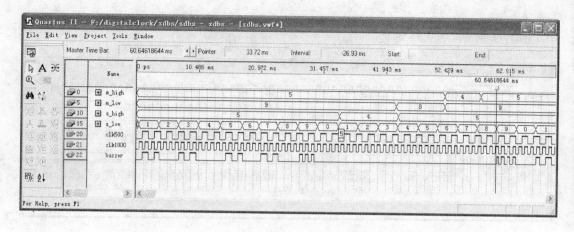

图 4-15　整点报时模块的功能仿真波形

- ➢ m_high：分钟计数十位信号输入端。
- ➢ m_low：分钟计数个位信号输入端。
- ➢ s_high：秒计数十位信号输入端。
- ➢ s_low：秒计数个位信号输入端。
- ➢ sg：七段字形码输出端。
- ➢ bc：6 位数码管的位选信号输出端。

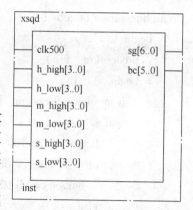

图 4-16　显示驱动模块的电路符号

新建项目工程 xsqd，并新建 xsqd. vhd 文件，输入所设计的显示驱动模块程序，同时进行功能仿真验证设计的正确性。在设计时需要注意的是，要根据数码管是共阴极还是共阳极的类型来确定位选信号和字形码信号的高、低电平，在本例中选用的数码管为共阴极数码管。显示驱动模块的电路符号如图 4-16 所示，功能仿真波形如图 4-17 所示。程序清单如下：

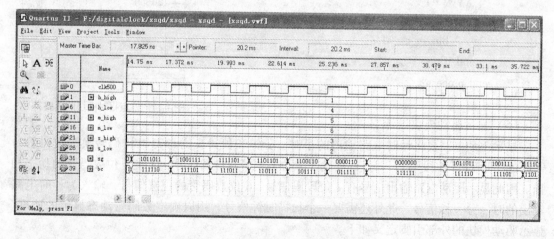

图 4-17　显示驱动模块的功能仿真波形

library ieee;

use ieee. std_logic_1164. all;

```vhdl
use ieee. std _ logic _ unsigned. all;
entity xsqd is
port( clk500; in std _ logic;
      h _ high, h _ low; in std _ logic _ vector( 3 downto 0) ;
      m _ high, m _ low; in std _ logic _ vector( 3 downto 0) ;
      s _ high, s _ low; in std _ logic _ vector( 3 downto 0) ;
      sg; out std _ logic _ vector( 6 downto 0) ;
      bc; out std _ logic _ vector( 5 downto 0) ) ;
end xsqd;
architecture a of xsqd is
  signal b; std _ logic _ vector( 2 downto 0) ;
  signal d; std _ logic _ vector( 3 downto 0) ;
  begin
  com1; process( b)
    begin
      case b is
        when " 101 " => bc <= " 011111 "; d <= h _ high;
        when " 100 " => bc <= " 101111 "; d <= h _ low;
        when " 011 " => bc <= " 110111 "; d <= m _ high;
        when " 010 " => bc <= " 111011 "; d <= m _ low;
        when " 001 " => bc <= " 111101 "; d <= s _ high;
        when " 000 " => bc <= " 111110 "; d <= s _ low;
        when " 110 " => bc <= " 111111 "; d <= " 1111 ";
        when " 111 " => bc <= " 111111 "; d <= " 1111 ";
      end case;
    end process com1;
    com2; process( clk500)
      begin
        if clk500 ' event and clk500 = ' 1 ' then
          b <= b + 1;
        end if;
      end process com2;
      com3; process( d)
        begin
          case d is
            when " 0000 " => sg <= " 0111111 ";
            when " 0001 " => sg <= " 0000110 ";
            when " 0010 " => sg <= " 1011011 ";
            when " 0011 " => sg <= " 1001111 ";
```

```
                     when "0100" => sg <= "1100110";
                     when "0101" => sg <= "1101101";
                     when "0110" => sg <= "1111101";
                     when "0111" => sg <= "0100111";
                     when "1000" => sg <= "1111111";
                     when "1001" => sg <= "1101111";
                     when others => sg <= "0000000";
                 end case;
             end process com3;
         end a;
```

（6）显示扫描模块设计

在进行时间校准的时候，显示扫描模块要接受功能模式选择模块的控制命令，向数码管输出控制信号，使被调整位的数码管闪烁。其外部引脚定义如下。

- clk1：工作时钟输入端，为 1Hz 脉冲信号，使被调整位以秒速闪烁。
- min：分钟调整信号输入端。
- hour：小时调整信号输入端。
- bc：数码管位控信号输入端。
- led_bit：数码管位控信号输出端。

新建项目工程 xssm，并新建 xssm.vhd 文件，输入所设计的显示扫描模块程序，同时进行功能仿真验证设计的正确性。显示扫描模块的电路符号如图 4-18 所示，功能仿真波形如图 4-19 所示，程序清单如下：

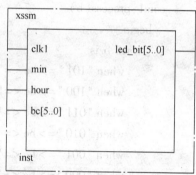

图 4-18 显示扫描模块的电路符号

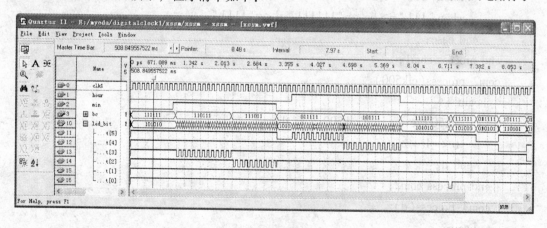

图 4-19 显示扫描模块的功能仿真波形

```
library ieee;
use ieee. std _ logic _ 1164. all;
use ieee. std _ logic _ unsigned. all;
entity xssm is
```

```vhdl
port(clk1:in std_logic;
     min,hour:in std_logic;
     bc:in std_logic_vector(5 downto 0);
     led_bit:out std_logic_vector(5 downto 0));
end xssm;
architecture a of xssm is
  begin
  process(min,hour,bc)
    variable bitc:std_logic_vector(5 downto 0);
    begin
      bitc: = bc;
      if hour = '1' then
        if bitc = "011111" then
          bitc(5): = clk1;
        else
          if bitc = "101111" then
            bitc(4): = clk1;
          end if;
        end if;
      end if;
      if min = '1' then
        if bitc = "110111" then
          bitc(3): = clk1;
        else
          if bitc = "111011" then
            bitc(2): = clk1;
          end if;
        end if;
      end if;
      led_bit <= bitc;
  end process;
end a;
```

（7）数字钟顶层电路设计

创建数字钟项目工程 digitalclock，新建原理图文件 digitalclock. bdf，在 digitalclock. bdf 文件中分别调用上述 6 个功能子模块元件，完成数字钟顶层电路设计，参考电路如图 4-20 所示。

（8）功能扩展

我们还可以进一步完善数字钟的功能，在此基础上加入闹钟功能，即设定闹钟时间，当到达预设的时间点时产生为时 20s 的"嘀嘀嘀嘀"定时提醒铃音。

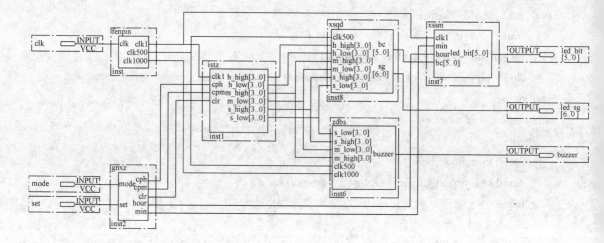

图 4-20　数字钟顶层电路

闹钟设定只需设定闹钟的小时和分钟，同时要将设定的闹钟时间存储在闹钟寄存器中。在闹钟寄存器中，设定的时间再不断地与当前时间进行比较，当设定时间与当前时钟时间相同时，输出控制信号驱动蜂鸣器鸣响。因此闹钟功能模块由闹钟设定子模块、闹钟时间比较子模块和闹钟报时子模块组成。

1）闹钟设定模块设计。外部引脚定义如下。

➤ alarm：闹钟功能使能开关，控制闹钟设定功能是否开启。

➤ ahour：闹钟小时设定按键，每按一次，小时自动加 1。

➤ amin：闹钟分钟设定按键，每按一次，分钟自动加 1。

➤ a_hour_high：闹钟设定时间的小时十位信号输出端。

➤ a_hour_low：闹钟设定时间的小时个位信号输出端。

➤ a_min_high：闹钟设定时间的分钟十位信号输出端。

➤ a_min_low：闹钟设定时间的分钟个位信号输出端。

闹钟时间设定模块与前面的计时与时间调整模块相似，程序清单如下，电路符号如图 4-21 所示，功能仿真波形如图 4-22 所示。

```
library ieee;

use ieee. std _ logic _ 1164. all;

use ieee. std _ logic _ unsigned. all;

entity nzsd is

port( alarm:in std _ logic;

    ahour,amin:in std _ logic;

    a _ hour _ high,a _ hour _ low:out std _ logic _ vector(3 downto 0);

    a _ min _ high,a _ min _ low:out std _ logic _ vector(3 downto 0));

end nzsd;

architecture a of nzsd is

  begin

    com1:process( amin)
```

```
        variable high1 ,low1 ;std _ logic _ vector( 3  downto 0 ) ;
        begin
          if alarm ='1 ' then
             if amin 'event and amin ='1 ' then
          if high1 <"0101 " then
             if low1 <"1001 " then
               low1 : = low1 + 1 ;
               else
               low1 : ="0000 ";
               high1 : = high1 + 1 ;
             end if;
             elsif low1 <"1001 " then
             low1 : = low1 + 1 ;
               else
             low1 : ="0000 ";high1 : ="0000 ";
             end if;
          end if;
          end if;
      a _ min _ high <= high1 ;
      a _ min _ low <= low1 ;
      end process com1 ;
com2 ;process( ahour )
        variable high2 ,low2 ;std _ logic _ vector( 3  downto 0 ) ;
        begin
          if alarm ='1 ' then
             if ahour 'event and ahour ='1 ' then
                if high2 <"0010 " then
                   if low2 <"1001 " then
                      low2 : = low2 + 1 ;
                   else
                      low2 : ="0000 ";
                      high2 : = high2 + 1 ;
                   end if;
                else
                   if low2 <"0100 " then
                      low2 : = low2 + 1 ;
                      else
                      low2 : ="0000 ";
                      high2 : ="0000 ";
```

```
                    end if;
                  end if;
                end if;
              end if;
          a – hour – high <= high2;
          a – hour – low <= low2;
          end process com2;
      end a;
```

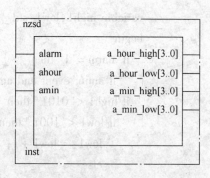

2）闹钟时间比较模块设计。闹钟时间比较模块要将闹钟设定模块送来的设定时间不断与计时与时间调整模

图 4-21　闹钟设定模块的电路符号

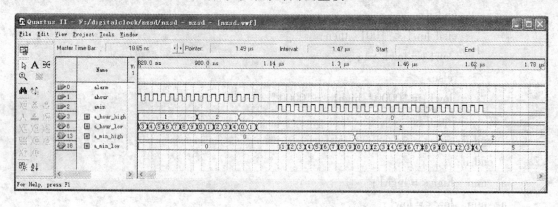

图 4-22　闹钟设定模块的功能仿真波形

块送来的当前时钟时间进行比较，当二者相等时，输出控制信号。闹钟时间比较模块外部引脚定义如下。

➢ alarm：闹钟使能信号输入端，控制显示的时间是时钟时间还是闹钟设定时间。

➢ a _ hour _ high：闹钟设定时间的小时十位信号输入端。

➢ c _ hour _ high：时钟计时时间的小时十位信号输入端。

➢ a _ hour _ low：闹钟设定时间的小时个位信号输入端。

➢ c _ hour _ low：时钟计时时间的小时个位信号输入端。

➢ a _ min _ high：闹钟设定时间的分钟十位信号输入端。

➢ c _ min _ high：时钟计时时间的分钟十位信号输入端。

➢ a _ min _ low：闹钟设定时间的分钟个位信号输入端。

➢ c _ min _ low：时钟计时时间的分钟个位信号输入端。

➢ buzzer：闹钟定时时间到输出信号端。

➢ hour _ high：小时十位信号输出端。

➢ hour _ low：小时个位信号输出端。

➢ min _ high：分钟十位信号输出端。

➢ min _ low：分钟个位信号输出端。

闹钟时间比较模块程序清单如下，电路符号如图 4-23 所示，功能仿真波形如图 4-24 所示。

```
library ieee;
use ieee. std _ logic _ 1164. all;
use ieee. std _ logic _ unsigned. all;
entity nzbj is
port( alarm:in std _ logic;
     a _ hour _ high,a _ hour _ low:in std _ logic _ vector( 3 downto 0);
     a _ min _ high,a _ min _ low:in std _ logic _ vector( 3 downto 0);
     c _ hour _ high,c _ hour _ low:in std _ logic _ vector( 3 downto 0);
     c _ min _ high,c _ min _ low:in std _ logic _ vector( 3 downto 0);
     buzzer:out std _ logic;
     hour _ high,hour _ low:out std _ logic _ vector( 3 downto 0);
     min _ high,min _ low:out std _ logic _ vector( 3 downto 0));
end nzbj;
architecture a of nzbj is
   begin
     process( c _ min _ low)
       begin
         if ( c _ hour _ high = a _ hour _ high and c _ hour _ low = a _ hour _ low and
             c _ min _ high = a _ min _ high and c _ min _ low = a _ min _ low) then
             buzzer <='1';
             else
               buzzer <='0';
         end if;
         if alarm ='0' then
           hour _ high <= c _ hour _ high;
           hour _ low <= c _ hour _ low;
           min _ high <= c _ min _ high;
           min _ low <= c _ min _ low;
           else
           hour _ high <= a _ hour _ high;
           hour _ low <= a _ hour _ low;
           min _ high <= a _ min _ high;
           min _ low <= a _ min _ low;
         end if;
       end process;
   end a;
```

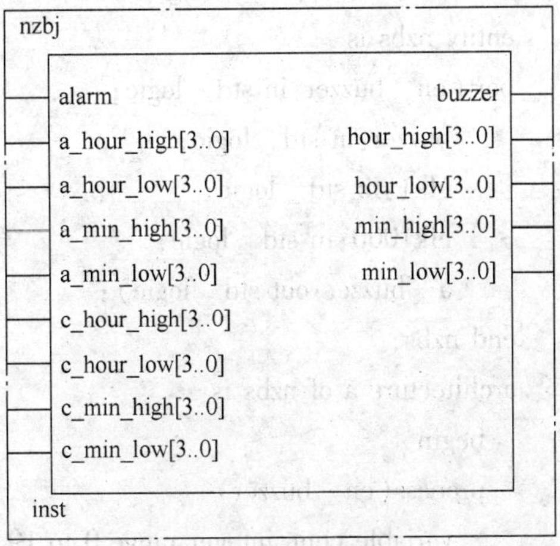

3）闹钟报时模块设计。在达到设定的闹钟时间时，闹钟报时模块要驱动蜂鸣器连续 20s 发出 1kHz 的"嘀嘀嘀嘀"提示音。其外部引脚定

图 4-23　闹钟比较模块的电路符号

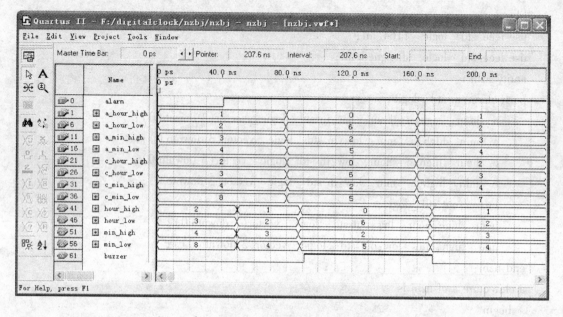

图 4-24　闹钟比较模块的功能仿真波形

义如下。

- ➤ clk1：1Hz 脉冲信号输入端，用于 10s 定时。
- ➤ clk1000：1kHz 脉冲信号输入端，用于闹钟报时。
- ➤ buzzer：闹钟定时时间到输入信号端。
- ➤ en_buzzer：闹钟功能控制开关信号输入端，en_buzzer 为 0 时，闹钟不响；为 1 时，闹钟工作。
- ➤ a_buzzer：闹钟铃音驱动输出信号端。

闹钟报时模块程序清单如下，电路符号如图 4-25 所示，功能仿真波形如图 4-26 所示。

```
library ieee;
use ieee. std_logic_1164. all;
use ieee. std_logic_unsigned. all;
entity nzbs is
port( en_buzzer:in std_logic;
     buzzer:in std_logic;
     clk1:in std_logic;
     clk1000:in std_logic;
     a_buzzer:out std_logic);
end nzbs;
architecture a of nzbs is
  begin
  process( en_buzzer)
    variable cont:integer range 0 to 19;
    begin
```

222

```
          if en _ buzzer ='1 ' then
            if buzzer ='1 ' then
               if clk1 'event and clk1 ='1 ' then
                  if cont < 19 then
                     cont：= cont + 1 ;
                     a _ buzzer < = clk1000 ;
                  else
                     a _ buzzer < ='0 ';
                  end if;
               end if;
            else
               a _ buzzer < ='0 ';
               cont：= 0 ;
            end if;
          else
            a _ buzzer < ='0 ';
          end if;
        end process;
      end a;
```

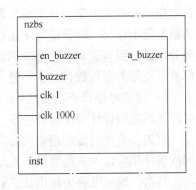

图 4-25　闹钟报时模块的电路符号

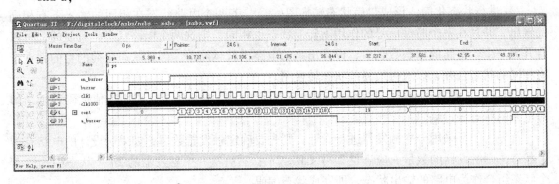

图 4-26　闹钟报时模块的功能仿真波形

将闹钟功能模块加入数字钟顶层电路时,应注意以下几个问题。

首先,闹钟功能增加了 4 个开关(按键),分别是:闹钟功能控制开关 alarm——控制闹钟功能是否开启;< ahour >——闹钟小时设定按键;〈amin〉——闹钟分钟设定按键;闹钟功能控制开关 en _ alarm——控制闹钟是否开启。

其次,实际上也可以利用数字钟原有的功能选择键〈mode〉和校时设定键〈set〉配合进行闹钟时间设定,设计和编程思想与数字钟时间调整模块相似,读者可以自己练习编写。

再次,闹钟时间比较模块的输出信号 hour _ high、hour _ low、min _ high 和 min _ low 分别与显示驱动模块的对应输入端相连接,显示驱动模块的 s _ high 和 s _ low 输入端则要与计时调整模块的相应输出端连接。

最后,闹钟报时模块的输出控制信号 a _ buzzer 与整点报时模块的输出信号 buzzer 要通过一个或门相或后再接到蜂鸣器上。

4. 任务学习指导

（1）时序逻辑电路设计

时序逻辑电路在任何时刻的输出不仅与该时刻的输入有关，还与系统的原状态有关，因此时序逻辑电路具有记忆功能，通常由触发器和组合逻辑电路构成。在一个时序逻辑系统中，时序电路通常都是由时钟信号进行触发的，即时序逻辑电路通常要在时钟信号的边沿（上升沿或者下降沿）到来时，其状态才会发生变化，因此时钟信号是时序逻辑系统工作的必要条件。

根据时钟信号控制方式的不同，时序逻辑电路可以分为同步时序逻辑电路和异步时序逻辑电路。若构成电路的所有触发器都在统一时钟信号控制下工作，则为同步时序逻辑电路；若触发器不在统一时钟信号下工作，则为异步时序逻辑电路。在进行时序逻辑电路设计时，要分别进行组合逻辑电路部分和时序逻辑电路部分的分析和设计，而且时序逻辑电路设计的标准是使用的器件数目最少、种类最少，而且器件间的连线也最少。其基本设计过程如下。

1）建立电路状态转换图（表）。建立状态转换图（表）就是将设计问题进行逻辑抽象，是时序逻辑电路设计中关键的一步。

首先，分析给定的逻辑设计命题，确定输入变量、输出变量及其取值的含义。通常取原因或条件作为输入逻辑变量，取结果作输出逻辑变量。

其次，确定电路的输出状态数量和每个电路状态的含义，并将电路状态进行顺序编号。

最后，根据设计要求列出电路各状态之间的转换图（表）。

2）进行状态化简，形成最简状态转换图（表）。若两个电路状态在相同的输入下有相同的输出，并且在一个时钟信号的作用下转换状态也相同，则这两个电路状态是重复的，可以合并为一个。电路的状态数越少，设计出来的电路也就越简单。因此状态化简的目的就在于将相同的状态合并，以求得最简的状态转换图。

3）进行电路状态编码。将化简后的状态转换图（表）中的各个状态用二值代码表示，即对电路的状态进行编码。

首先，如果采用分立触发器进行设计，则先要确定触发器数目，如果所设计的电路有 M 个状态，则触发器的数量 n 应满足 $2n-1 < M \leq 2n$ ；然后从 n 个触发器的 $2n$ 个状态中选取 M 个状态组合作为电路的输出状态，即完成状态编码。

其次，如果选用 MSI 器件（中规模集成电路）进行设计，则先要确定器件类型，通过查看器件功能表看器件状态组合的变化是否符合所设计的电路状态变化特征（如移位、计数、可逆等），再看器件的状态组合数量是否大于或等于所设计的电路状态数量；然后确定器件数量，若单个器件的输出状态组合数量小于所设计的电路状态数量，则可采用几个器件进行扩展；最后在选定的 MSI 器件输出状态中选择有效的 M 个电路状态编码。

最后，根据最简状态转换图（表）和电路状态编码，列出详细的电路状态转换表。

4）确定电路状态方程、输出方程、驱动方程或选定电路状态数量控制方式。

首先，如果采用分立触发器设计时，首先要确定触发器类型，触发器的类型不同，则逻辑功能不同，驱动方式也就不同，选择触发器类型时应考虑到器件的供应情况，并应减少电路中使用的触发器种类；然后在电路状态转换表中，将触发器当前状态看做输入变量，写出触发器次态变量和输出变量的逻辑函数，再对逻辑函数进行化简，写出电路状态方程和输出

224

方程；最后，根据选定的触发器类型对状态方程进行变换，写出电路驱动方程。

其次，如果采用 MSI 器件设计时，若器件的电路状态数量比所要求的数量多时，可以通过预置数端或置零端对电路状态数量加以控制，并写出置数端或置零端逻辑函数表达式。

5）画出逻辑电路图。根据电路驱动方程和输出方程，画出逻辑电路图，或者根据置数端或置零端逻辑函数表达式画出 MSI 器件的接线图。

6）检查设计的电路能否自启动。如果设计电路中触发器提供的输出状态多于设计所要求的状态数，则需要检查在多余状态下能否自行转换到有效状态。

7）软件仿真。通过 EDA 设计软件对设计电路进行逻辑仿真，验证设计电路逻辑功能的正确性。

（2）常用时序逻辑电路设计实例

常用的时序逻辑电路有寄存器、计数器、存储器、分频器等，下面分别对它们进行分析与设计。

1）数码寄存器寄存器。寄存器具有接收、存放及传送数码的功能，寄存器有数码寄存器和移位寄存器两类。寄存器属于计算机技术中的存储器范畴，但与存储器相比，又有些不同，如存储器一般用于存储运算结果，存储时间长，容量大，而寄存器一般只用来暂存中间运算结果，存储时间短，存储容量小，一般只有几位。

其功能是在时钟边沿到来时保存并行输入的数据，需要时再将存入的数据并行输出。一般数码寄存器通常采用 D 触发器构成，一个 D 触发器可以存储一位二进制数码，因此需要寄存几位数码就可以选用几个 D 触发器。下面分别采用调用可参数化宏模块设计方法和采用 VHDL 语言设计方法为例说明 8 位异步清零数码寄存器设计过程和方法。

【例 4-1】 调用可参数化宏模块设计 8 位异步清零数码寄存器。

具体操作过程如下。

首先，新建 jicunqi 工程项目，并在原理图编辑界面下，选择菜单"Tools"→"Mega Wizard Plug-In Manager"命令，弹出如图 4-27 所示的对话框。

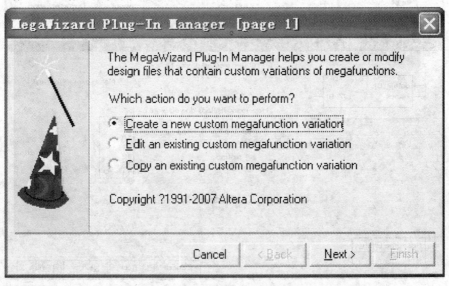

图 4-27　定制一个新模块

其次，选择"Creata a new custom megafunction variation"选项，用于定制一个新模块。单击"Next >"按钮，弹出如图4-28所示的"Mega Wizard Plug-In Manager[page 2]"对话框。

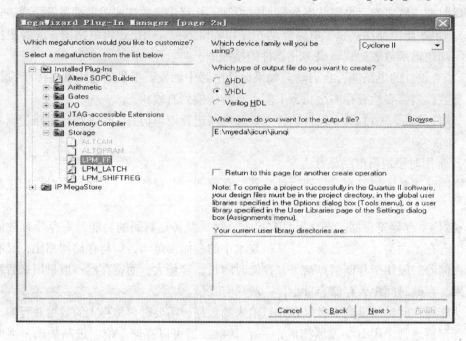

图4-28 选择LPM函数

再次，在[page 2]页面左栏 Storage 项下选择 LPM _ FF，在右栏选择器件类型为 Cyclone Ⅱ，输出文件选择 VHDL 格式，输入设计文件存放的路径和文件名，单击"Next >"按钮，弹出如图4-29所示的"Mega Wizard Plug-In Manager-LPM _ FF[page 3 of 6]"对话框。在此

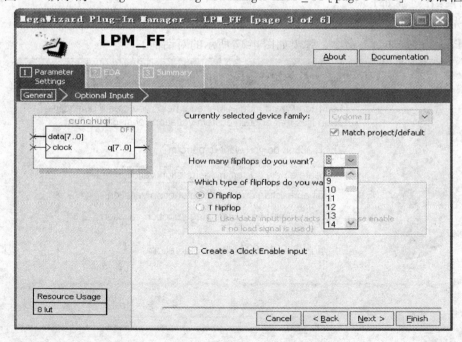

图4-29 选择触发器的类型和数量

对话框中选择使用触发器数量为 8，触发器类型为 D 触发器，单击"Next >"按钮，弹出如图 4-30 所示的"Mega Wizard Plug-In Manager-LPM _ FF［page 4 of 6］"对话框。

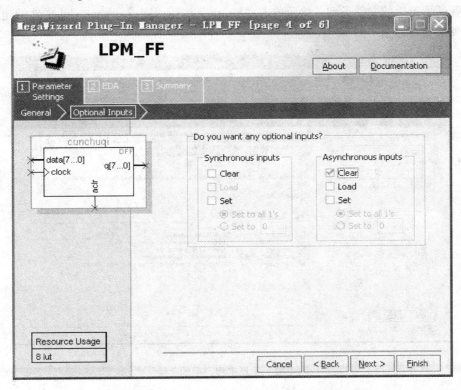

图 4-30　设定同步、异步清零、置位、置数功能

接着，在图 4-30 中的 Asynchronous inputs 选项下选中 Clear，设定异步清零功能，单击"Next >"按钮，弹出如图 4-31 所示的"Mega Wizard Plug-In Manager-LPM _ FF［page 5 of

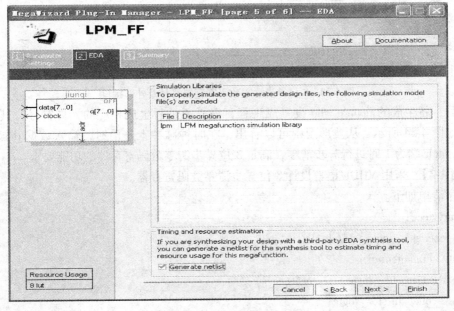

图 4-31　选择产生网络列表

6]—EDA"对话框，选中"Generate netlist"选项，再单击"Next >"按钮，弹出如图 4-32 所示的"Mega Wizard Plug-In Manager-LPM _ FF[page 6 of 6]—Summary"对话框。在此对话框中选择所要产生的文件类型，然后单击"Finish"按钮，完成 jicunqi. vhd 文件的建立，其符号和外部接口如图 4-33 所示。

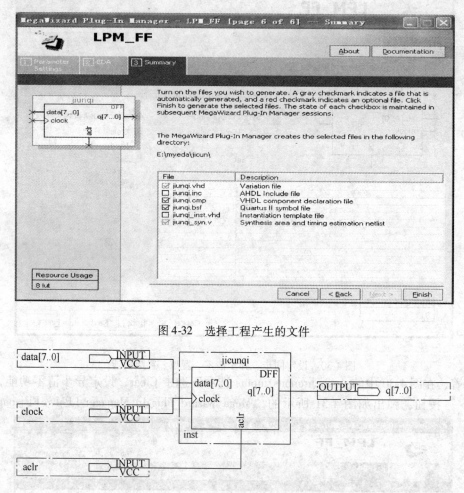

图 4-32 选择工程产生的文件

图 4-33 8 位异步清零数码寄存器符号及外部接口

最后，将生成的 jicunqi. vhd 设置成工程，编译通过后生成相应的元件符号，其功能仿真波形如图 4-34 所示，从波形图中可以看出，在时钟脉冲上升沿时，输入数据 d 被送入 q 端输出，aclr 端为 1 时进行异步清零，满足 8 位异步清零数码寄存器的功能要求。

【例 4-2】 采用 VHDL 语言设计 8 位异步清零数码寄存器。

程序清单如下。

library ieee;

use ieee. std _ logic _ 1164. all;

entity shumajicunqi is

　　port(d:in std _ logic _ vector(0 to 7);

　　　　clk: in std _ logic;

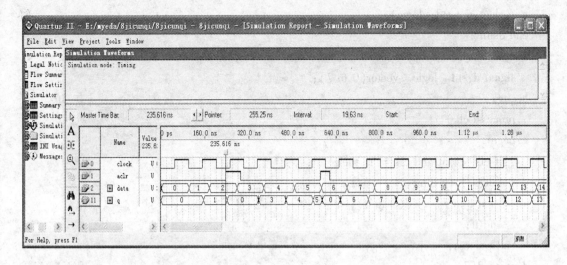

图 4-34　8 位异步清零数码寄存器的功能仿真波形

```
        clr: in std _ logic;
          q: out std _ logic _ vector(0 to 7));
end shumajicunqi;
architecture a of shumajicunqi is
begin
    process(clk,clr)
begin
    if clr ='1' then q <= "00000000";
    elsif clk 'event and clk ='1' then
        q <= d;
    end if;
    end process;
end a;
```

2) 8 位串入/串出移位寄存器。其在时钟信号边沿到来时，输入端数据逐级向输出端移动，其输入、输出数据方式为串行输入和串行输出。串入/串出移位寄存器可以通过将低位 D 触发器的输出端与高位 D 触发器的输入端依次连接构成。其 VHDL 语言的程序清单如例 4-3 所示，外部接口和功能仿真波形如图 4-35 和图 4-36 所示。

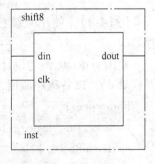

图 4-35　8 位串入/串出移位
寄存器的外部接口

【例 4-3】　8 位串入/串出移位寄存器。
程序清单如下。
```
library ieee;
use ieee. std _ logic _ 1164. all;
entity 8shift is
port(din,clk:in std _ logic;
```

```
        dout:out std _ logic);
    end 8shift;
    architecture a of 8shift is
        signal d:std _ logic _ vector(0 to 7);
    begin
        process(clk)
        begin
            if clk'event and clk ='1' then
                d(0) <= din;
                d(1 to 7) <= d(0 to 6);
            end if;
        end process;
    dout <= d(7);
    enda;
```

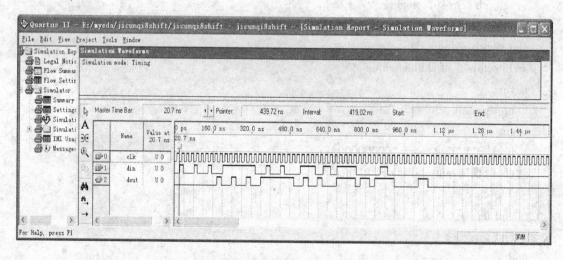

图4-36 8位串入/串出移位寄存器的功能仿真波形

【例4-4】 使用系统已有的 D 触发器,利用 generate 语句设计 8 位串入/串出移位寄存器。

使用 generate 语句设计 8 位串入/串出移位寄存器时,要求系统中已有设计好的 D 触发器模块 dff,以备程序调用,其程序清单如下。

```
library ieee;
use ieee. std _ logic _ 1164. all;
entity shift8 is
    port(din,clk:in std _ logic;
        dout:out std _ logic);
end shift8;
architecture a of shift8 is
    component dff
```

230

```
    port(d,clk:in std _ logic;
         q:out std _ logic);
    end component;
signal dtmp:std _ logic _ vector(0 to 8);
begin
    dtmp(0) <= din;
       rl:for i in 0 to 7 generate
       ux:dff port map(d = > dtmp(i),clk = > clk,q = > dtmp(i + 1));
       end generate;
    dout <= dtmp(8);
end a;
```

3) 可预置数的 8 位循环移位寄存器。循环移位寄存器在移位过程中，要将移出的数据重新回送到数据输入端。可预置数的 8 位循环移位寄存器应具备的引脚包括：8 位数据输入端 data(0..7)、8 位数据输出端 dout(0..7)、时钟信号端 clk、异步清零端 clr、同步置数端 load。其逻辑功能如表 4-1 所示，外部接口如图 4-37 所示，VHDL 语言的程序清单如例 4-5 所示。

表 4-1　循环移位寄存器功能表

clk	clr	load	data(0..7)	dout(0..7)	clk	clr	load	data(0..7)	dout(0..7)
×	1	×	×	0	↓	0	×	×	保持
1	0	×	×	保持	↑	0	1	data	data
0	0	×	×	保持	↑	0	0		右移一位

【例 4-5】　具有异步清零、同步置数功能的 8 位循环移位寄存器。

程序清单如下。

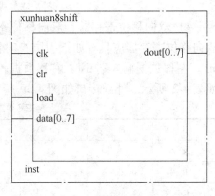

图 4-37　循环移位寄存器的外部接口

```
library ieee;
use ieee. std _ logic _ 1164. all;
entity xunhuan8shift is
  port(clk,clr,load:in std _ logic;
       data:in std _ logic _ vector(0 to 7);
       dout:buffer std _ logic _ vector(0 to 7));
end xunhuan8shift;
architecture a of xunhuan8shift is
begin
  process(clk,clr)
  begin
    if clr ='1' then dout <= "00000000";
    elsif clk 'event and clk ='1' then
```

```
    if load = ' 1 ' then dout <= data;
        else
        dout(1 to 7) <= dout(0 to 6);
        dout(0) <= dout(7);
        end if;
      end if;
    end process;
  end a;
```
其功能仿真波形如图4-38所示。

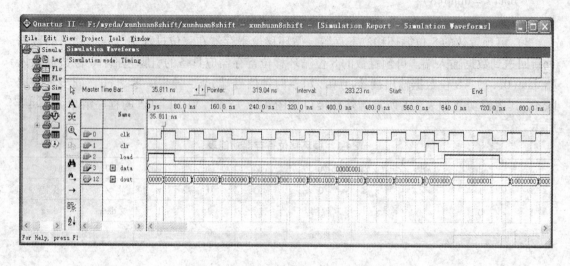

图 4-38　循环移位寄存器的功能仿真波形

4）双向移位寄存器。双向移位寄存器既可以实现左移移位又可以实现右移移位，一个双向移位寄存器应具有如下引脚：时钟信号端 clk、异步清零端 clr、工作方式控制端 m0 和 m1、左移数据输入端 dsl、右移数据输入端 dsr、并行数据输入端 data、输出端 dout。其功能如表4-2所示，外部接口如图4-39所示，其 VHDL 语言的程序清单如例4-6所示。

表 4-2　双向移位寄存器功能表

clk	clr	m1	m0	data	dsl	dsr	dout
×	1	×	×	×	×	×	0
1	0	×	×	×	×	×	保持
0	0	×	×	×	×	×	保持
↓	0	×	×	×	×	×	保持
↓	0	0	0	×	×	×	保持
↓	0	0	1	×	×	dsr	右移
↓	0	1	0	×	dsl	×	左移
↓	0	1	1	data	×	×	data

【例4-6】　8 位双向移位寄存器。

232

程序清单如下。

library ieee;

use ieee. std _ logic _ 1164. all;

entity shuang8shift is

   port(clk,clr:in std _ logic;

       m0,m1:in std _ logic;

       dsl,dsr:in std _ logic;

         data:in std _ logic _ vector(0 to 7);

         dout:buffer std _ logic _ vector(0 to 7));

end shuang8shift;

architecture a of shuang8shift is

begin

   process(clk,clr)

   begin

     if clr ='1' then dout <="00000000";

     elsif clk'event and clk ='1' then

       if m1 ='0' then

         if m0 ='0' then

           null;

         else

           dout(1 to 7) <= dout(0 to 6);

           dout(0) <= dsr;

         end if;

       elsif m0 ='0' then

         dout(0 to 6) <= dout(1 to 7);

         dout(7) <= dsl;

       else

         dout <= data;

       end if;

     end if;

   end process;

end a;

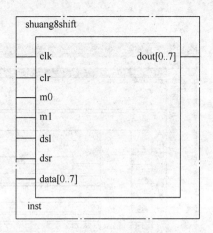

图4-39　双向移位寄存器的外部接口

双向移位寄存器功能仿真波形如图4-40所示。

5）二进制加法计数器。数字系统中常需要对脉冲个数进行计数，以便实现控制、数据计算、测量、计时等功能。在数字系统中完成脉冲计数功能的部件称为计数器。计数器是数字系统中典型的时序逻辑电路，是由具有记忆功能的触发器作基本计数单元，各触发器的连接方式的不同，就构成了各种不同类型的计数器。计数器按计数步长分，有二进制、十进制和任意制计数器；按计数增减趋势分，有加计数、减计数和可加可减的可逆计数器；按触发器工作时钟脉冲分，有同步和异步计数器。图4-41所示为二进制加法计数器的外部接口，

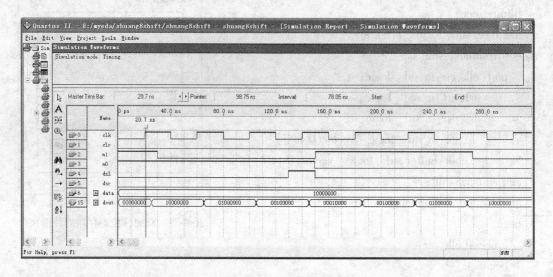

图 4-40　双向移位寄存器的功能仿真波形

它包括异步清零端 clr、时钟脉冲输入端 clk 和 4 位二进制计
数输出端 q(0…3)，VHDL 语言的程序清单如例 4-7 所示，功
能仿真波形如图 4-42 所示。

【例 4-7】　具有异步清零功能的二进制加法计数器。

程序清单如下。

```
library ieee;
use ieee. std _ logic _ 1164. all;
use ieee. std _ logic _ unsigned. all;
entity jishuqi4 is
    port (clk,clr:in std _ logic;
            q:buffer std _ logic _ vector(0 to 3));
end jishuqi4;
architecture a of jishuqi4 is
begin
    process(clk,clr)
    begin
        if clr = ' 1 ' then
            q < = " 0000 ";
        elsif clk ' event and clk = ' 1 ' then
            q < = q + 1;
        end if;
    end process;
end a;
```

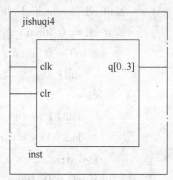

图 4-41　二进制加法
器的外部接口

234

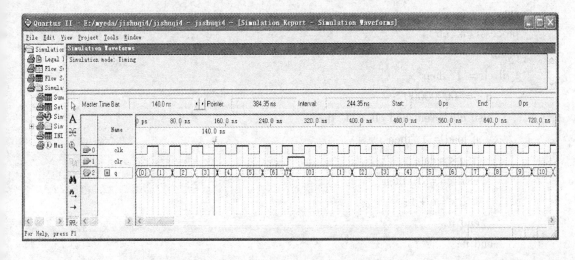

图 4-42　二进制加法计数器的功能仿真波形

6）可预置数的二进制加法计数器。其可以控制计数器从某个特定的值开始计数，而非从 0 开始计数，其外部接口如图 4-43 所示，功能如表 4-3 所示，VHDL 语言的程序清单如例 4-8 所示，功能仿真波形如图 4-44 所示。

表 4-3　可预置数的二进制加法计数器的功能表

clk	clr	en	load	data	q(0..7)
×	1	×	×	×	0
1	0	×	×	×	保持
0	0	×	×	×	保持
↓	0	×	×	×	保持
↑	0	×	1	data	data
↑	0	1	0	×	计数

图 4-43　可预置数的二进制
加法计数器的外部接口

【例 4-8】　可预置数的 8 位二进制递增计数器。

程序清单如下。

```
library ieee;
use ieee. std _ logic _ 1164. all;
use ieee. std _ logic _ unsigned. all;
entity yuzhijishuqi is
  port (        clk:in std _ logic;
      en,clr,load:in std _ logic;
          data:in std _ logic _ vector(0 to 7);
             q:buffer std _ logic _ vector(0 to 7));
end yuzhi jishuqi;
architecture a of yuzhi jishuqi is
```

235

```
begin
    process(clk,clr)
    begin
        if clr = '1' then
            q <= "00000000";
        elsif clk'event and clk = '1' then
            if load = '1' then
                q <= data;
            elsif en = '1' then
                q <= q + 1;
            end if;
        end if;
    end process;
end a;
```

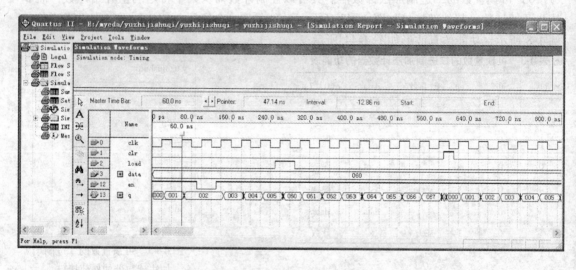

图 4-44　可预置数的二进制计数器的功能仿真波形

7）可逆计数器。其可逆计数器可根据控制信号的不同，实现加法计数和减法计数，其外部接口如图 4-45 所示，功能如表 4-4 所示。

表 4-4　可逆二进制计数器的功能表

clk	clr	en	load	updown	data	q[0..7]
×	1	×	×	×	×	0
1	0	×	×	×	×	保持
0	0	×	×	×	×	保持
↓	0	×	×	×	×	保持
↑	0	×	1	×	data	data
↑	0	1	1	1	×	加计数
↑	0	1	1	0	×	减计数

【例4-9】 具有异步清零、同步预置数功能的 8 位可逆二进制计数器。

程序清单如下。

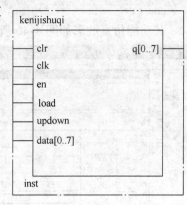

图 4-45 可逆二进制
计数器的外部接口

```vhdl
library ieee;
use ieee. std _ logic _ 1164. all;
use ieee. std _ logic _ unsigned. all;
entity kenijishuqi is
    port( clr,clk:in std _ logic;
        en ,load:in std _ logic;
            updown:in std _ logic;
                data:in std _ logic _ vector(0 to 7);
                    q:buffer std _ logic _ vector(0 to 7));
end keni jishuqi;
architecture a of keni jishuqi is
begin
    process( clr,clk)
    begin
    if clr = ' 1 ' then
        q <= "00000000";
        elsif clk ' event and clk = ' 1 ' then
            if load = ' 1 ' then
                q <= data;
            elsif en = ' 1 ' then
                if updown = ' 1 ' then
                    if q = 11111111 then
                        q <= "00000000";
                        else
                            q <= q + 1;
                    end if;
                else
                    if q = 00000000 then
                        q <= "11111111";
                        else
                            q <= q - 1;
                    end if;
                end if;
            end if;
        end if;
    end process;
```

237

end a；

其功能仿真波形如图 4-46 所示。

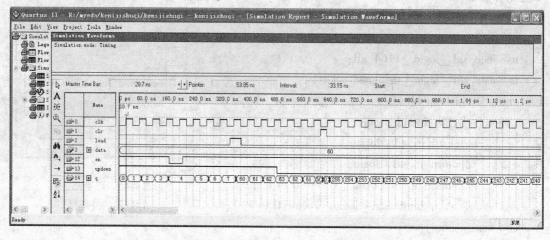

图 4-46　可逆计数器的功能仿真波形

【例 4-10】　可逆十进制计数器，其外部接口如图 4-47 所示，功能仿真波形如图 4-48 所示，程序清单如下。

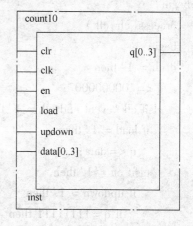

图 4-47　可逆十进制计数器的外部接口

```
library ieee；
use ieee. std _ logic _ 1164. all；
use ieee. std _ logic _ unsigned. all；
entity count10 is
  port( clr,clk：in std _ logic；
      en,load：in std _ logic；
      updown：in std _ logic；
        data：in std _ logic _ vector(0 to 3)；
        q：buffer std _ logic _ vector(0 to 3))；
end count10；
architecture a of count10 is
begin
  process( clr,clk)
  begin
  if clr =' 1 ' then
    q <=" 0000 "；
    elsif clk ' event and clk =' 1 ' then
      if load =' 1 ' then
        q <= data；
      elsif en =' 1 ' then
        if updown =' 1 ' then
```

238

```
            if q = 1001 then
                q <= "0000";
            else
                q <= q + 1;
            end if;
        else
            if q = 0000 then
                q <= "1001";
            else
                q <= q - 1;
            end if;
        end if;
    end if;
    end process;
end a;
```

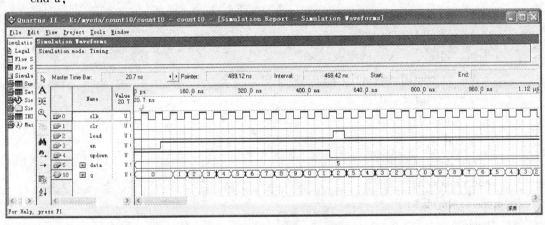

图4-48 可逆十进制计数器的功能仿真波形

8）任意进制计数器。一般将二进制和十进制以外的进制统称为任意进制。在实际的数字系统中，常用到12、24、60进制等任意进制计数器。

【例4-11】 BCD码输出的六十进制计数器。

BCD码输出的六十进制计数器的个位为十进制，需要4个输出端；十位为六进制，需要3个输出端，其外部接口如图4-49所示，功能仿真波形如图4-50所示，程序清单如下。

```
library ieee;
use ieee. std _ logic _ 1164. all;
use ieee. std _ logic _ unsigned. all;
entity count60 is
```

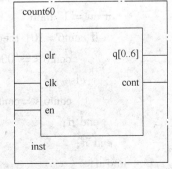

图4-49 六十进制计数器的外部接口

```vhdl
        port( clr,clk,en:in std _ logic;
                q:buffer std _ logic _ vector( 6 downto 0;
             cont:out std _ logic;
    end count60;
    architecture a of count60 is
      signal cont10:std _ logic _ vector( 3 downto 0;
      signal cont6:std _ logic _ vector( 2 downto 0;
      signal clk1:std _ logic;
    begin
      a:process( clr,clk )
        begin
        if clr ='1 ' then
            cont10 <="0000 ";
            elsif clk ' event and clk ='1 ' then
                if en ='1 ' then
                    if cont10 = 1001 then
                        cont10 <="0000 ";
                        clk1 <='1 ';
                    else
                        cont10 <= cont10 +1;
                        clk1 <='0 ';
                    end if;
                end if;
            end if;
        end process a;
      b:process( clr,clk1 )
        begin
        if clr ='1 ' then
            cont6 <="000 ";
            elsif clk1 ' event and clk1 ='1 ' then
                if en ='1 ' then
                    if cont6 = 101 then
                        cont6 <="000 ";
                    else
                        cont6 <= cont6 +1;
                    end if;
                end if;
            end if;
        end process b;
```

```
c : process( clk , clk1 )
    begin
        if clk ' event and clk = ' 1 ' then
            if cont6 = 101 and cont10 = 1001 then
                cont < = ' 1 ';
            else
                cont < = ' 0 ';
            end if;
        end if;
    end process c;
    q( 3 downto 0 <= cont10;
    q( 6 downto 4 <= cont6;
end a;
```

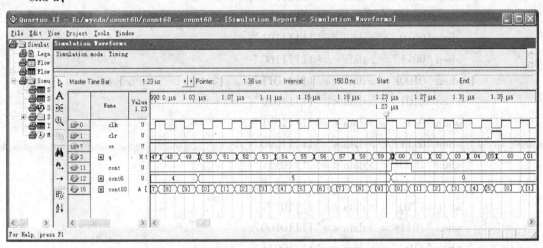

图 4-50　BCD 码输出的六十进制计数器的功能仿真波形

9）只读存储器。存储器是数字系统中具有很重要的应用，常用来存储二值信息。存储器按其类型可以分为只读存储器（ROM）和随机存储器（RAM）。

只读存储器在工作时要根据地址信号从指定的存储单元中读取相应的数据。由于系统运行过程中只有"读"操作，而没有"写"操作，因此只读存储器适于存放固定数据，如存放计算机的系统指令等。由于只读存储器只能进行数据的读取而不能写入新数据，所以只读存储器在使用前需要对存储器进行初始化，即将数据存入存储器中。

【例 4-12】　设计一个容量为 16 × 8 的 ROM。

16 × 8 的 ROM 表示该存储器具有 16 个存储单元，每个单元存储的数据位宽为 8，因此该存储器具有 4 位地址线，8 位数据输出线，一个读信号控制端，其外部接口如图 4-51 所示，功能仿真波形如图 4-52 所示，程序清单如下。

library ieee;

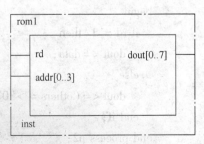

图 4-51　16 × 8 ROM 的外部接口

```vhdl
use ieee. std _ logic _ 1164. all;
entity rom1 is
  port(    rd:in std _ logic;
       addr:in std _ logic _ vector( 0 to 3);
       dout:out std _ logic _ vector( 0 to 7) );
end entity rom1;
architecture a of rom1 is
  signal data:std _ logic _ vector( 0 to 7);
begin
  p1:process( addr)
    begin
      case addr is
          when "0000" = > data <= "11111111";
          when "0001" = > data <= "11111110";
          when "0010" = > data <= "11111101";
          when "0011" = > data <= "11111100";
          when "0100" = > data <= "11111011";
          when "0101" = > data <= "11111010";
          when "0110" = > data <= "11111001";
          when "0111" = > data <= "11111000";
          when "1000" = > data <= "11110111";
          when "1001" = > data <= "11110110";
          when "1010" = > data <= "11110101";
          when "1011" = > data <= "11110100";
          when "1100" = > data <= "11110011";
          when "1101" = > data <= "11110010";
          when "1110" = > data <= "11110001";
          when "1111" = > data <= "11110000";
      end case;
    end process p1;
  p2:process( rd)
    begin
      if rd =' 1 ' then
        dout <= data;
      else
        dout <= ( others = >' 0 ' );
      end if;
    end process p2;
  end a;
```

242

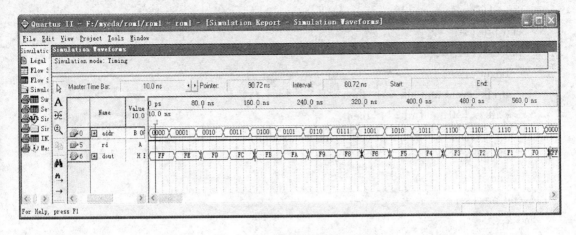

图 4-52　16×8 ROM 的功能仿真波形

10）随机存储器。其可以在地址信号的控制下对指定存储单元进行数据的读/写操作，常用于动态数据的存储。

【例 4-13】　设计一个 16×8 随机存储器。

16×8 随机存储器应具有 4 位地址线、8 位数据输入线、8 位数据输出线、时钟信号端、片选信号控制端和读、写控制信号端，其外部接口如图 4-53 所示，功能仿真波形如图 4-54 所示，程序清单如下。

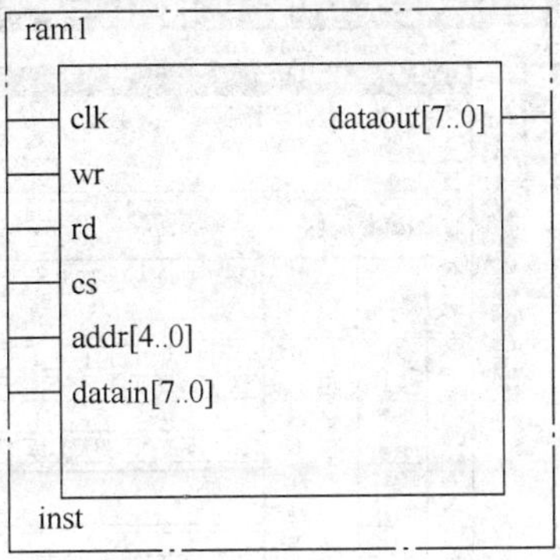

图 4-53　16×8 RAM 的外部接口

```
library ieee;
use ieee. std _ logic _ 1164. all;
use ieee. std _ logic _ unsigned. all;
entity ram1 is
    port( clk, wr, rd, cs: in std _ logic;
            addr: in std _ logic _ vector(4 downto 0);
            datain: in std _ logic _ vector(7 downto 0);
            dataout: out std _ logic _ vector(7 downto 0));
end entity ram1;
architecture a of ram1 is
    type memory is array (0 to 16) of std _ logic _ vector(7 downto 0);
    signal datatmp: memory;
begin
    process( clk, wr, cs)
        begin
            if clk ' event and clk = '1 ' then
            if cs = '0 ' and wr = '1 ' then
                datatmp( conv _ integer( addr)) <= datain;
            end if;
```

```
        end if;
     end process;
     process(clk,rd,cs)
        begin
        if clk'event and clk ='1' then
           if cs ='0' and rd ='1' then
              dataout <= datatmp(conv _ integer(addr));
           end if;
        end if;
     end process;
  end a;
```

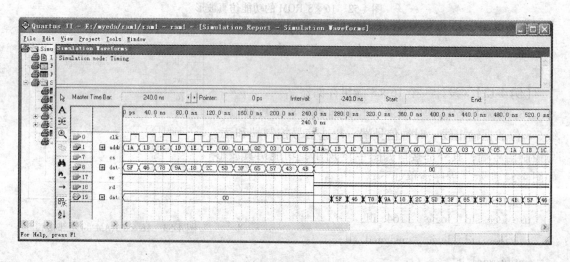

图 4-54　16×8 RAM 存储器的功能仿真波形

11）堆栈。堆栈是按照"先进后出"原则执行数据存储和读取的存储器，数据顺次压入存储区中，每压入一个数据，堆栈指针就会自动加1（压入），使地址指针始终指向最后一个压入堆栈的数据所在的存储单元；读取数据时按照堆栈指针指向进行读取，每读取一个数据后，堆栈指针会自动减1（弹出）。

【例4-14】　设计一个8B的堆栈。

8B的堆栈的外部接口如图4-55所示，具有时钟信号端clk、复位信号端reset、出栈信号端pop、压栈信号端push、8位数据输入信号端datain、8位数据输出信号端dataout、空栈信号端empty和满栈信号端

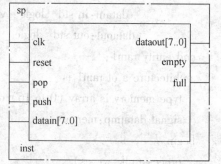

图4-55　8B的堆栈的外部接口

full。程序中的stock为堆栈提供了16个数据存储空间，cont是堆栈的地址指针。堆栈的功能仿真波形如图4-56所示，程序清单如下。

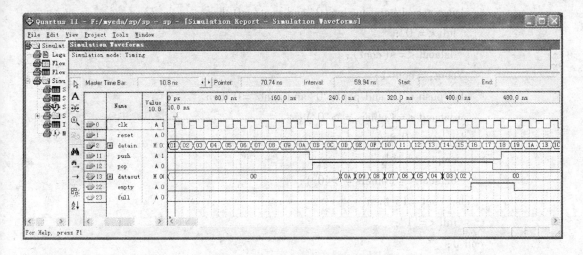

图 4-56　8 字节堆栈功能的仿真波形

```
library ieee;
use ieee. std _ logic _ 1164. all;
use ieee. std _ logic _ unsigned. all;
entity sp is
    port( clk,reset: in std _ logic;
        pop,push: in std _ logic;
            datain: in std _ logic _ vector(7 downto 0);
            dataout: out std _ logic _ vector(7 downto 0);
        empty,full: out std _ logic);
end sp;
architecture a of sp is
    type stock is array (0 to 15)of std _ logic _ vector(7 downto 0);
begin
    process( clk ,reset)
        variable s: stock;
        variable cont: integer range 0 to 15;
        begin
        if reset =' 1 ' then
            dataout < = ( others = >'0 ');
            full < ='0 ';
            cont: =0;
        elsif clk ' event and clk =' 1 ' then
            if push =' 1 ' and pop ='0 ' and cont/ =15 then
                empty <='0 ';
                s( cont) : = datain;
                cont: = cont +1;
```

```
      elsif pop = '1' and push = '0' and cont/ = 0 then
        full <= '0';
        dataout <= s(cont);
        cont: = cont-1;
      elsif push = '0' and pop = '0' and cont/ = 0 then
        dataout <= (others = >'0');
      elsif cont = 0 then
        empty <= '1';
        dataout <= (others = >'0');
      elsif cont = 15 then
        full <= '1';
      end if;
    end if;
  end process;
end a;
```

12）偶数分频器。在数字系统中常需要用分频电路来获得不同频率的控制信号，分频电路本质上是加法计数器的变形，通过计数的方式控制输出信号的高、低电平。若要实现分频系数为 N 的偶数分频，可以在 $0 \sim N/2$ 计数期间使输出为高电平（低电平），而在 $N/2 + 1 \sim N-1$ 计数期间使输出为低电平（高电平），当计数到 N 时，使计数器复位，这样输出的信号占空比为 50%。

【例 4-15】 设计一个 8 分频器。

程序清单如下。

```
library ieee;
use ieee. std _ logic _ 1164. all;
use ieee. std _ logic _ unsigned. all;
entity fenpin8 is
  port(clk:in std _ logic;
      clk _ out:out std _ logic);
end fenpin8;
architecture a of fenpin8 is
  begin
    process(clk)
    variable cont:integer range 0 to 7;
      begin
      if clk ' event and clk = '1' then
        if cont < 4 then
          clk _ out <= '1';
          cont: = cont + 1;
        elsif cont <= 6 then
```

```
            clk _ out <= ' 0 ';
            cont: = cont + 1;
        else
            cont: = 0;
        end if;
    end if;
end process;
end a;
```

8 分频器的功能仿真波形如图 4-57 所示。

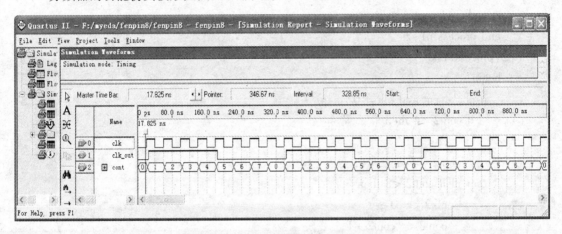

图 4-57　8 分频器的功能仿真波形

13）奇数分频器。若要实现奇数分频，需要对分频时钟的上升沿和下降沿分别进行 N 分频，然后将两次分频得到的时钟信号相或即可。

【例 4-16】　设计一个 9 分频器。

程序清单如下。

```
library ieee;
use ieee. std _ logic _ 1164. all;
use ieee. std _ logic _ unsigned. all;
entity fenpin9 is
    port( clk: in std _ logic;
        clk _ out: out std _ logic);
end fenpin9;
architecture a of fenpin9 is
    signal cont1 ,cont2: integer range 0 to 8;
    signal clk1 ,clk2: std _ logic;
begin
    p1: process( clk)
    begin
        if clk ' event and clk =' 1 ' then
```

```
              if cont1 < 4 then
                  clk1 <= '1';
                  cont1 <= cont1 + 1;
                elsif cont1 < 8 then
                  clk1 <= '0';
                  cont1 <= cont1 + 1;
                else
                  cont1 <= 0;
              end if;
            end if;
          end process p1;
      p2: process(clk)
        begin
          if clk'event and clk = '0' then
              if cont2 < 4 then
              clk2 <= '1';
              cont2 <= cont2 + 1;
                elsif cont2 < 8 then
                  clk2 <= '0';
                  cont2 <= cont2 + 1;
                else
                  cont2 <= 0;
              end if;
            end if;
          end process p2;
          clk _ out <= clk1 or clk2;
    end a;
```

9 分频器的功能仿真波形如图 4-58 所示。

（3）数字系统设计方法

1）数字系统的组成。数字系统具有处理、传送、存储数字信息的功能，主要由控制器、数据处理器和系统接口构成，如图 4-59 所示。

控制器负责接收外部输入信号和来自数据处理器的反馈信号，进行处理后，发出控制命令，控制各逻辑功能部件或子系统按照规定顺序协调地工作，并向系统外部发送控制信号。通常控制器由时序逻辑电路构成。

数据处理器用做存储数据并对数据进行加工和处理，通常由寄存器和组合逻辑电路构成。

系统接口包括输入接口和输出接口，它能够将物理量转换为数字量或者将数字量转换为物理量，以便将系统与外部设备（如键盘、打印机、显示器等）连接起来。

2）数字系统设计方法。传统的数字系统设计是通过真值表、卡诺图、状态表等工具建

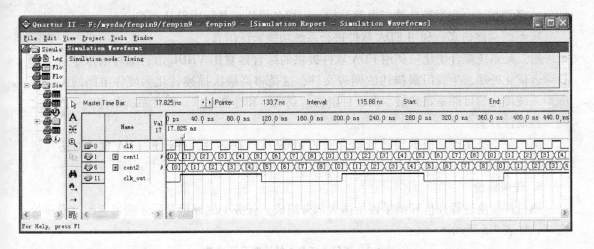

图 4-58 9 分频器的功能仿真波形

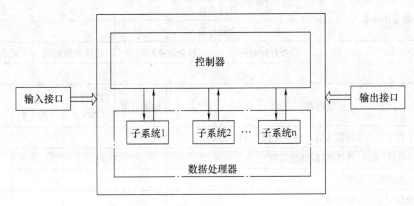

图 4-59 数字系统结构

立系统模型，然后确定可用的元器件，再根据这些元器件进行逻辑设计和逻辑连接。当数字系统功能比较复杂时，使用传统的设计方法很难完成。而基于 EDA 技术的数字系统设计通常采用层次化设计方法，即从系统总体出发进行层次分解，然后对各个层次、模块进行设计，再将各层次、模块进行综合。常用的层次化设计方法有自顶向下法和自底向上法。

3）数字系统设计过程。

数字系统设计过程可以分为系统设计、系统综合优化和系统实现 3 个阶段。

第一是系统设计。这是整个设计过程中最为重要的环节，它要在分析系统的整体功能基础上，进行系统层次、模块划分，设计实现系统功能的算法，根据算法设计电路结构并进行功能仿真。因此系统设计包含了系统功能分析、体系结构设计、系统描述和系统功能仿真 4 个步骤。

➤ 系统功能分析：确定系统整体功能、输入输出信号以及输入输出之间的关系，进行系统层次和模块划分，并确定个层次和模块之间的相互关系。

➤ 体系结构设计：进行算法设计，即进行数据处理器和控制器的设计，确定被处理数据的类型、处理单元划分及处理单元间的关联程度，确定数据的调度、处理算法和时序安排等。

➤ 系统描述：根据算法选择电路结构，完成各模块、各层次设计和综合。

➤ 系统功能仿真：利用 EDA 软件进行系统功能验证仿真。

第二是系统综合优化。利用 EDA 软件提供的综合器对用 VHDL 语言编写的程序清单进行综合优化处理，生成门级描述的网表文件，这是将高层次描述转化为硬件电路的关键步骤。系统优化的目的是花费最少的硬件资源达到功能和性能要求，即在系统的速度和面积之间寻找最佳方案。

第三是系统实现。根据设计选择合适的 FPGA/CPLD 芯片，并通过 EDA 软件对芯片进行配置和编程。

5. 任务评价

项目评价由过程评价和结果评价两大部分组成，任务 1 的评价是属于项目 4 的过程评价之一，如表 4-5 所示。

表 4-5　项目 4 任务 1 的检查及评价单

任务检查及评价单	任务名称		项目承接人	编　号
	混合设计输入			
检查人	检查开始时间	检查结束时间	评价开始时间	评价结束时间

评分内容	标准分值	自我评价 （20%）	小组评价 （30%）	教师评价 （50%）
1. 创建项目工程文件、原理图文件、各功能模块 VHDL 文件	5			
2. VHDL 程序编制（语法、设计思路、功能实现）	20			
3. 保存文件并生成电路符号	10			
4. 各功能子模块编译、功能仿真	10			
5. 对 VHDL 程序中错误的分析与修改	20			
6. 顶层文件创建和各功能子模块调用	15			
7. 对顶层原理图文件种错误的分析与修改	20			

8. 总分（满分 100 分）：

教师评语：

被检查及评价人签名	检查人签名	日期	组长签名	日期	教师签名

4.3.2　任务 2　项目编译与器件的编程配置

1. 任务描述

针对数字钟工程 digitalclock 中的顶层文件 digitalclock.bdf，进行项目引脚分配、分析与综合、布局布线等操作，并使用 EDA 实验箱进行目标器件的编程与配置操作。

2. 任务目标与分析

通过本任务操作，进一步熟悉 FPGA/CPLD 芯片内部结构特点和可编程逻辑器件的设计流程，熟练掌握使用 QuartusII 软件进行工程项目编译、芯片选择、引脚锁定、配置文件下载的操作方法。

3. 任务实施过程

（1）选择 FPGA 目标芯片

选择菜单"Assigments"→"Setting"命令，在 Setting 对话框中的 Gategory 目录下的 Device 子目录中，选择目标芯片为 EP2C8Q208C8。

（2）选择配置器件、编程方式

1）选择配置器件工作方式：在"Setting"对话框中的 Gategory 目录下的 Device 子目录中单击"Device and Pin Options"按钮，在出现的"Device and Pin Options"对话框中选择 General 选项卡，选中"Auto-restart configuration error"复选框，选择配置器件工作方式为失败后自动重新配置。

2）选择配置器件与编程方式：在"Device and Pin Options"对话框中选择"Configuration"选项卡，选中"Use configuration deice"复选框，并选择配置器件为 EPCS4；再选中 General "compressed bitstreams"复选框，产生用于 EPCS 的 POF 压缩配置文件；在"Configuration scheme"选项中选择编程模式为 Active Serial 主动串行模式。

（3）选择目标芯片闲置引脚的状态

在"Device and Pin Options"对话框中选择 Unused Pins 选项卡，在"Reserve all unused pins"下拉列表框中选择 As output driving ground，使芯片闲置引脚为输出状态呈低电平。

（4）全局编译

单击"Device and Pin Options"对话框中的"确定"按钮，单击"Setting"对话框中的"OK"按钮，退出编译前的设置状态。选择菜单"Processing"→"Start Compilation"命令，启动全局编译。

（5）引脚分配

将数字钟顶层文件生成电路符号如图 4-60 所示，根据其外部接口按照表 4-6 进行引脚分配。

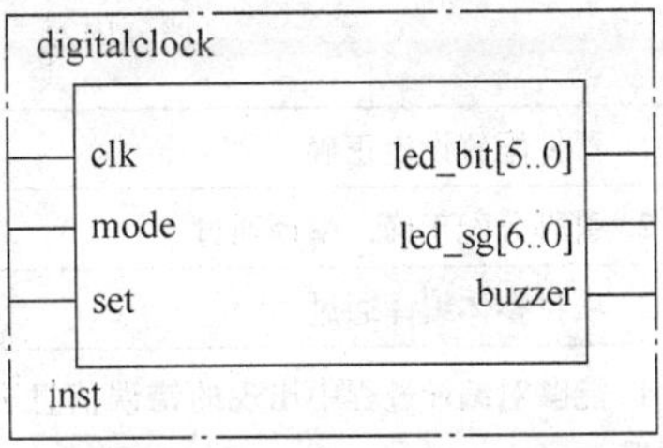

图 4-60 数字钟顶层的电路符号

表 4-6 **digitalclock** 项目工程文件的器件引脚分配表

序号	设计文件引脚名称	器件引脚名称	序号	设计文件引脚名称	器件引脚名称
1	clk	PIN_5	10	led_sg（6）	PIN_59
2	mode	PIN_130	11	led_sg（5）	PIN_61
3	set	PIN_129	12	led_sg（4）	PIN_64
4	led_bit（5）	PIN_31	13	led_sg（3）	PIN_68
5	led_bit（4）	PIN_34	14	led_sg（2）	PIN_70
6	led_bit（3）	PIN_39	15	led_sg（1）	PIN_72
7	led_bit（2）	PIN_43	16	led_sg（0）	PIN_74
8	led_bit（1）	PIN_46	17	buzzer	PIN_76
9	led_bit（0）	PIN_57			

（6）锁定引脚

选择菜单"Assigments"→"Assigment Editor"命令，进入"Assigment Editor"编辑窗口，在 Category 目录中单击"Pin"按钮，在引脚编辑窗口中分别对数字钟项目中的各个引脚进行锁定并保存，然后进行再次编译，将引脚锁定信息编译进编程下载文件中。

（7）连接硬件电路

根据数字钟顶层电路图，将 mode、set 按键、buzzer 蜂鸣器、6 位 LED 数码管与 FPGA 器件进行连接。

（8）配置文件下载

选择菜单"Tool"→"Programmer"命令，在 Hardware setup 选项卡上选择 USB-Blaster，在 Mode 下拉框中选择 JTAG，选择下载文件"digitalclock. sof"，单击"Start"按钮，进行文件下载。下载后，通电运行，进行器件配置操作。

4. 任务评价

项目评价由过程评价和结果评价两大部分组成，任务 2 的评价是属于项目 4 的过程评价之一，如表 4-7 所示。

表 4-7　项目 4 任务 2 的检查及评价单

任务检查及评价单	任务名称		项目承接人	编　号
	器件编程与配置			
检查人	检查开始时间	检查结束时间	评价开始时间	评价结束时间

评分内容	标准分值	自我评价 （20%）	小组评价 （30%）	教师评价 （50%）
1. 器件配置设定正确	10			
2. 引脚分配正确，编译通过	10			
3. 项目整体编译通过	20			
4. 能够对编译过程中出现的错误信息进行分析，自行检查并排除错误	20			
5. 器件编程与配置操作正确	15			
6. 数字钟电路整体功能是否全部实现	25			

7. 总分（满分 100 分）：

教师评语：

被检查及评价人签名	检查人签名	日　期	组长签名	日　期	教师签名

4.4　项目评价

项目评价由过程评价和结果评价两大部分组成，表 4-8 是属于项目 4 的结果评价。

表 4-8　项目 4 检查及评价单

项目检查及评价单	任务名称		项目承接人	编　号
	数字钟系统综合设计			
检查人	检查开始时间	检查结束时间	评价开始时间	评价结束时间

评分内容	标准分值	自我评价（20%）	小组评价（30%）	教师评价（50%）
1. 创建项目工程并指定目标器件	10			
2. 使用混合设计输入方法设计可编程逻辑器件功能	40			
3. 设置时序约束条件、分析综合与布局布线参数并执行编译操作	10			
4. 设置仿真参数并执行仿真操作	10			
5. 器件编程与配置	10			
6. 连接硬件电路并使用 EDA 实验箱进行器件配置操作	20			

7. 总分(满分 100 分):

教师评语:

被检查及评价人签名	检查人签名	日期	组长签名	日期	教师签名

4.5　项目练习

4.5.1　简答题

1. 简述使用 VHDL 语言进行时序逻辑电路设计的操作流程。
2. 说明使用 VHDL 语言进行数字系统的组成、设计方法和操作过程。

4.5.2　操作题

1. 使用 VHDL 语言设计一个十一分频器电路，并进行项目编译、仿真与下载验证。
2. 使用 VHDL 语言设计一个十分频器电路。
3. 使用 VHDL 语言设计一个二位的十进制计数器，并进行项目编译、仿真与下载验证。

项目 5　交通灯控制器设计

本项目以任务引领的方式，通过可编程逻辑器件实现交通灯控制器的实际操作，对本项目实现过程中涉及的用混合设计输入方法设计器件功能、项目编译、器件编程及配置、有限状态机的 VHDL 语言描述等相关知识和技能加以介绍。通过本项目的学习，用户能够熟练掌握可编程逻辑器件的设计流程与相关理论知识，可以根据实际设计要求，使用有限状态机的 VHDL 语言描述的文本输入方法进行可编程逻辑器件的设计与下载操作，培养用户进行可编程逻辑器件设计的实际操作技能与相关职业能力。

5.1　项目描述

5.1.1　项目要求

设计一个交通灯控制器来控制丁字路口的交通灯，由 LED 显示灯表示交通状态，并以七段数码显示器显示当前状态剩余秒数。要求使用 Quartus II 7.2 软件创建项目工程 jtd，对项目工程进行编译及修改，选择 Cyclone II 系列的 EP2C8Q208C8 器件并进行引脚分配、项目编译、仿真、生成目标文件，使用 EDA 实验箱进行器件的编程和配置。

5.1.2　项目能力目标

1）能在 Quartus II 软件中使用文本输入方法设计交通灯控制器。

2）能正确使用有限状态机的 VHDL 语言来描述交通灯控制器。

3）能正确进行可编程逻辑器件的引脚分配、项目编译、仿真、生成目标文件，器件的编程和配置等操作。

4）能按照 EDA 实验箱和配套硬件的基本操作规则正确使用 EDA 实验箱。

5.2　项目分析

5.2.1　项目设计分析

交通灯控制器有两组交通灯，一组控制主路而另一组控制支路。交通灯控制器可以实现的功能如下。主路绿灯亮时，支路红灯亮；主路红灯亮时，支路绿灯亮；主路每次放行35s，支路每次放行25s；每次由绿灯变为红灯的过程中，黄灯作为过渡，黄灯亮时间为5s；能实现正常的倒数计时显示功能；实现总体清零功能，计数器由初始状态开始计数，对应状态的指示灯亮；实现特殊状态的功能显示，进入特殊状态时，东西和南北路口均显示红灯状态。

由交通灯控制器的功能分析得到其交通灯点亮规律的状态转换表，如表 5-1 所示，共由

4 个状态构成，使用有限状态机来实现各种状态之间的转换。交通控制器的系统构成，如图 5-1 所示，sz 为系统时钟信号输入端，jin 为禁止通行信号输入端，mr 为主路红灯信号输出端，my 为主路黄灯信号输出端，mg 为主路绿灯信号输出端，br 为支路红灯信号输出端，by 为支路黄灯信号输出端，bg 为支路绿灯信号输出端，dz 为数码管地址选择信号输出端，xs 为七段显示控制信号输出端。

图 5-1 交通控制器系统框图

表 5-1 交通控制器的状态转换表

状 态	主 路	支 路	保持时间
zt1	绿灯亮	红灯亮	35s
zt2	黄灯亮	红灯亮	5s
zt3	红灯亮	绿灯亮	25s
zt4	红灯亮	黄灯亮	5s

5.2.2 项目实施分析

根据项目要求，将此项目分为两个任务来实施。任务 1 是交通控制器的有限状态机的 VHDL 语言描述与编译操作；任务 2 是进行项目工程的时序约束输入、分析与综合、布局布线、仿真操作，并使用 EDA 实验箱进行器件编程与配置。这两个任务组合在一起，构成可编程逻辑器件设计与编程配置的完整操作流程。

5.3 项目实施

5.3.1 任务 1 文本设计输入

1. 任务描述

使用 Quartus Ⅱ 7.2 软件创建项目工程 jtd，使用 VHDL 语言的有限状态机的文本输入方法设计交通控制器功能；创建 jtd. vhd 文件，其中包括 7 个进程，分别是 1kHz 分频、1Hz 分频、交通状态转换、禁止通行信号、数码管动态扫描计数、数码管动态扫描和七段译码；进行项目工程的编译操作，保证交通灯控制器功能的正确性。

2. 任务目标与分析

通过本任务操作，使用户能够熟悉可编程逻辑器件的设计流程；能使用文本设计输入方法在 Quartus Ⅱ 软件中设计项目工程；能正确使用 VHDL 语言的有限状态机描述电路功能；能通过仿真操作验证当前项目工程的功能。本任务使用 VHDL 语言中的有限状态机描述交通灯控制器功能，在设计文本文件时要注意正确使用有限状态机的描述方式。

3. 任务实施过程

（1）在 Quartus Ⅱ 软件中创建项目工程 jtd

指定目标器件为 Cyclone Ⅱ 系列中的 EP2C8Q208C8 器件。

（2）新建 jtd. vhd 文件

使用 VHDL 语言的有限状态机设计交通控制器功能。

```vhdl
library ieee;
use ieee. std _ logic _ 1164. all;
use ieee. std _ logic _ unsigned. all;
entity jtd is
prot( sz:in std _ logic;                            --50M 晶振时钟
     jin:in std _ logic;//禁止通行信号
     dz:out std _ logic _ vector( 1 downto 0);      --数码管地址选择信号
     xs:out std _ logic _ vector( 6 downto 0);      --七段显示控制信号
     mr,my,mg:out std _ logic;                      --主路的灯信号
     br,by,bg:out std _ logic);                     --支路的灯信号
end jtd;
architecture one of jtd is
     type states is( zt1,zt2,zt3,zt4);
     signal sz1k,sz1:std _ logic;                   --1kHz 和 1Hz 分频信号
     signal one,ten:std _ logic _ vector( 3 downto 0);
     signal cnt:std _ logic _ vector( 1 downto 0);
     signal data:std _ logic _ vector( 3 downto 0);
     signal xs _ temp:std _ logic _ vector( 6 downto 0);
     signal r1,r2,g1,g2,y1,y2:std _ logic;
begin
end process;
process( sz1k)                                      --1Hz 分频电路模块
variable count:integer range 0 to 4999;
begin
if sz1k ' event and sz1k ='1 ' then
    if count =4999 then sz1 <= not sz1;count: =0;
    else count: = count +1;
    end if;
end if;
end process;
process( sz)                                        --1kHz 分频电路模块
variable count:integer range 0 to 9999;
begin
if sz ' event and sz ='1 ' then
    if count =9999 then sz1k <= not sz1k;count: =0;
    else count: = count +1;
    end if;
end if;
process( sz1)                                       --交通状态转换电路模块
```

```
        variable ztzh : states ;
        variable a : std _ logic ;
        variable gw , dw : std _ logic _ vector( 3 downto 0 ) ;   --计数的高位和低位
begin
if sz1 ' event and sz1 = ' 1 ' then
case ztzh is
when zt1 => if jin = ' 0 ' then
                    if a = ' 0 ' then
                        gw : = " 0011 " ;
                        dw : = " 0100 " ;
                        a : = ' 1 ' ;
                        r1 < = ' 0 ' ;
                        y1 < = ' 0 ' ;
                        g1 < = ' 1 ' ;
                        r2 < = ' 1 ' ;
                        y2 < = ' 0 ' ;
                        g2 < = ' 0 ' ;
                    else
                        if gw = 0 and dw = 1 then
                            ztzh : = zt2 ;
                            a : = ' 0 ' ;
                            gw : = " 0000 " ;
                            dq : = " 0000 " ;
                        elseif dq = 0 then
                            dw : = " 1001 " ;
                            gw : = gw − 1 ;
                        else
                            dw : = dw − 1 ;
                        end if ;
                    end if ;
                end if ;
when zt2 => if jin = ' 0 ' then
                    if a = ' 0 ' then
                        gw : = " 0000 " ;
                        dw : = " 0100 " ;
                        a : = ' 1 ' ;
                        r1 < = ' 0 ' ;
                        y1 < = ' 1 ' ;
                        g1 < = ' 0 ' ;
```

```
                    r2 <='1';
                    y2 <='0';
                    g2 <='0';
            else
                    if dw = 1 then
                        ztzh: = zt3;
                        a: ='0';
                        gw: ="0000";
                        dw: ="0000";
                    else
                        dw: = dw - 1;
                    end if;
                end if;
            end if;
    when zt3 => if jin ='0' then
                    if a ='0' then
                        gw: ="0010";
                        dw: ="0100";
                        a: ='1';
                        r1 <='1';
                        y1 <='0';
                        g1 <='0';
                        r2 <='0';
                        y2 <='0';
                        g2 <='1';
                    else
                        if gw = 0 and dw = 1 then
                            ztzh: = zt4;
                            a: ='0';
                            gw: ="0000";
                            dw: ="0000";
                        elseif dw = 0 then
                            dw: ="1001";
                            gw: = gw - 1;
                        else
                            dw: = dw - 1;
                        end if;
                    end if;
                end if;
```

258

```
when zt4 => if jin = '0' then
                    if a = '0' then
                            gw: = "0000";
                            dw: = "0100";
                            a: = '1';
                            r1 <= '1';
                            y1 <= '0';
                            g1 <= '0';
                            r2 <= '0';
                            y2 <= '1';
                            g2 <= '0';
                    else
                            if dw = 1 then
                                    ztzh: = zt1;
                                    a: = '0';
                                    gw: = "0000";
                                    dw: = "0000";
                            else
                                    dw: = dw - 1;
                            end if;
                    end if;
              end if;
end case;
end if;
one <= dw; ten <= gw;
end process;
process(jin, sz1, r1, r2, g1, g2, y1, y2, xs_temp)          --数码管显示电路模块
begin
if jin = '1' then
   mr <= r1 or jin;
   br <= r2 or jin;
   mg <= g1 and not jin;
   bg <= g2 and not jin;
   my <= y1 and not jin;
   by <= y2 and not jin;
   xs(0) <= xs_temp(0) and sz1;
   xs(1) <= xs_temp(1) and sz1;
   xs(2) <= xs_temp(2) and sz1;
   xs(3) <= xs_temp(3) and sz1;
```

```vhdl
      xs(4) <= xs _ temp(4) and sz1;
      xs(5) <= xs _ temp(5) and sz1;
      xs(6) <= xs _ temp(6) and sz1;
else
   xs <= xs _ temp;
      mr <= r1;
      br <= r2;
      mg <= g1;
      bg <= g2;
      my <= y1;
      by <= y2;
end if;
end process;
process(sz1k)                              --数码管动态扫描计数
begin
if sz1k ' event and sz1k =' 1 ' then
   if cnt =" 01 " then cnt <=" 00 ";
   else cnt <= cnt +1;
   end if;
end if;
end process;
process(cnt,one,ten)                       --数码管动态扫描
begin
case cnt is
   when " 00 " => data <= one;dz <=" 01 ";
   when " 01 " => data <= one;dz <=" 10 ";
when others => null;
end case;
end process;
process(data)                              --七段译码电路模块
begin
case data is
when " 0000 " => xs _ temp <=" 1111110 ";
when " 0001 " => xs _ temp <=" 0110000 ";
when " 0010 " => xs _ temp <=" 1101101 ";
when " 0011 " => xs _ temp <=" 1111001 ";
when " 0100 " => xs _ temp <=" 0110011 ";
when " 0101 " => xs _ temp <=" 1011011 ";
when " 0110 " => xs _ temp <=" 1011111 ";
```

when "0111" => xs _ temp <= "1110000";

when "1000" => xs _ temp <= "1111111";

when "1001" => xs _ temp <= "1111011";

when others => xs _ temp <= "1001111";

end case;

end process;

end one;

（3）检查当前项目工程

选择菜单"Processing"→"Start"→"Start Analysis & Elaboration"，先检查当前电路中的错误并修改。

（4）保存文件，生成 jtd. bsf 电路符号文件

jtd. bsf 电路符号如图 5-2 所示。

4. 任务学习指导

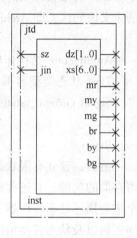

状态机是一种时序逻辑电路，是一组触发器的输出状态随着时钟和输入信号按照一定的规律变化的一种机制和过程。状态机的基本操作有两种：第一是状态机的内部状态转换，经过一系列状态，状态由状态译码器根据当前状态和输入信号决定；第二是产生输出信号，由输出译码器根据当前状态和输入信号决定。任何时序电路都可以表示为有限状态机 FSM（Finite State Machine），并常用于数字电路中的控制单元。有限状态机的每一个状态对应控制单元的一个控制步骤，有限状态机的次态对应控制单元中与每一个控制步骤相关的转换条件，按照这种对应关系就能轻松的使用有限状态机来描述时序电路之间的状态转换和状态转换条件。

（1）有限状态机的分类

图 5-2 jtd. bsf
电路符号

有限状态机根据其输出信号与当前输入信号是否有关，可分为
Moore 型和 Mealy 型。Moore 型状态机的输出信号仅仅与当前状态有关，如图 5-3 所示；Mealy 型状态机的输出信号不仅与当前状态有关，还与输入信号有关，如图 5-4 所示。

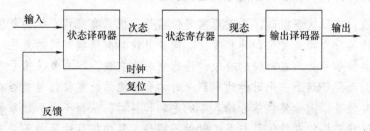

图 5-3   Moore 型有限状态机的示意图

（2）有限状态机的 VHDL 描述

用 VHDL 语言可能设计不同实用功能的有限状态机，它们都有相对固定的语句和程序表达式，选定有限状态机的类型后，就可以开始设计了。有限状态的 VHDL 描述通常包括如下几部分。

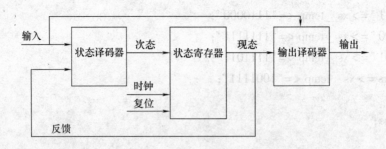

图 5-4 Mealy 型有限状态机的示意图

1）根据系统功能建立有限状态机的状态转换表或状态转换图。

2）有限状态机说明部分。

首先，根据状态转换图，使用 VHDL 语言中的 TYPE 语句定义枚举数据类型，其中的枚举值即是有限状态机的几个状态，并使用枚举的数据类型定义状态变量，这部分放在结构体的定义语句区，即 Architecture 和 Begin 之间：

…

Architecture 结构体名称 of 实体名称 Is

Type 状态类型名 Is（枚举值 1，枚举值 2，枚举值 3…枚举值 n）

Signal current _ state，next _ state；状态类型名；

…

Begin

最后，建立有限状态机的进程并在其中定义状态转换。有限状态机的进程即是完成状态寄存器的功能，其进程建立有多种方式，即单进程和多进程，单进程不常用，多进程中的一个进程描述状态寄存器工作状态的输出；另一个进程描述组合逻辑，包括进程间状态值的传递逻辑以及状态转换值的输出。因此，有限状态机的描述有多种选择：Moore 型和 Mealy 型、单进程、双进程、三进程等。用户在设计有限状态机时还需要遵守一些规则：两个状态变量分别指有限状态机的现态和次态，要求是信号、变量名或用户自定义的枚举型变量，但不能是接口或端口；系统至少要有一个时钟信号；每个状态需要有状态转换指令和相应的输出信号指令；系统需要有同步/异步复位信号的复位状态。

> **注意：** 在设计有限状态机时，要注意其复位信号。根据有限状态机的复位信号与时钟信号的关系，将其分为同步复位和异步复位。同步复位指有限状态机的复位信号与系统时钟信号同步，复位信号必须在时钟的有效边沿到来时才有效，即当复位信号有效时系统也不能立刻复位，而要等到下一个时钟边沿到来时才会检测系统复位信号是否有效。由此可见，使用同步复位可以消除复位信号输入中的毛刺和抖动，从而不会引起系统误操作。异步复位是指有限状态机的复位信号与系统时钟不同步，复位信号的生效不必等待时钟边沿的到来，即只要复位信号有效则系统会立刻进行复位。异步复位适用于上电复位和错误复位，其中的毛刺会引起系统误操作。

（3）有限状态机的设计

1）Moore 型有限状态机设计过程。举例说明 Moore 型有限状态机的设计过程：某一个逻辑电路有 3 个输入端 clk（时钟信号）、reset（复位信号）、ctrl（控制信号）和输出端

sc［3..0］；当 ctrl = 1 时，其输出信号 sc［3..0］按照 0001、0010、0100、1000 的顺序循环变化；当 ctrl = 0 时，其输出信号 sc［3..0］按照 1000、0100、0010、0001 的顺序循环变化。

首先，根据描述的逻辑电路功能画出状态转换图和状态与输出信号的关系，分别如图 5-5 和表 5-2 所示。

表 5-2　逻辑电路状态与输出信号的对应关系

转换状态	输出信号 sc［3..0］
M0	0001
M1	0010
M2	0100
M3	1000

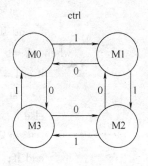

图 5-5　逻辑电路状态转换图

其次，用 Moore 型有限状态机设计电路功能：

```
library ieee;
use ieee. std _ logic _ 1164. all;
entity bjdj is
    port(
        clk, reset:in std _ logic;
        ctrl:in std _ logic;
        sc:out std _ logic _ vector( 3 downto 0) );
end bjdj;
architecture one of bjdj is
type states is( m0, m1, m2, m3);
signal st:states;
begin
    process( clk)
    begin
        if clk ' event and clk = ' 1 ' then
            if reset = ' 1 ' then
                st <= m0;
            else
                case st is
                when m0 =>
                    if ctrl = ' 1 ' then
                        st <= m1;
                    else
                        st <= m3;
                    end if;
                when m1 =>
```

263

```vhdl
                if ctrl ='1' then
                        st <= m2;
                    else
                        st <= m0;
                    end if;
            when m2 =>
                if ctrl ='1' then
                        st <= m3;
                    else
                        st <= m1;
                    end if;
            when m3 =>
                if ctrl ='1' then
                        st <= m0;
                    else
                        st <= m2;
                    end if;
            when others =>
                        st <= m0;
        end case;
    end if;
end if;
end process;
process( st)
begin
case st is
    when m0 =>
        sc <= "0001";
    when m1 =>
        sc <= "0010";
    when m2 =>
        sc <= "0100";
    when m3 =>
        sc <= "1000";
end case;
end process;
end one;
```

最后,进行逻辑电路仿真。其仿真波形图如图 5-6 所示。

由图 5-6 可以看出,输出信号中有一些毛刺信号,是因为设计文件中将状态寄存器和次

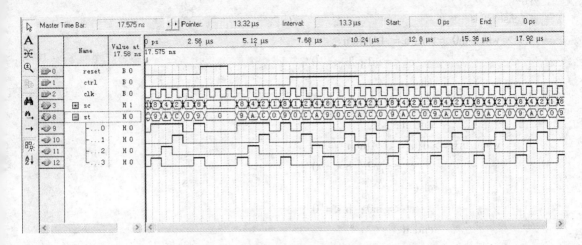

图 5-6　Moore 型有限状态机电路的仿真波形

态逻辑用一个进程描述，将输出逻辑用另一个进程描述。如果要消除毛刺现象，可使用单进程有限状态机进行描述。

2）Mealy 型有限状态机设计过程。以后面电路为例来说明 Mealy 型有限状态机的设计过程。某一个串行数据检测电路，在时钟信号 clk 的作用下，当输入信号 A 为连续 3 个或 3 个以上的 1 时，输出信号 B 为 1，否则输出信号 B 为 0。

首先，根据描述的逻辑电路功能画出状态转换图，如图 5-7 所示。

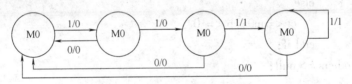

图 5-7　逻辑电路的状态转换图

其次，应用 Mealy 型有限状态机设计电路功能。

library ieee;

use ieee. std _ logic _ 1164. all;

use ieee. std _ logic _ arith. all;

use ieee. std _ logic _ unsigned. all;

entity dlu is

port(clk, a: in std _ logic;

　　　　b: out std _ logic);

end dlu;

architecture one of dlu is

type state is(m0, m1, m2, m3);

signal xt, ct: state;

begin

process(a, xt)

```
    begin
        case xt is
            when m0 => if( a ='1') then
                        ct <= m1; b <='0';
                    else
                        ct <= m0; b <='0';
                    end if;
            when m1 => if( a ='1') then
                        ct <= m2; b <='0';
                    else
                        ct <= m0; b <='0';
                    end if;
            when m2 => if( a ='1') then
                        ct <= m3; b <='1';
                    else
                        ct <= m0; b <='0';
                    end if;
            when m3 => if( a ='1') then
                        ct <= m3; b <='1';
                    else
                        ct <= m0; b <='0';
                    end if;
            when others => null;
        end case;
    end process;
    process( clk)
    begin
        if( clk 'event and clk ='1') then
            xt <= ct;
        end if;
    end process;
end one;
```

最后，进行逻辑电路仿真。其仿真波形图如图 5-8 所示。

（4）有限状态机编码

影响编码方式选择的因素主要有状态机的速度要求、逻辑资源利用率、系统运行的可靠性等方面。状态机的状态编码方式有多种，一种是用文字符号定义各种状态变量，这种状态编码方式便于用户理解；另一种是直接用具体的二进制数组合来进行状态变量的定义，这种状态编码方式便于用户自己控制编码方式。

1）符号化的状态编码。有限状态机的每一个状态对应电路中就是以一组触发器的当前

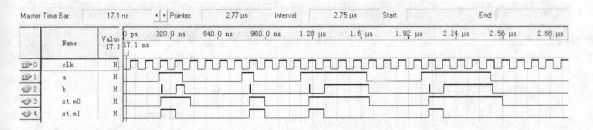

图 5-8　Mealy 型有限状态机电路的仿真波形

状态组合来表示的。符号化的状态编码就是将代表每一个状态的二进制数组合用文字符号来表示，以便程序阅读的一种编码方式。先根据枚举状态数目确定触发器的个数(二进制编码的位数 n)，要求 $2^n \geq m$，m 是有效状态的数目；再将最左边的枚举值定义为全 0，向右依次加 1。比如：状态编码位数为 2，则综合器默认的状态编码值分别是：00、01、10、11。使用不同的综合工具，系统在编码方式上就不尽相同，用户也可以通过在定义语句中调整枚举值的顺序来改变编码方式。

2) 直接状态编码。由用户直接为有限状态机的每一个状态指定一个二进制数组合，不需要综合器为每个状态分配编码。

第一，顺序编码。其是使用若干个触发器的编码组合来实现多个状态的状态机，将有限状态机的状态用一个 std _ logic _ vector 型相量来表示，这些相量都是按顺序递增的编码方式。同样，也要求满足 $2^n \geq m$ 的条件。例如：Mealy 型有限状态机所举实例，将其中一部分修改如下，即是顺序编码方式。

```
…
type state is std _ logic _ vector( 3 downto 0 ) ;
signal xt,ct:state ;
begin
process( a,xt )
begin
    case xt is
        when "0001 " => if( a ='1 ') then
                    ct <= m1 ; b <='0 ';
            else
                    ct <= m0 ; b <='0 ';
            end if ;
…
```

第二，状态位直接输出编码。其是在进行编码时，使其中某一位或某几位等于有限状态机所处于每一个状态时的输出信号，这样将状态编码和输出信号结合起来，实现既能区分信号，又能表示该状态下的输出信号。

例如：4 个状态的有限状态机的顺序编码如表 5-3 所示，将其以顺序编码方式进行设计，如下所示：

267

表 5-3　顺序编码的编码方式

状态	顺序编码	状态	顺序编码
st0	00	st2	10
st1	01	st3	11

…

type states is std _ logic _ vector(1 downto 0) ;

signal ct , nt : states ;

constant st0 : std _ logic _ vector(1 downto 0) : = " 00 " ;

constant st1 : std _ logic _ vector(1 downto 0) : = " 01 " ;

constant st2 : std _ logic _ vector(1 downto 0) : = " 10 " ;

constant st3 : std _ logic _ vector(1 downto 0) : = " 11 " ;

…

3）一位有效的热码状态编码。这种编码方式是使用 n 位寄存器来表示具有 n 个状态的有限状态机，其每个状态都独立的、唯一的寄存器位，因此在任意状态中，所有寄出存器有且只有一位是有效的。比如，4 个状态的有限状态同使用热码状态编码需要 4 个寄存器，而顺序编译和符号编码需要两个寄存器。将上面例子用一位热码状态编码实现，如下所示。

…

type states is std _ logic _ vector(1 downto 0) ;

signal ct , nt : states ;

constant st0 : states : = " 0001 " ;

constant st1 : states : = " 0010 " ;

constant st2 : states : = " 0100 " ;

constant st3 : states : = " 1000 " ;

…

对有限状态机进行编码时，也可以根据实际需要而使用其他的编码方式，但要尽量节省逻辑资源，使状态转换和输出速度更快。

（5）非法状态的处理

在有限状态机设计中，使用枚举型或直接指定状态编码的文件中，总是容易出现大量剩余状态（未被定义的编码组合），这些状态在有限状态机的正常运行中是不需要出现的，通常被称为非法状态。如果在有限状态机的设计过程中不处理这些非法状态，会导致其在启动时或外界干扰下而进入非法状态，使有限状态机的行为不可预测，从而使输出信号无法达到设计要求甚至产生破坏性影响。因此，在有限状态机的设计过程中，对非法状态的处理是一个很重要的问题。

处理有限状态机的非法状态就是正确设计有限状态机中的容错技术，通常使用对这些非法状态指定转移状态的设计方法。为非法状态指定的转移状态通常有后面几种方法，转入空闲状态并进行等待；转入某一个指定的合法状态并执行指定的任务；转入预定义的专门处理错误的状态。处理非法状态的步骤为，先在枚举类型中定义包括非法状态的所有状态或者对包括非法状态的所有状态直接进行编码，再在有限状态机的描述语句中对每一个非法状态明确指定其转移状态。

例如，某一逻辑电路的逻辑关系可表示为如表5-4所示的状态编码，在其电路设计中只用到了前3个合法状态，后面5个非法状态要进行容错设计。先在设计中指定包括非法状态的有限状态机的所有状态，再为这些非法状态指定转移状态，可以使用如下所示的两种方式进行处理。

表 5-4　处理非法状态实例电路的状态编码

状态	顺序编码	状态	顺序编码
st0	001	St4	011
st1	010	St5	101
st2	100	St6	110
st3	000	St7	111

1）在原来的 case 语句中增加几条对非法状态转移控制的语句：

…

when st3 => ct <= st0;

when st4 => ct <= st0;

when st5 => ct <= st0;

when st6 => ct <= st0;

when st7 => ct <= st0;

…

2）使用 others 语句对未定义的状态做统一处理。可以使剩余状态不一定指向初始状态，而是转移到专用处理出错恢复状态中。但需要注意的是，不同的综合器对 others 语句的功能也不一致，有些综合器并不会如 others 语句指示的那样将所有剩余状态都转向初始状态。

…

type states is(st0,st1,st2,st3,st4,st5,st6,st7);

signal xt,ct:states;

…

case xt is

…

When others => ct <= st0;

end case;

…

注意：有的综合器对于符号化定义状态的编码方式并不固定，为了确保正确，可以直接使用常量来定义合法状态和非法状态。

若用户采用一位有效热码编码方式，则其有效状态增加同时，非法状态就会成指数增加，所以使用上述容错技术会造成消耗更多的逻辑资源，可以使用其他方法进行非法状态处理。在有限状态机设计中加入对状态编码'1'的个数是否大于1的判断，为真时，说明有限状态机进入了非法状态，可以生成一个警告信号，系统就可以根据这个信号是否有效来进行指向有效状态的状态转移或进行复位。

…

alarm <= (st0 and(st1 or st2 or st3))or(st1 and(st2 or st3))or(st2 and st3) ;

…

if   alarm = ' 1 ' then

ct <= st0

…

注意: 处理非法状态,提高了系统的可靠性,但是需要占用更多的器件资源,如果不考虑非法状态的处理,则会减少设计逻辑。因此用户可以根据设计项目实际的面积要求、速度要求、容错性要求来决定是否使用容错技术。如果系统可靠性要求不高,可以不采用容错技术。

5. 任务评价

项目评价由过程评价和结果评价两大部分组成,任务 1 的评价是属于项目 5 的过程评价之一,如表 5-5 所示。

表5-5　项目5中任务1的检查及评价单

任务检查及评价单	任务名称		项目承接人	编　号
	文本设计输入			
检查人	检查开始时间	检查结束时间	评价开始时间	评价结束时间

评 分 内 容	标准分值	自我评价(20%)	小组评价(30%)	教师评价(50%)
1. 创建项目工程文件和 VHD 文件	10			
2. 用 VHDL 语言的有限状态机描述交通控制器功能	40			
3. 检查项目工程文件	20			
4. 根据提示信息修改 VHDL 文件	20			
5. 重新检查并生成电路符号	10			

6. 总分(满分100分):

教师评语:

被检查及评价人签名	检查人签名	日期	组长签名	日期	教师签名

5.3.2　任务2　项目编译与器件的编程配置

1. 任务描述

对项目工程 jtd 进行项目编译和仿真操作验证当前项目工程的功能,并使用 EDA 实验箱和 JTAG 模式对其配置到目标器件(Cyclone Ⅱ系列中的 EP2C8Q208C8)中。

2. 任务目标与分析

通过本任务操作，使用户能够熟悉 FPGA/CPLD 内部结构特点和可编程逻辑器件的设计流程；能使用 Quartus II 软件进行项目工程的仿真操作及目标器件的编程和配置操作，以验证 PLD 功能。

本任务是在当前项目的前两个任务基础上完成的，因此在执行本任务之前，一定要确保在此之前的操作完全正确。

3. 任务实施过程

（1）分配器件引脚

选择菜单"Assignments"→"Device"，单击"目标器件与引脚选项设置"对话框中"Device and Pin Options"按钮，并在弹出的对话框中选择 Unused Pins 选项卡中的"Reserve all unused pins"选项中的 As inputs tri-stated，将当前目标器件中所有未使用的引脚设置成三态。按表 5-6 为当前顶层设计文件 jtd. bdf 分配器件引脚。

表 5-6 顶层文件 jtd. bdf 的器件引脚分配表

序号	文件引脚符号名称	目标器件引脚名称	序号	文件引脚符号名称	目标器件引脚名称
1	jin	PIN _ 5	19	my	PIN _ 35
2	sz	PIN _ 6	20	xs[0]	PIN _ 39
3	bg	PIN _ 8	21	xs[1]	PIN _ 40
4	br	PIN _ 10	22	xs[2]	PIN _ 45
5	by	PIN _ 11	23	xs[3]	PIN _ 57
6	dz[0]	PIN _ 12	24	xs[4]	PIN _ 58
7	dz[1]	PIN _ 15	25	xs[5]	PIN _ 59
8	mg	PIN _ 31	26	xs[6]	PIN _ 60
9	mr	PIN _ 33			

（2）设置时序约束参数

选择菜单"Assignments"→"Settings"，在弹出的"参数设置"对话框中的 Category 选项列表中，选择"Timing Analysis Settings"选项中的 Classic Timing Analyzer Settings，使用系统默认值。

（3）设置分析综合参数、布局布线参数

选择菜单"Assignments"→"Settings"，单击 Category 选项列表中的"Analysis & Synthesis Settings"选项，在这里使用系统默认值。单击 Category 选项列表中的"Fitter Settings"选项，在这里使用系统默认值。

（4）编译项目工程

选择菜单"Processing"→"Start Compilation"，执行项目工程编译操作，结果如图 5-9 所示。如果有红色错误信息提示，需要回到设计文件进行修改，保存后再重新执行编译操作，直到最后无误为止。

（5）时序仿真

选择菜单"Assignments"→"Settings"，将"Simulator Settings"选项中的 simulation

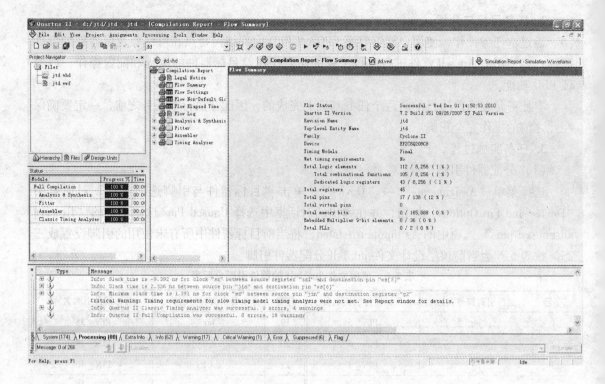

图 5-9　编译 jtd. vhd 文件后的窗口

mode 设置为 Timing，即进行时序仿真操作。在当前项目工程文件中新建矢量波形文件
jtd. vwf，添加引脚信号和节点，并编辑输入引脚的波形，仿真结束时间设置为 6.0μs，如图
5-10 所示。选择菜单"Processing"→"Start Simulation"，开始执行仿真操作，仿真结果波
形如图 5-11 所示。

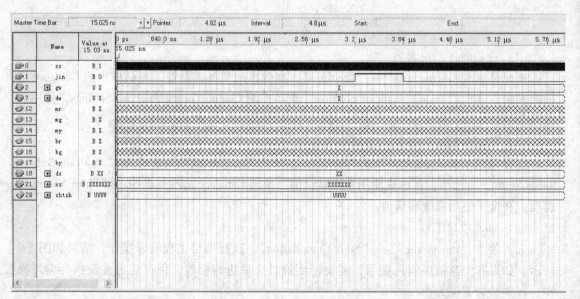

图 5-10　添加节点后的 jtd. vwf 窗口

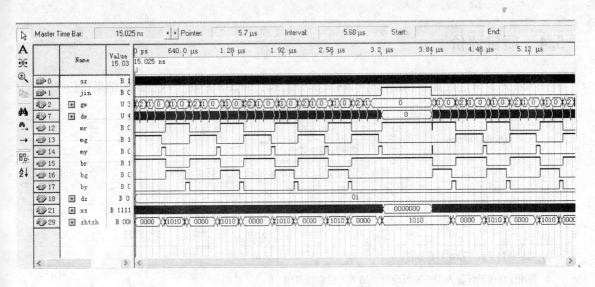

图 5-11　时序仿真后的 jtd. vwf 窗口

（6）项目编程与配置

根据项目 1 任务 3 中任务实施过程进行当前项目的连接硬件电路、配置目标器件、选择配置方式、添加配置文件、执行器件配置操作，此处不再详细描述。

4. 任务评价

任务 2 的评价是属于项目 5 的过程评价之一，如表 5-7 所示。

表 5-7　项目 5 中任务 2 的检查及评价单

任务检查及评价单	任务名称		项目承接人	编　号
	项目编译与器件的编程配置			
检查人	检查开始时间	检查结束时间	评价开始时间	评价结束时间

评分内容	标准分值	自我评价（20%）	小组评价（30%）	教师评价（50%）
1. 项目编译与仿真操作	40			
2. 连接硬件电路	20			
3. 选择配置方式配置目标器件	20			
4. 添加配置文件并使用 EDA 实验箱执行器件配置操作	20			
5. 总分(满分 100 分)：				

教师评语：

被检查及评价人签名	检查人签名	日期	组长签名	日期	教师签名

5.4 项目评价

项目评价由过程评价和结果评价两大部分组成，表5-8是属于项目3的结果评价。

表5-8 项目5检查及评价单

项目检查及评价单	任务名称		项目承接人	编 号
	交通灯控制器设计			
检查人	检查开始时间	检查结束时间	评价开始时间	评价结束时间

评分内容	标准分值	自我评价（20%）	小组评价（30%）	教师评价（50%）
1. 创建项目工程并指定目标器件	10			
2. 使用原理图设计输入方法和混合设计输入方法设计可编程逻辑器件功能	30			
3. 使用可参数化宏功能模块设计文件	10			
4. 设置时序约束条件、分析综合与布局布线参数并执行编译操作	10			
5. 设置仿真参数并执行仿真操作	20			
6. 使用 EDA 实验箱连接硬件电路并配置	20			

7. 总分(满分100分)：

教师评语：

被检查及评价人签名	检查人签名	日期	组长签名	日期	教师签名

5.5 项目练习

5.5.1 简答题

1. 简述摩尔型状态机和米立型状态机的主要特点及区别。
2. 简述有限状态机中的非法状态处理的几种方法。

5.5.2 操作题

1. 设计一个在时钟控制下的4×4循环扫描键盘电路，根据列扫描信号和对应键盘响应信号确定键盘按键的位置，并将按键值显示在7段数码管上。进行项目编译、仿真与下载验证。

2. 设计一个乒乓球游戏机，模拟乒乓球比赛的基本过程和简单规则，并能自动裁判和记分。进行项目编译、仿真与下载验证。

项目 6 正弦信号发生器设计

本项目以任务引领的方式，通过实现可编程逻辑器件实现正统信号发生器功能的实际操作，对本项目实现过程中涉及的 Quartus Ⅱ 混合设计输入方法、存储器编辑文件设计方法和 LPM 设计等相关知识和技能加以介绍。通过本项目的学习，用户能够掌握可编程逻辑器件的设计流程与相关理论知识，可以根据实际设计要求，使用 Quartus Ⅱ 软件的混合设计输入方法和 LPM 进行可编程逻辑器件的设计与编辑配置操作，培养用户进行可编程逻辑器件设计的实际操作技能与相关职业能力。

6.1 项目描述

6.1.1 项目要求

要求使用 Quartus Ⅱ 软件创建项目工程 xhfs，使用自底向上的混合编辑方法并结合 ROM 宏功能模块设计一个简易正弦信号发生器，可以通过示波器观察其输出波形，如图 6-1 所示。对项目工程进行编译及修改，选择 Cyclone Ⅱ 系列的 EP2C8Q208C8 器件并进行引脚分配、项目编译、仿真、生成目标文件，使用 EDA 实验箱对目标器件进行编程与配置。

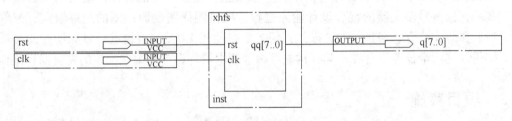

图 6-1 项目顶层设计图

6.1.2 项目能力目标

1）能使用 Quartus Ⅱ 软件创建项目工程、顶层原理图文件、存储器编辑文件并设置其环境参数。

2）能正确使用可参数化宏功能模块设计电路功能。

3）掌握使用 VHDL 语言的编程方法。

4）能正确进行可编程逻辑器件的引脚分配、项目编译、仿真、生成目标文件，器件的编程和配置等操作。

5）能按照 EDA 实验箱和配套硬件的基本操作规则正确使用 EDA 实验箱。

6.2 项目分析

6.2.1 项目设计分析

信号发生器是数字设备运行工作中必不可少的一部分，没有良好的脉冲信号源，最终就会导致系统不能够正常工作。在传统的信号发生器中，大都使用分立元件，而且体积庞大携带不便。在设计领域，遵循宗旨是实用性高、成本低、可升级、功能完善可扩展等，而使用专用的数字电路设计的信号发生器，设备成本高、使用复杂。基于以上考虑，在中小型数字电路的设计和测试中，小型易用成本低廉的信号发生器比较实用。

本项目正弦信号发生器设计使用 VHDL 语言编程，依据基本数字电路模块原理进行整合，共由 4 部分组成，其系统设计框图如图 6-2 所示，包括 ROM 地址发生器(六位计数器)、正弦信号数据只读存储器 ROM 和一个八位数/模转换电路。系统各部分所需工作时钟信号由输入系统时钟信号经分频得到，系统时钟输入端要满足输入脉冲信号的要求。

图 6-2　正弦信号发生器的设计框图

6.2.2 项目实施分析

根据项目要求，将此项目分为两个任务来实施。任务 1 是混合设计输入与项目编译仿真，实现正弦信号发生器的混合设计输入过程，项目编译实现原理图的约束输入、逻辑综合、布局布线、仿真、编程与配置操作；任务 2 是使用 EDA 实验箱进行目标器件的编程与配置操作。这两个任务组合在一起，构成可编程逻辑器件设计与编程配置的完整操作流程。

6.3 项目实施

6.3.1 任务1 混合设计输入

1. 任务描述

使用 Quartus Ⅱ 软件创建项目工程 xhfs，并在此工程中创建 ROM 地址信号发生器文件 xhfsq. vhd(六位计数器)，并生成相对应的电路符号 xhfsq. bsf；使用宏功能模块生成正弦信号数据 ROM 文件 sj. mif；使用混合设计输入方法创建顶层原理图文件 xhfs. bdf，实现正弦信号发生器的功能；进行项目工程编译操作，保证正弦信号发生器的正确性。

2. 任务目标与分析

通过本任务操作，使用户能够熟悉可编程逻辑器件的设计流程；能使用混合设计输入方法、存储器编辑文件和可参数化模块功能在 Quartus Ⅱ 软件中设计项目工程；能正确的在原理图文件中设计 PLD 功能。

3. 任务实施过程

（1）在 Quartus Ⅱ 软件中使用向导创建项目工程 xhfs

指定目标器件为 Cyclone Ⅱ 系列中的 EP2C8Q208C8 器件。

（2）设计存储器编辑文件 sj. mif，用于存放正弦波形数据

选择菜单"File"→"New"→"Other files"→"Memory Initialization File"，单击"OK"按钮，弹出如图 6-3 所示的"设置 ROM 数据文件大小"对话框，在这里使用 64 点 8 位数据。输入好数据后，单击"OK"按钮，弹出如图 6-4 所示的 mif 数据表格。将波形数据填入数据表格中，如图 6-5 所示，表格中任意数据的存储地址为左列数和顶行数之和，保存并命名当前文件为"sj. mif"。

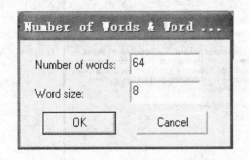

Mif1.mif

Addr	+0	+1	+2	+3	+4	+5	+6	+7
0	0	0	0	0	0	0	0	0
8	0	0	0	0	0	0	0	0
16	0	0	0	0	0	0	0	0
24	0	0	0	0	0	0	0	0
32	0	0	0	0	0	0	0	0
40	0	0	0	0	0	0	0	0
48	0	0	0	0	0	0	0	0
56	0	0	0	0	0	0	0	0

图 6-3　"设置 ROM 数据文件大小"对话框　　　　图 6-4　空白数据表格图

（3）使用 Mega Wizard Plug-In Manager 定制正弦信号数据 ROM 宏功能模块

1）选择菜单"Tools"→"Mega Wizard Plug-In Mange"，弹出如图 6-6 所示的"创建宏功能模块"对话框，按此图中所示内容选择"Create a new custom megafunction variation"选项，即新建一个宏功能模块。

sj.mif*

Addr	+0	+1	+2	+3	+4	+5	+6	+7
0	126	138	150	160	170	180	190	200
8	216	222	232	240	245	252	253	255
16	252	251	250	248	246	240	238	232
24	216	220	228	236	230	226	222	220
32	126	120	116	110	100	86	62	56
40	36	23	15	9	7	5	2	1
48	0	1	5	7	12	19	31	
56	36	46	56	66	76	82	96	118

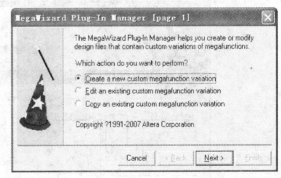

图 6-5　填写数据后的表格　　　　　　　　图 6-6　创建宏功能模块

2）单击"Next"按钮，弹出如图 6-7 所示的"选择 ROM 宏功能模块"对话框，选择"ROM1-PORT"宏功能模块、"Cyclone Ⅱ"器件，按图 6-7 中所示内容，输入文件路径和文件名 dj. vhd。

3）单击"Next"按钮，弹出如图 6-8 所示的"设置 ROM 地址位宽和数据线宽"对话框。按照图 6-8 中所示，在数据位宽选项中选择"8"、在数据数选项中选择"64"、在时钟类型选项中选择"Auto"、在时钟控制信号选项中选择"Single clock"。

4）单击"Next"按钮，弹出如图 6-9 所示的"设置寄存器等信号"对话框，这此处使用默认选项。

277

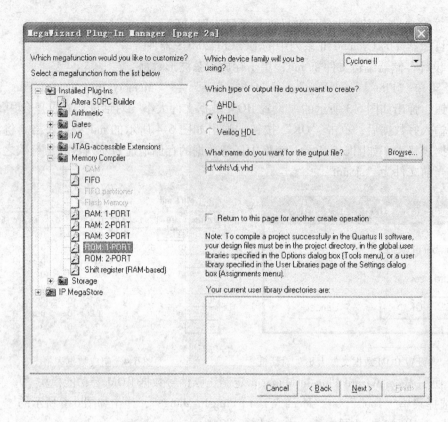

图 6-7　"选择 ROM 宏功能模块"对话框

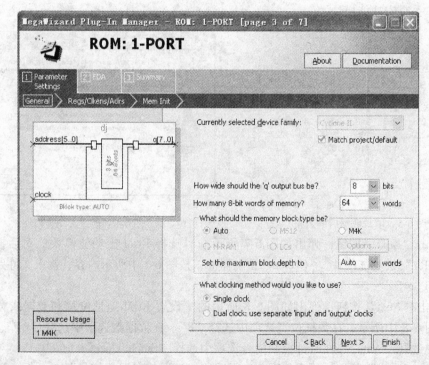

图 6-8　"设置 ROM 地址位宽和数据线宽"对话框

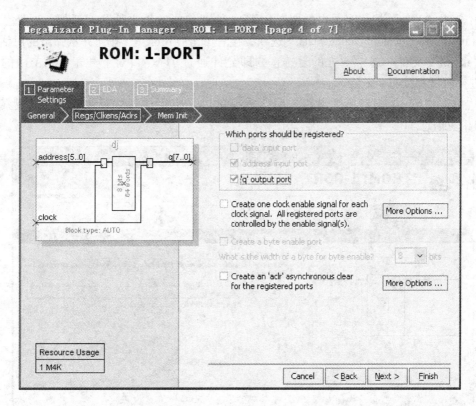

图 6-9　"设置寄存器等信号"对话框

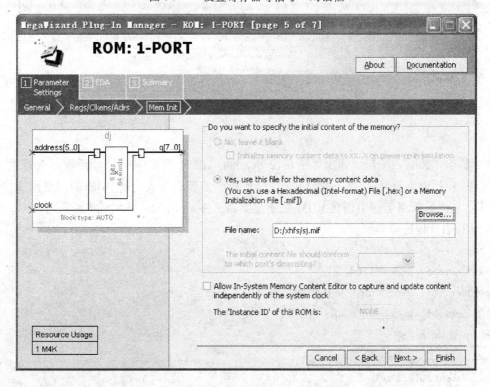

图 6-10　"选择数据文件"对话框

5）单击"Next"按钮，弹出如图 6-10 所示的"选择数据文件"对话框，选择"Yes, use this file for the memory content data"选项，接着单击"Browse"按钮并从弹出的对话框中选择"sj. mif"文件。选中下方的复选框，即允许通过 JTAG 口对下载于 FPGA 中的当前 ROM 进行测试和读写。

6）单击"Next"按钮，弹出如图 6-11 所示的"仿真库信息"对话框，可以观察到仿真库的相应信息。

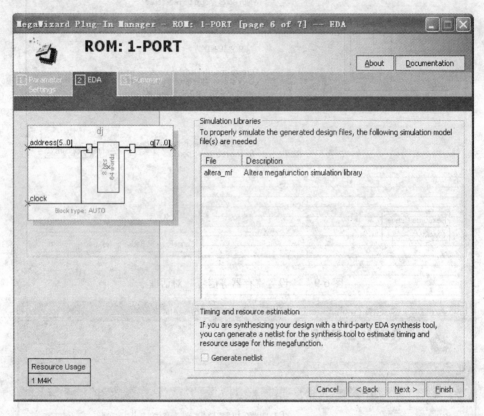

图 6-11 "仿真库信息"对话框

7）单击"Next"按钮，弹出如图 6-12 所示的"ROM 简要信息"对话框，选择生成的类型文件(包括电路符号文件. bsf)。单击"Finish"按钮，完成当前 ROM 的创建操作。

（4）在当前项目工程中创建 ROM 地址发生器文件 xhfsq. vhd 并生成电路符号 xhfsq. bsf

VHDL 语言程序清单如下：

library ieee;

use ieee. std _ logic _ 1164. all;

use ieee. std _ logic _ unsigned. all;

use ieee. std _ logic _ arith. all;

entity xhfsq is

port(

    rst：in std _ logic;

    clk：in std _ logic;

```vhdl
    qq:out std_logic_vector(7 downto 0));
end xhfsq;
architecture one of xhfsq is
signal cout:std_logic_vector(5 downto 0);
component dj                              --调用元件 dj
port(
    address:in std_logic_vector(5 downto 0);
    clock:in std_logic;
    q:out std_logic_vector(7 downto 0));
end component;
begin
U1:component dj port map(cout,clk,qq);    --元件 dj 端口映射语句
process(clk)
begin
    if clk'event and clk='1'then
        cout<=cout+1;
    end if;
end process;
end one;
```

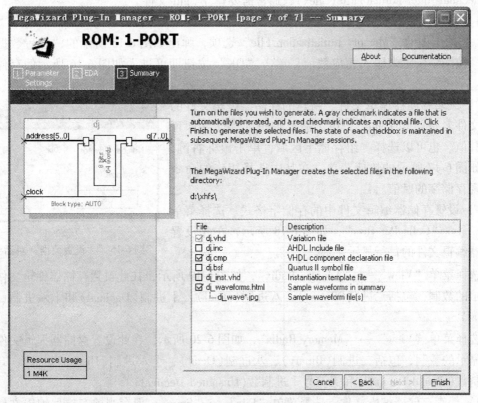

图 6-12 "ROM 简要信息"对话框

生成的电路符号 xhfsq. bsf 如图 6-13 所示。

（5）创建顶层设计文件 xhfs. bdf

将电路符号 xhfsq. bsf 放置在当前原理图文件中，连接并命名好输入/输出引脚，如图 6-14 所示。将其保存在当前项目工程中，指定其为顶层文件。选择菜单"Processing"→"Start"→"Start Analysis & elaboration"，分析当前项目工程设计并检查语法和语义错误。

（6）编译当前项目工程并根据提示信息修改以保证其功能的正确性

图 6-13　电路符号
xhfsq. bsf

4. 任务学习指导

（1）创建存储器编辑文件

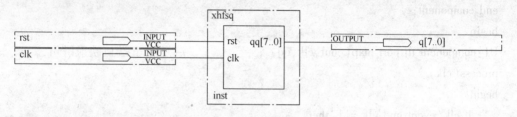

图 6-14　顶层设计文件 xhfs. bdf

在项目工程中如果使用了器件内部的存储器模块，需要对相应存储器模块进行初始化操作，即创建存储器编辑文件。在 Quartus Ⅱ中兼容两种初始化数据文件：基于 Altera 格式化的存储器初始化文件 Memory Initialization File(. mif) 和基于 Intel 格式的十六进制存储器文件 Hexadecimal(Intel-Format)File(. hex)，通常需要建立 . mif 文件。

1）新建存储器编辑文件。选择菜单"File"→"New"，在出现的对话框中选择"Other files"选项卡中的"Memory Initialization File"选项，弹出如图 6-15 所示的"设置数据"对话框。按图中所示来输入相应数值，单击"OK"按钮即可进入如图 6-16 所示的存储器编辑器。

2）编辑存储器编辑文件。新建的存储器编辑文件的默认文件名是"Mif1. mif"，单击需要编辑的存储字即可设置其值。也可以选择一组存储字区域，单击鼠标右键，弹出如图 6-17 所示的快捷菜单，在其中选择相应的命令来实现存储字的赋值。

3）设置存储器编辑文件中的存储字格式。选择菜单"View"→"Cells Per Row"，如图 6-18 所示，在此设置存储器编辑文件的每行显示字数。

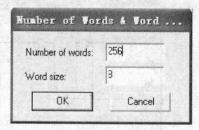

图 6-15　"设置数据"对话框

选择菜单"View"→"Address Radix"，如图 6-19 所示，在此设置存储器编辑文件的地址显示的数制，包括二进制(Binary)、八进制(Octal)、十进制(Decimal)和十六进制(Hexadecimal)。

选择菜单"View"→"Memory Radix"，如图 6-20 所示，在此设置存储器编辑文件的存储字显示的数制，包括二进制(Binary)、八进制(Octal)、十六进制(Hexadecimal)、有符号十进制数(Signed Decimal)和无符号十进制数(Unsigned Decimal)。

4）保存存储器编辑文件。选择菜单"File"→"Save"，保存当前存储器编辑文件，文

Mif1.mif

Addr	+0	+1	+2	+3	+4	+5	+6	+7
0	0	0	0	0	0	0	0	0
8	0	0	0	0	0	0	0	0
16	0	0	0	0	0	0	0	0
24	0	0	0	0	0	0	0	0
32	0	0	0	0	0	0	0	0
40	0	0	0	0	0	0	0	0
48	0	0	0	0	0	0	0	0
56	0	0	0	0	0	0	0	0
64	0	0	0	0	0	0	0	0
72	0	0	0	0	0	0	0	0
80	0	0	0	0	0	0	0	0
88	0	0	0	0	0	0	0	0
96	0	0	0	0	0	0	0	0
104	0	0	0	0	0	0	0	0
112	0	0	0	0	0	0	0	0
120	0	0	0	0	0	0	0	0
128	0	0	0	0	0	0	0	0
136	0	0	0	0	0	0	0	0
144	0	0	0	0	0	0	0	0
152	0	0	0	0	0	0	0	0
160	0	0	0	0	0	0	0	0
168	0	0	0	0	0	0	0	0
176	0	0	0	0	0	0	0	0
184	0	0	0	0	0	0	0	0
192	0	0	0	0	0	0	0	0
200	0	0	0	0	0	0	0	0
208	0	0	0	0	0	0	0	0
216	0	0	0	0	0	0	0	0
224	0	0	0	0	0	0	0	0

图 6-16　存储器编辑器

件扩展名是".mif"。

Cut	Ctrl+X
Copy	Ctrl+C
Paste	Ctrl+V
Paste Insert	
Insert Cells	
Delete	Del
Fill Cells with 0's	
Fill Cells with 1's	
Custom Fill Cells...	
Reverse Address Contents	
Cells Per Row / AutoFit	

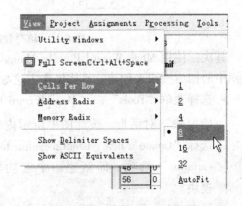

图 6-17　存储器编辑文件的快捷菜单　　　　图 6-18　设置存储器编辑文

（2）创建可参数化宏功能模块　　　　　　　　件的每行显示字数

　　用原理图的输入方式可以调用 Altera 公司的 MegaFunction 宏功能模块来实现设计功能。LPM（Library Parameter MegaFunction）是参数化宏功能模块库，也是 Altera 公司设计的一系列可以被参数化定制的逻辑功能模块。这些模块库包含门电路、加法器、乘法器、ROM、

283

RAM、FIFO 等多种设计功能模块，用户可以通过 Quartus Ⅱ 提供的 Mega Wizard Plug-In Manager 向导功能，方便地将这些功能模块集成到个人的项目工程中。可参数化宏功能模块的使用与原理图中使用系统元器件库中元件类似，所不同的是，宏功能模块可以根据需要设置其参数，从而方便在设计中调查用。下面以 RAM、乘法器、FIFO 为例说明可参数化宏功能模块的使用方法。

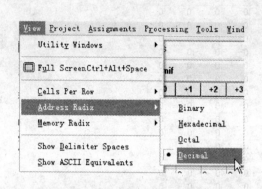

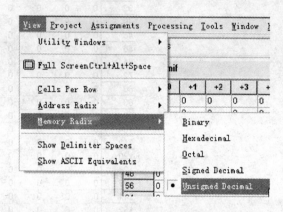

图 6-19　设置存储器编辑文件　　　　　图 6-20　设置存储器编辑文件
　　　　的地址显示数制　　　　　　　　　　　　的存储字显示数制

1）新建 RAM 宏功能模块。具体操作过程如下。

首先，创建设 RAM 内的数据文件 lpmrom. mif，存储器字数是 32，字长是 8。在数据文件中编辑相应数据，如图 6-21 所示。

Mif1.mif*

Addr	+0	+1	+2	+3	+4	+5	+6	+7
0	12	78	21	58	33	53	57	11
8	34	6	25	38	21	82	80	89
16	23	33	31	87	3	27	90	17
24	5	46	5	66	12	56	26	11

图 6-21　填写数据后的 lpmrom. mif 文件

其次，使用 Mega Wizard Plug-In Mange 来定制 ROM 宏功能模块，也可以使用原理图器件库中的相应按钮来创建。具体操作方法如下。

➢ 选择菜单 "Tools" → "Mega Wizard Plug-In Mange"，弹出如图 6-22 所示的 "创建宏功能模块" 对话框，按此图中所示内容选择 "Create a new custom megafunction variation" 选项，即新建一个宏功能模块。

➢ 单击 "Next" 按钮，弹出如图 6-23 所示的 "选择 RAM 宏功能模块" 对话框，选择 "RAM-1PORT" 宏功能模块、"Cyclone Ⅱ" 器件，按图中所示内容，输入文件路径和文件名。

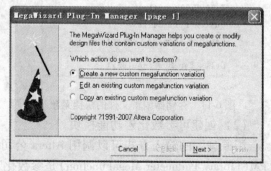

图 6-22　创建宏功能模块

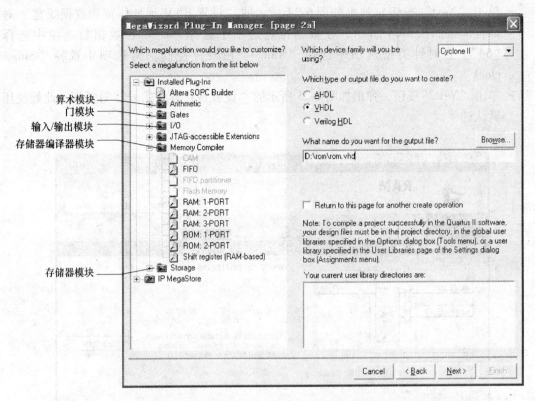

图 6-23   选择 RAM 宏功能模块

算术模块 —— Arithmetic
门模块 —— Gates
输入/输出模块 —— I/O
存储器编译器模块 —— Memory Compiler
存储器模块 —— Storage

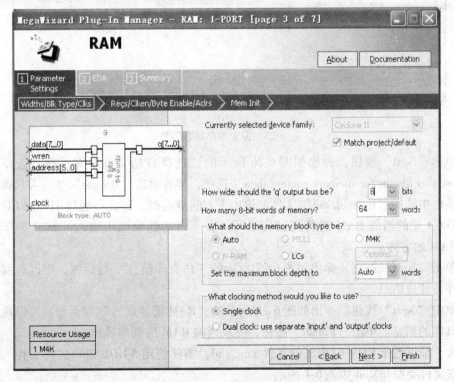

图 6-24   设置 RAM 地址位宽和数据线宽

➢ 单击"Next"按钮，弹出如图 6-24 所示的"设置 RAM 地址位宽和数据线宽"对话框。按照图 6-24 所示，在数据位宽选项中选择"8"、在数据数选项中选择"64"、在时钟类型选项中选择"Auto"、在时钟控制信号选项中选择"Single clock"。

➢ 单击"Next"按钮，弹出如图 6-25 所示的"设置寄存器等信号"对话框，此处使用默认选项。

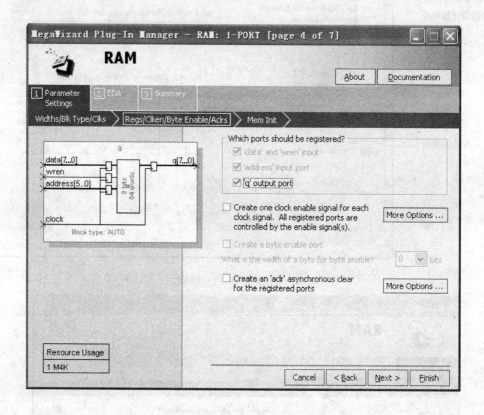

图 6-25　设置寄存器等信号

➢ 单击"Next"按钮，弹出如图 6-26 所示的"选择数据文件"对话框，选择"Yes, use this file for the memory content data"选项，接着单击"Browse"按钮并从弹出的对话框中选择"lpmrom. mif"文件。选中下方的复选框，即允许通过 JTAG 口对下载于 FPGA 中的当前 RAM 进行测试和读写，在下面的选项框中输入"ram1"作为当前 RAM 的名称。

➢ 单击"Next"按钮，弹出如图 6-27 所示的"仿真库信息"对话框，可以观察到仿真库的相应信息。

➢ 单击"Next"按钮，弹出如图 6-28 所示的"RAM 简要信息"对话框，可以观察到仿真库的信息。单击"Finish"按钮，完成当前 RAM 的创建操作。

再次，编辑创建 ROM 时生成的文件 ram. vhd，需要使用 VHDL 语言进行编程，同时生成的这些文件类型和功能如表 6-1 所示。

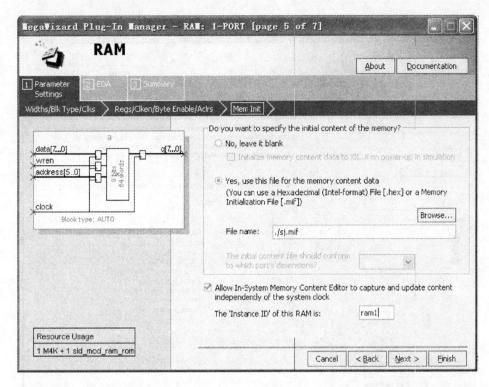

图 6-26 选择数据文件

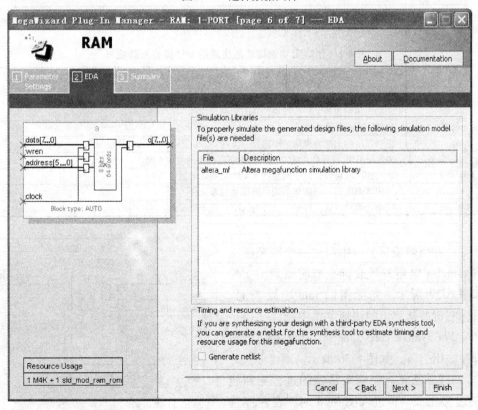

图 6-27 仿真库信息

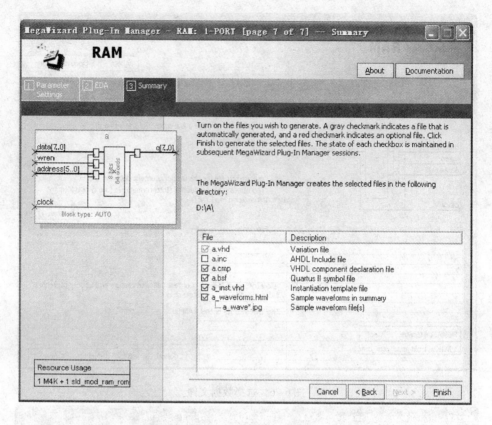

图 6-28　RAM 简要信息

表 6-1　创建宏功能模块后生成的文件类型及功能

文 件 类 型	文 件 功 能
. vhd	在 VHDL 设计中实例化的宏功能模块包装文件
. inc	宏功能模块包装文件中模块的 AHDL 包含文件
. cmp	VHDL 组件申明文件
. bsf	原理图中的宏功能模块的电路符号文件
_ bb. v	Verilog HDL 设计所用宏功能模块封装文件中的模块声明
_ inst. vhd	宏功能模块包装文件中模块的 VHDL 实例化示例
. tdf	使用 AHDL 设计中例化的宏功能模块封装文件
_ inst. tdf	宏功能模块封装文件中子设计的 AHDL 例子化示例

　　最后，在当前项目工程中新建一个原理图文件，将 ram. bsf 电路符号放置在当前原理图文件中，如图 6-29 所示。光标指向 ram 电路符号，单击鼠标右键并从弹出的快捷菜单中选择 "Generate Pins For Symbol Ports" 命令，生成相应的输入引脚和输出引脚，如图 6-30 所示。

　　2）新建乘法器。创建乘法器的过程与新建 RAM 的过程相似，在进入图 6-23 时，在左侧选项 "Arithmetic" 中选择 "LPM-MULT" 即可。

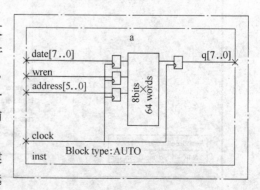

图 6-29　RAM 的电路符号

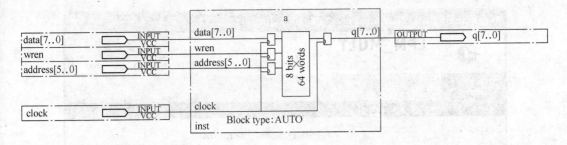

图 6-30　RAM 的原理图编辑

在创建过程中，在进入如图 6-31 所示窗口时，需要设置乘数和被乘数的位宽等参数；在进入如图 6-32 所示窗口时，需要设置控制信号等参数；创建操作完成后生成的乘法器的电路符号如图 6-33 所示。

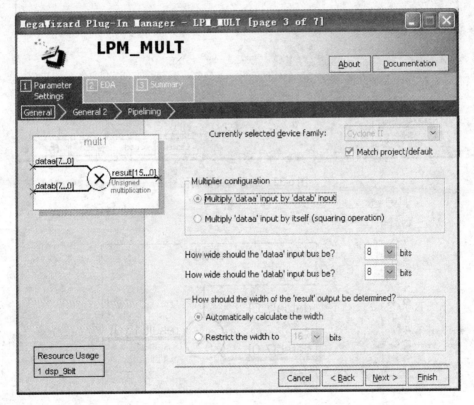

图 6-31　设置乘数和被乘数的位宽

3）新建 FIFO。FIFO 是先入先出堆栈，是一种队列存储单元，数据存放结构与 RAM 相似，只是在存取方式上有所区别。其创建过程与新建 RAM 的过程相似，在进入图 6-23 时，在左侧选项 "Memory Complier" 中选择 "FIFO" 即可。在创建过程中，进入如图 6-34 所示窗口，设置器件、使用的硬件描述语言、路径与文件名；进入如图 6-35 所示窗口，设置器件、数据宽度和数据数目等选项；进入如图 6-36 所示的窗口时，设置优化方式等选项；创建完成的 FIFO 电路符号如图 6-37 所示。

（3）IP 核

知识产权模块(IP 核)是预先设计好的、功能经过验证的、具有复杂的系统级功能的电

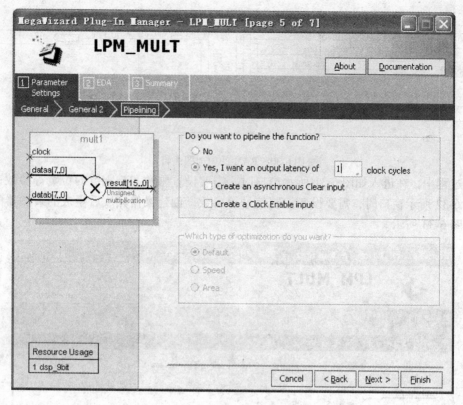

图 6-32　选择时钟控制信号

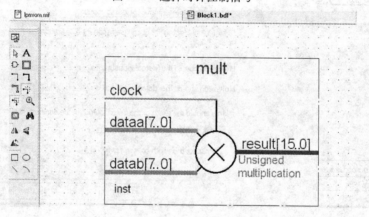

图 6-33　乘法器的电路符号

路模块。在现代数字系统芯片设计和可编程逻辑设计中，使用 IP 核可以提高设计效率，降低设计成本。因此，使用 IP 核是电子设计发展的必然趋势。

Altera 公司在 Quartus Ⅱ软件中提供的 IP 核主要有宏功能模块（MegaFunction/LPM）和需要授权使用的 MegaCore 两种，这两种 IP 核都是以网表形式提供给用户的，只能应用于 Altera 的硬件上，并且进行了硬件相关的优化。

1）宏功能模块。其是在 Quartus Ⅱ软件内部集成的一系列的基本功能模块，比如加减乘除、多路选择器、计数器、PLL、双口 RAM、DSP、PLL 等模块，它们也是一种 IP 核，是以网表形式提供给用户免费使用的。这些宏功能模块都针对 Altera 公司的硬件进行了优化，

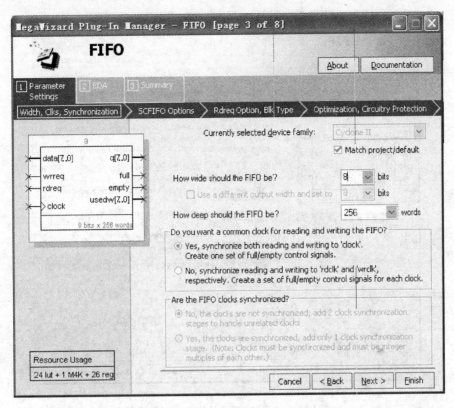

图 6-34 "设置 FIFO 参数"对话框

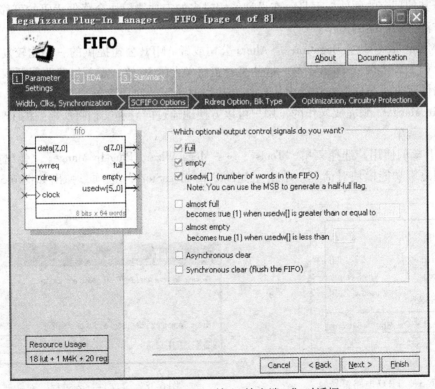

图 6-35 "设置 FIFO 输入/输出端口"对话框

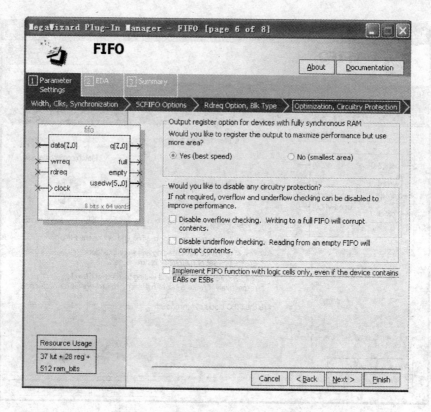

图 6-36　"设置 FIFO 优化方式"对话框

不能用于其他厂商的硬件。而且，在设计使用过多的宏功能模块会降低代码的可移植性，具体使用方法参照前面的操作。

2）MegaCore 模块。MegaCore 是 Altera 公司或者 AMPP 公司提供的一些比较复杂的功能模块，比如 PCI 接口、SDRAM 等。这些是真正意义上的 IP 核，需要付费购买授权才可以使用。它的使用方法与创建宏功能模块操作方法类似，都是使用菜单 "Tools" → "Mega Wizard Plug-In Mange" 来完成操作的，用户可以方便地通过向导和文档将所需要的 IP 添加到自己的项目工程中。

3）IP 核的使用。选择菜单 "Tools" → "Mega Wizard Plug-In Mange"，弹出如图 6-23 所示的创建宏功能模块对话框。单击左侧的 "IP MegaStore" 选项，弹出如图 6-38 所示的

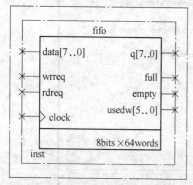

图 6-37　FIFO 电路符号

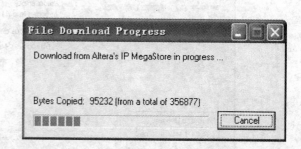

图 6-38　"文件导入过程"对话框

"文件导入过程"对话框。完成文件导入后当前的创建宏功能模块对话框如图 6-39 所示，此时"IP MegaStore"选项下方出现可用的 IP 核目录，其后的创建过程与前面的创建宏功能模块操作过程类似。

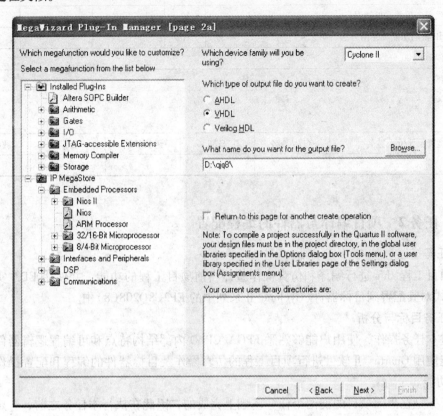

图 6-39　导入文件后的创建 IP 核模块窗口

5. 任务评价

项目评价由过程评价和结果评价两大部分组成，任务 1 的评价是属于项目 6 的过程评价之一，如表 6-2 所示。

表 6-2　项目 6 中任务 1 的检查及评价单

任务检查及评价单	任务名称		项目承接人		编　号
	混合设计输入				
检查人	检查开始时间	检查结束时间	评价开始时间		评价结束时间
评 分 内 容	标准分值	自我评价（20%）	小组评价（30%）	教师评价（50%）
1. 创建项目工程文件、VHDL 文件和存储器编辑文件	10			
2. 使用可参数化模块 ROM 创建电路模块并了解 IP 核	25			
3. 使用 VHDL 语言编程	25			
4. 检查当前项目工程文件	10			

评分内容	标准分值	自我评价（20%）	小组评价（30%）	教师评价（50%）
5. 修改项目工程的文件错误	20			
6. 了解 IP 核的功能和使用方法	10			

7. 总分(满分100分)：

教师评语：

被检查及评价人签名	检查人签名	日期	组长签名	日期	教师签名

6.3.2 任务2 项目编译与器件的编程配置

1. 任务描述

对项目工程 xhfs 进行编译和仿真操作验证当前项目工程的功能，并使用 EDA 实验箱和 JTAG 模式对其配置到目标器件(Cyclone Ⅱ系列中的 EP2C8Q208C8)中。

2. 任务目标与分析

通过本任务操作，使用户能够熟悉 FPGA/CPLD 内部结构特点和可编程逻辑器件的设计流程；能使用 Quartus Ⅱ软件进行项目工程的仿真操作及目标器件的编程和配置操作，以验证 PLD 功能。

本任务是在当前项目的前两个任务基础上完成的，因此在执行本任务之前，一定要确保在此之前的操作完全正确。

3. 任务实施过程

1) 分配器件引脚。选择菜单"Assignments"→"Device"，单击"目标器件与引脚选项设置"对话框中"Device and Pin Options"按钮，并在弹出的对话框中选择"Unused Pins"选项卡中的"Reserve all unused pins"选项中的 As inputs tri-stated，将当前目标器件中所有未使用的引脚设置成三态。按表6-3为当前顶层设计文件 jtd. vhd 分配器件引脚。

表6-3 顶层文件 xhfs. bdf 的器件引脚分配表

序号	文件引脚符号名称	目标器件引脚名称	序号	文件引脚符号名称	目标器件引脚名称
1	clk	PIN _ 23	6	q[4]	PIN _ 10
2	rst	PIN _ 44	7	q[3]	PIN _ 11
3	q[7]	PIN _ 5	8	q[2]	PIN _ 12
4	q[6]	PIN _ 6	9	q[1]	PIN _ 40
5	q[5]	PIN _ 8	10	q[0]	PIN _ 41

2) 设置时序约束参数。选择菜单"Assignments"→"Settings"，在弹出的"参数设置"对话框中的 Category 选项列表中，选择"Timing Analysis Settings"选项中的 Classic Tim-

ing Analyzer Settings，使用系统默认值。

3）设置分析综合参数、布局布线参数。选择菜单"Assignments"→"Settings"，单击"Category"选项列表中的"Analysis & Synthesis Settings"选项，在这里使用系统默认值。单击"Category"选项列表中的"Fitter Settings"选项，在这里使用系统默认值。

4）编译项目工程。选择菜单"Processing"→"Start Compilation"，执行项目工程编译操作，结果如图6-40所示。如果有红色错误信息提示，需要回到设计文件进行修改，保存后再重新执行编译操作，直到最后无误为止。

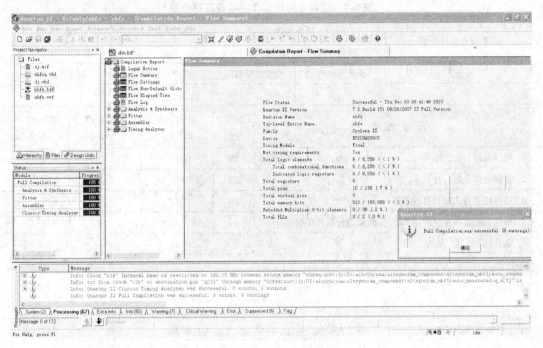

图6-40　项目工程编译结束窗口

5）时序仿真。选择菜单"Assignments"→"Settings"，将"Simulator Settings"选项中的 simulation mode 设置为 Timing，即进行时序仿真操作。在当前项目工程中新建仿真波形文件 xhfs. vwf，如图6-41所示，在仿真波形文件中添加输入和输出引脚。选择菜单"Processing"→"Start Simulation"，执行时序仿真操作后，其仿真波形如图6-42所示。

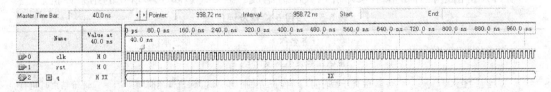

图6-41　新建的仿真波形文件 xhfs. vwf

6）项目编程与配置。根据项目1任务3中的任务实施过程进行当前项目的连接硬件电路、配置目标器件、选择配置方式、添加配置文件、执行器件配置操作，此处不再详细描述。

4. 任务评价

任务2的评价是属于项目6的过程评价之一，如表6-4所示。

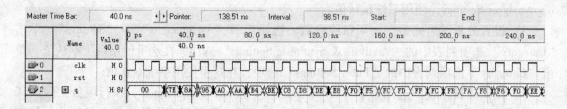

图 6-42　仿真波形

表 6-4　项目 6 中任务 2 的检查及评价单

任务检查及评价单	任务名称		项目承接人	编　号
	项目编译与器件的编程配置			
检查人	检查开始时间	检查结束时间	评价开始时间	评价结束时间

评 分 内 容	标准分值	自我评价（20%）	小组评价（30%）	教师评价（50%）
1. 项目编译与仿真操作	20			
2. 连接硬件电路	20			
3. 选择配置方式配置目标器件	20			
4. 添加配置文件并只使用 EDA 实验箱进行器件配置操作	40			

5. 总分（满分 100 分）：

教师评语：

被检查及评价人签名	检查人签名	日期	组长签名	日期	教师签名

6.4　项目评价

项目评价由过程评价和结果评价两大部分组成，表 6-5 是属于项目 6 的结果评价。

表 6-5　项目 6 检查及评价单

项目检查及评价单	任务名称		项目承接人	编号
	正弦信号发生器设计			
检查人	检查开始时间	检查结束时间	评价开始时间	评价结束时间

评分内容	标准分值	自我评价（20%）	小组评价（30%）	教师评价（50%）
1. 创建项目工程并指定目标器件	5			

评分内容	标准分值	自我评价（20%）	小组评价（30%）	教师评价（50%）
2. 使用原理图设计输入方法和混合设计输入方法设计可编程逻辑器件功能	30			
3. 使用可参数化宏功能模块设计文件	10			
4. 设置时序约束条件、分析综合与布局布线参数并执行编译操作	10			
5. 设置仿真参数并执行仿真操作	20			
6. 连接硬件电路并使用 EDA 实验箱验配置器件	25			

7. 总分(满分 100 分)：

教师评语：

被检查及评价人签名	检查人签名	日期	组长签名	日期	教师签名

6.5 项目练习

6.5.1 简答题

1. 简述可参化宏模块的功能及使用方法。
2. 简述 IP 核的特点。

6.5.2 操作题

1. 使用可参数化宏模块设计一个锁相环电路，并进行仿真及编辑配置。
2. 使用 NCO IP 核设计一个数控振荡器电路，并进行仿真及编辑配置。

附录　常用逻辑符号对照表

	Quartus Ⅱ库元件符号	国家标准符号
与门		&
或门		≥1
非门		1
与非门		&
或非门		≥1
异或门		=1
同或门		=1

参 考 文 献

[1] 雷伏容. VHDL 电路设计[M]. 北京：清华大学出版社，2006.

[2] 周润景，图雅，张丽敏. 基于 Quartus Ⅱ 的 FPGA/CPLD 数字系统设计实例[M]. 北京：电子工业出版社，2007.

[3] 郑亚民，董晓舟. 可编程逻辑器件开发软件 Quartus Ⅱ[M]. 北京：国防工业出版社，2006.

[4] 王辉，殷颖，陈婷，俞一鸣. MAX + plus Ⅱ 和 Quartus Ⅱ 应用与开发技巧[M]. 北京：机械工业出版社，2007.

[5] 李云，侯传教，冯永浩. VHDL 电路设计实用教程[M]. 北京：机械工业出版社，2009.

[6] 徐惠民，安德宁. 数字逻辑设计与 VHDL 描述[M]. 北京：机械工业出版社，2004.

[7] 陈燕东. 可编程器件 EDA 应用开发技术[M]. 北京：国防工业出版社，2006.

[8] 延明，张亦华，肖冰. 数字逻辑设计实验与 EDA 技术[M]. 北京：北京邮电大学出版社，2006.

[9] 刘艳萍，高振斌，李志军. EDA 实用技术及应用[M]. 北京：国防工业出版社，2006.

[10] 姜雪松，张海风. 可编程逻辑器件和 EDA 设计技术[M]. 北京：机械工业出版社，2005.

[11] 李国丽，朱维勇，栾铭. EDA 与数字系统设计[M]. 北京：机械工业出版社，2004.

[12] 付家才. EDA 原理与应用[M]. 北京：化学工业出版社，2006.

[13] 刘艳萍，高振斌，李志军. EDA 实用技术及应用[M]. 北京：国防工业出版社，2006.

[14] 黄仁欣. EDA 技术实用教程[M]. 北京：清华大学出版社，2006.

[15] 李国洪，沈明山. 可编程器件 EDA 技术与实践[M]. 北京：机械工业出版社，2004.

[16] 孙加存. 电子设计自动化[M]. 西安：西安电子科技大学出版社，2008.

[17] 宋烈武. EDA 技术与实践教程[M]. 北京：电子工业出版社，2009.

[18] 焦素敏. EDA 应用技术[M]. 北京：清华大学出版社，2006.

[19] 罗朝霞，高书莉. CPLD/FPGA 设计及应用[M]. 北京：人民邮电出版社，2007.

[20] 谭会生，瞿遂春. EDA 技术综合应用实例与分析[M]. 西安，西安电子科技大学出版社，2007.